SHUXUE JIANMO YU SHIYAN

数学建模与实验

林 峰　张秀兰　主编

化学工业出版社

·北京·

本书由长期从事应用数学和数学建模教学并有着丰富教学经验的教师完成，这些案例有的来自他们的实际课题，有的根据他们了解的实际背景资料和现成的数学模型做了精心改编，内容涉及工程、管理、信息、医疗、经济、社会等领域的实际问题。可作为工科院校理、工、农、林、医、经管等专业数学建模课程的教材，也可作为数学建模竞赛的辅导材料，还可作为应用数学方面的参考书。

图书在版编目（CIP）数据

数学建模与实验 / 林峰，张秀兰主编. —2 版. —北京：化学工业出版社，2016.12（2018.3重印）
ISBN 978-7-122-28733-5

Ⅰ. ①数… Ⅱ. ①林… ②张… Ⅲ. ①数学模型②高等数学-实验 Ⅳ. ①O141.4②O13-33

中国版本图书馆 CIP 数据核字（2016）第 312379 号

责任编辑：曾照华　　装帧设计：王晓宇
责任校对：王素芹

出版发行：化学工业出版社（北京市东城区青年湖南街 13 号　邮政编码 100011）
印　　装：大厂聚鑫印刷有限责任公司
787mm×1092mm　1/16　印张 15¼　字数 395 千字　2018 年 3 月北京第 2 版第 2 次印刷

购书咨询：010-64518888（传真：010-64519686）　售后服务：010-64518899
网　　址：http: // www. cip. com. cn
凡购买本书，如有缺损质量问题，本社销售中心负责调换。

定　　价：32.00 元

前言
FOREWORD

数学建模与实验是一门实施创新教育，培养创新人才的重要课程，可以搭建从数学到工程技术领域的桥梁。本书是在第一版的基础上，根据我们近几年的教学实践进行全面修订的。

本次修订保持了第一版的结构和特点，增加了软件求解的案例，部分内容做了删改，案例和习题略有增加，并改正了第一版中的个别错误。本书通过案例介绍各种数学建模方法，并运用数学软件实现模型求解，力求对提高广大学生优良的数学素质、出色的解决实际问题的能力和数学软件（Matlab,Lingo,Excel）的熟练使用起到重要作用。

本书仍由10章组成，前九章是通过案例介绍各类建模方法，第10章是精选的优秀获奖论文。第1章、第9章、第10章由张秀兰编写，第2章、第4章、第5章由林峰编写，第3章、第7章由王威娜编写，第6章、第8章由温宇鹏编写。全书由张秀兰、林峰负责统稿。

本次修订得到了吉林化工学院教务处、理学院领导的关心和鼓励，得到了教材科、公共数学中心的支持和帮助，杨金远教授对本书做了认真的审阅，诸多同行对本书第二版提出了宝贵的意见，谨在此一并表示衷心感谢。

由于编者水平有限，诚望广大专家、同行和读者给予批评指正。

编者

2016年12月

第一版前言
FOREWORD

“没有数学建模的广泛应用就不可能设想会有现代科学，数学建模方法的本质就是把原来的对象用它的‘像’——数学模型来替代，并在计算-逻辑算法的帮助下深入研究该模型。不是对对象本身而是对它的模型进行研究就能使我们容易和快速地在任何可以想象到的情景下研究模型的性质和行为（这是理论的优势）。同时也要感谢现代计算方法的威力，对模型的数值实验就能得到纯理论的方法不能得到的有关对象的仔细和深入的研究（这是实验的优势）。数学建模的方法在覆盖着从技术系统的研制及其控制到复杂的经济和社会发展过程的分析的新领域得到广泛的研究是不足为奇的。”“把对外部世界各种现象或事件的研究归为数学问题的数学建模的方法在各种研究方法，特别是与电子计算机的出现有关的研究方法中，占有主导地位。数学建模的方法能使人们在解决复杂的科学技术问题时设计出在最佳情势下可行的新的技术手段，并且能预测新的现实。”——摘自《数学百科全书》。

数学建模课程可以搭建起从数学到工程技术等领域的桥梁。它也是培养学生解决复杂问题能力的重要课程。编者基于多年的数学建模教学与数学建模竞赛培训、指导工作，参考了国内外各类数学建模教材，编写了本书。本书在介绍各种数学建模方法的基础上，着重介绍Matlab、Lingo、Excel等常用数学模型求解工具，力求通俗易懂、简单实用。

本书由张秀兰、林峰主编，书中第1章、第9章由张秀兰编写，第2章、第4章、第5章、第10章由林峰编写，第3章由潘淑平编写，第6章、第8章由温宇鹏编写，第7章由王威娜编写。

杨金远教授对本书做了认真审阅，李泽国教授、赵树魁教授、陈巨龙教授、孙王杰教授等同事提出了宝贵的意见，在编写过程中得到了教务处和教材科同事的大力支持和帮助，在此一并表示感谢。

由于成书比较仓促，难免有疏漏之处，望各位同行和读者指正。

编者

2013年1月

目录

CONTENTS

第1章 建模简介

1.1 数学模型和数学建模

数学模型（mathematical model）和数学建模（mathematical modeling）这两个名词（术语），虽然不能说无人不晓，但是至少可以说，他们已经是无处不在了.

数学模型是对一类实际问题或实际系统发生的现象用数学符号体系表示的一种（近似的）描述. 数学模型是认识外部世界与预测和控制的一个有力工具. 数学模型的分析能够深入了解被研究对象的本质. 而数学建模则是获得该模型、求解该模型并得到结论以及验证结论是否正确的全过程. 数学建模不仅是借助于数学模型对实际问题进行研究的有力工具，而且从应用的观点来看，它是预测和控制所建模系统的行为的强有力的工具. 数学建模本身并不是什么新发现. 自古以来，数学建模的思想和方法是天文学家、物理学家、数学家等用数学作为工具来解决各种实际问题的主要方法. 数学建模这个术语的出现和频繁使用是 20 世纪 60 年代以后的事情. 很重要的原因是由于计算的速度、精度和可视化手段等长期没有解决，以及其他种种原因，导致有了数学模型，但是解不出来，或者算不出来，或者不能及时地算出来，更不能形象地展示出来，从而无法验证数学建模全过程的正确性和可用性. 20 世纪 60 年代，计算机、计算速度和精度，并行计算、网络计算等计算技术以及其他技术突飞猛进地飞速发展，不仅给了数学建模这一技术以极大的推动，更加显示了数学建模的强大威力. 而且，通过数学建模也极大地扩大了数学的应用领域. 甚至在抵押贷款和商业谈判等日常生活中都要用到数学建模的思想和方法. 人们越来越认识到数学和数学建模的重要性. 学习和初步应用数学建模的思想和方法已经成为当代大学生，甚至生活在现代社会的每一个人，应该学习的重要内容.

1.2 数学建模的具体步骤

数学建模一般分成以下四个阶段.

第一阶段是说明与模型的基本对象有关的规律. 这个阶段需要对与实际问题有关的事实具有广泛的认识并深入了解其内部联系. 这个阶段的完成在于用数学术语定性地描述该模型各对象之间的关系.

第二阶段是研究数学模型所引出的数学问题. 这里的问题是解正问题（direct problem），即作为模型分析的结果得到的数据（理论上的结果），然后再将它们与实际问题的观察结果相比较.

在这个阶段，分析数学模型所必需的数学工具以及计算技术——为求解复杂的数学问题而得到定量输出信息的有力手段——起着主要作用. 基于各种不同数学模型而产生的数学问题往往是相同的[例如，线性规划（linear programming）的基本问题反映了性质是各不相同的情形]，这就为把这些典型的数学问题作为由现象中抽象出来的独立对象来考虑提供了依据.

第三阶段是阐明所采用的（假设的）模型是否满足实践标准，即观测结果与此模型的理论推断在观测精度范围内是否相符合. 如果该模型是完全确定的，它的所有参数已被给定，则确定理论推断与观测的偏差给出了正问题的带有偏差后验估计的解. 如果偏差在观测的精度范围之外，则该模型不能被接受. 通常，在构造模型时，某些特征尚未确定，有些问题中模型的特征(参数的、函数的)是确定的，因而输出信息在观测精度范围内与现象的观测结果是可比的，这些问题称为反问题(inverse problem). 如果一个数学模型是这样的，即无论怎样选取特征均不能满足这些条件，则这个模型对该现象的研究是无用的. 应用一个实践标准去评估数学模型，使得人们在构成所研究(假设的)模型的基础的、假设有效的条件下去引出结论. 这是研究不能直接进入的宏观和微观世界的现象的有效方法.

第四阶段是与现象的观测数据相联系对模型的事后分析，以及更新模型. 在科学技术发展过程中，现象的数据变得越来越精确，而根据一个已被公认的数学模型得到的输出不符合对现象的认识的时候已经来临，因此产生了构造新的、更精确的数学模型的必要性.

建立数学模型没有固定的模式，通常与实际问题的性质和建模目的有关. 下面按照一般采用的建模基本过程给出建模的一般步骤.

1. 调查研究（模型准备）

为了对问题的实际背景和内在机理有深刻的了解，在建模前首先应深入生产、科研、社会生活实际进行全面、深入细致的调查和研究. 通过调查研究掌握有关的第一手资料并进一步明确所解决问题的目的，弄清实际对象的特征，按解决问题的目的要求更合理地收集数据，并注意数据精度的要求. 在对实际问题作深入了解时，还应向有关专家或从事实际工作的人员请教，与熟悉具体情况的人进行讨论，这将使我们对问题的了解更快、更便捷.

2. 模型假设

现实问题错综复杂，涉及面广. 一般来说，一个实际问题不经过简化假设，就很难转化成数学问题，即使可能，也很难求解，因此要建立一个数学模型没有必要对现实问题面面俱到，无所不包，只要能反映我们所需要的某一个侧面就可以了. 作假设时既要运用与问题相关的物理、化学、生物、经济、工程等方面的知识，又要充分发挥想象力、洞察力和判断力. 但是，对问题的抽象、简化也不是无条件的，必须按照假设的合理性原则进行. 假设合理性原则有以下几点.

① 目的性原则：根据对象的特征和建模的目的，简化掉那些与建立模型无关或关系不大的因素.

② 简明性原则：所给出的假设条件要简单、准确，有利于构造模型.

③ 真实性原则：假设条件要符合情理，简化带来的误差应满足实际问题所能允许的误差范围. 不合理或过于简单的假设会导致模型失败.

总之，要善于抓住问题的本质因素，忽略次要因素，尽量将问题理想化、简单化、线性化、均匀化. 所作的假设不一定一次完成，如果假设合理，则模型与实际问题比较吻合；如果假设与实际问题不吻合，就要修改假设，修改模型，进一步完善模型.

3. 模型构成

根据所作的假设，首先区分哪些是常量，哪些是变量，哪些是已知的量，哪些是未知的量，然后查明各种量所处的地位、作用和它们之间的关系，利用适当的数学工具刻画各变量

之间的关系，建立相应的数学结构. 在建立模型时究竟采用什么数学工具要根据问题的特征、建模的目的及建模者的数学特长而定. 数学的任一分支都能应用到建模过程中，而同一实际问题也可采用不同数学方法建立起不同的模型. 但应遵循这样一个原则，尽量采用简单的数学工具，以便得到的模型让更多的人了解和应用.

4. 模型求解

构造数学模型之后，根据已知条件和数据，分析模型的特征和模型的结构特点，可以采用解方程、画图形、证明定理、逻辑运算、数值计算等各种传统的和现代的数学方法，特别是计算机技术和数学软件的使用使得解决问题既省力又快速、准确.

5. 模型分析

对模型求解的结果进行数学上的分析，有时是根据问题的性质，分析各变量之间的依赖关系或对解的结果稳定性进行分析，有时是根据所得结果给出对实际问题的发展趋势进行预测，有时给出数学上的最优决策或控制. 除此之外，常常需要进行误差分析、模型对数据的灵敏度分析等.

6. 模型检验和修改

将模型分析和结果“翻译”回到实际对象中，用实际现象、数据等检验模型的合理性和适用性，即验证模型的正确性. 如果由模型计算出来的理论数值与实际数值比较吻合，则模型是成功的（至少是在过去的一段时间里），如果理论数值与实际数值差别太大，则模型是失败的. 通常，一个较成功的模型不仅能解释已知现象，还应能预测一些未知的现象，并能被实践所证明. 如牛顿创立的万有引力定律就经受了对哈雷彗星的研究、海王星的发现等大量事实的考验，才被证明是完全正确的. 应该说，模型的检验对于模型的成败至关重要，必不可少. 当然，如核战争模型就不可能要求接受实际的检验了.

如果检验结果与实际不符或部分不符，并且能肯定建模和求解过程无误的话，一般来讲，问题出在模型假设上. 实际问题比较复杂，但由于理想化后抛弃了一些因素，因此，建立的模型与实际问题就不完全吻合了. 此时，就应该修改或补充假设，对实际问题中的主次因素再次分析，如果某一因素因被忽略而使模型失败或部分失败，则再建立模型时把它考虑进去. 修改时可能去掉或增加一些变量，有时还要改变一些变量的性质，如把变量看成常量，常量看成变量，连续变量看成离散变量，离散变量看成连续变量等，或者调整参数，或者改换数学方法，通常一个模型要经过反复修改才能成功.

7. 模型应用

数学模型应用非常广泛，可以说已经应用到各个领域，而且越来越渗透到社会学科、生命学科、环境学科等. 由于建模是预测的基础，而预测又是决策与控制的前提，因此，用数学模型可对许多部门的实际工作进行指导，如节省开支、减少浪费、增加收入、特别是对未来可以预测和估计，这对促进科学技术和工农业生产的发展具有更大的意义.

归纳起来，建立模型的主要步骤可用图 1.1 来表示.

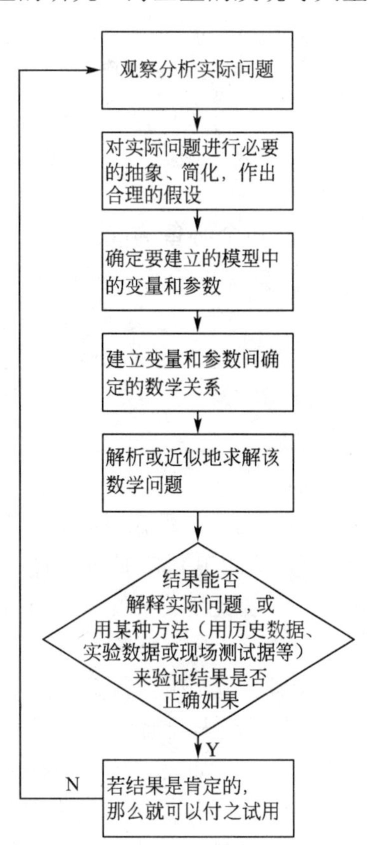

图 1.1　建模的步骤

1.3 数学建模的方法

1. 建立数学模型的方法

把对外部世界各种现象或事件的研究归为数学问题的数学建模的方法在各种研究方法，特别是与电子计算机的出现有关的研究方法中，占有主导地位. 数学建模的方法能使人们在解决复杂的科学技术问题时设计出在最佳情势下可行的新的技术手段，并且能预测新的现象. 数学模型已经显示出是一种重要的控制方法. 它们被应用于多种多样的知识领域且已成为经济计划中的一个必要工具和自动控制系统中的一个重要因素.

现实世界的各种现象和实际问题往往是非常复杂的，因而要解释或求解它们也可能是很不容易的. 要解释或求解它们往往是通过定量或者由图形（形象）来做到的，这就和数学有关. 有时候，甚至必须用数学的思想和方法来解决. 为此，首先要用数学的语言把它们表示出来，成为一个明确的数学问题. 要把极其复杂的现象和实际问题的所有方面都用数学的语言表示，往往是很难的，甚至是根本不可能的，只能是近似地表示为一个数学问题，这就要做合理的简化和假设，然后看看这个解能否解释或解决所提出的数学问题，这就是数学建模的过程. 所以说，数学建模是用数学来解决实际问题的桥梁. 自古以来，天文学家、物理学家和工程技术人员用数学来解决实际问题都是这样做的.

2. 三个最大的难点

① 怎样从实际情况出发作出合理的假设，从而得到可以执行的、合理的数学模型.

② 怎样简明、合理、快捷地求解模型中出现的数学问题，它可能是非常困难的问题.

③ 怎样验证模型是合理、正确、可行的.

所以，当你看到一个数学模型时，就一定要问问或者想一想它的假设是什么，是否合理，模型中的数学问题的求解是否很难，数学上是否已经解决，怎样验证该模型的正确性与可行性.

3. 四个必备的能力

① 翻译的能力　要想比较成功地运用数学建模去解决真正的实际问题，还要具备翻译的能力，即能够把实际问题用数学的语言表述出来，而且能够把通过数学建模得到的数学形式表述的结果、数据、图形、表格，用非专业人士能够读懂的语言表述出来，阐述清楚.

② 获取信息和学习的能力　数学模型就是企图通过抽象的形式来抓住所观察现象的本质性的特征. 这种企图能否成功很大程度上取决于建模者对那些现象的经验知识及数学能力. 如果既没有这些知识，又没有时间来获得这些知识的话，还可以借鉴，学会站在巨人的肩膀上，使自己具备查找科学文献资料的能力，具备学习即用知识的能力.

③ 从简单到精细的能力　在建模过程中还有一条不成文的原则："从简单到精细". 也就是说，首先建立一个比较简单但尽可能合理的模型，模型的粗细取决于你所作出的若干假设. 假设极少是足够的，有些假设超出了合理的范围，用数学模型的解与实际观测数据比较，其结果决定了该模型的解是否与实际情况相符合. 与此同时，还要用数学方法检验模型的合理性. 相符性与合理性决定了所建模型的价值. 同时表示你所作的一个（或多个）假设的有效性及合理性. 如果求解该模型的结果不合理，甚至完全错误，那么它也有可能让我们从这些模型中获得新的信息，提供对实际现象某些方面的洞察，可能告诉改进的方向，于是你就要修改你的模型，首先要修改你所作的假设，建模的步骤就要再执行一遍，多次反复循环建模的过程，即所谓从简单到精细.

④ 数学软件的应用能力　不论是相关数据分析和处理，还是模型的求解及解释结果的精度和可靠性方面都离不开数学软件的应用，运用 SPSS、SAS、MATLAB、LINGO、Excel 等软件的能力是建模必备的.

1.4　数学模型的特点和分类

1．数学模型的特点

① 它是客观事物的一种模拟或抽象，是为了一种特殊目的而作的一个抽象化、简单化的数学结构，它的一个重要作用就是加深人们对客观事物如何运行的理解. 因此，舍弃次要因素，突出主要因素，用一种简化的方式来表现一个复杂的系统和现象. 对事物的模拟虽源于现实，但非实际的原型，要高于现实.

② 它是数学上的抽象，在数值上可以作为公式应用，可以推广到与原物相似的一类问题.

③ 可以作为某事物的数学语言，可以译成算法语言编写程序进行计算机处理.

2．数学模型的分类

通常人们按照问题的性质出发把数学模型分为：确定性模型和随机模型，离散模型和连续模型；按照从机理还是经验（数据）出发分为机理模型和经验模型；按时间关系分为静态模型和动态模型；按照模型中出现的数学问题分为初等模型、几何模型、图论模型、微分方程模型、概率模型、统计模型、层次分析法模型、系统动力学模型、灰色系统模型；按模型应用领域（或所属学科）分为人口发展模型、交通模型、环境模型、生态模型、经济模型、城镇规划模型、水资源模型、再生资源利用模型、污染模型；按建模目的分为分析模型、预测模型、优化模型、决策模型、控制模型；按对研究对象的了解程度分为白箱模型、灰箱模型、黑箱模型；按系统的性质分为微观模型、宏观模型、集中参数模型、分布参数模型等. 还可以论述怎样从子模型构造总体模型，抽象成为数学问题的种种手段、方法和技巧. 各行各业的数学模型和建模技巧千千万万.

模型的分类问题并没有什么重要意义，本课程主要讨论数学模型的建立，请大家把注意力集中在每个模型本身上.

1.5　建模示例

示例 1　一个高为 2m 的球体容器里盛了一半的水，水从它的底部小孔流出，小孔的横截面积为 1cm^2. 试求放空容器所需要的时间.

对孔口的流速做两条假设：

① t 时刻的流速 v 依赖于此刻容器内水的高度 $h(t)$；

② 整个放水过程无能量损失.

分析放空容器：

容器内水的体积为零；

容器内水的高度为零.

模型建立：由水力学知，水从孔口流出的流量 Q 为通过“孔口横截面的水的体积 V 对时

间 t 的变化率”，即

$$Q=\frac{\mathrm{d}V}{\mathrm{d}t}=0.62S\sqrt{2gh}$$

式中 S——孔口横截面面积，cm^2；

h——水面高度，cm；

t——时间，s.

当 $S=1\mathrm{cm}^2$，有 $$\mathrm{d}V=0.62\sqrt{2gh}\,\mathrm{d}t \tag{1.1}$$

在$[t,\ t+\Delta t]$内，水面高度 $h(t)$ 降至 $h+\Delta h(\Delta h<0)$，容器中水的体积的改变量为

$$\Delta V=V(h)-V(h+\Delta h)\approx-\pi r^2\Delta h+o(\Delta h).$$

记 $$r=\sqrt{100^2-(100-h)^2}=\sqrt{200h-h^2}\ ,$$

令 $$\Delta t\to 0\ 得\quad \mathrm{d}V=-\pi r^2\mathrm{d}h \tag{1.2}$$

比较式（1.1）、式（1.2）两式得微分方程如下：

$$\begin{cases}0.62\sqrt{2gh}\mathrm{d}t=-\pi(200h-h^2)\mathrm{d}h,\\ h|_{t=0}=100.\end{cases}$$

积分后整理得

$$t=\frac{\pi}{4.65\sqrt{2g}}(700000-1000h^{\frac{3}{2}}+3h^{\frac{5}{2}}).$$

令 $h=0$，求得完全排空需要约 2h58min.

示例 2 常染色体遗传问题.

农场的植物园中某种植物的基因型为 AA, Aa 和 aa. 农场计划采用 AA 型植物与每种基因植物结合的方案培育植物后代. 那么经过若干年后，这种植物的任一代的三种基因型分布如何？

1．抽象为数学问题

根据亲体基因遗传方式，由双体基因型所有可能结合的概率分布如表 1.1 所示，求出其后代在若干年后形成每种基因型的概率分布.

表 1.1 基因型的概率分布

后代基因型	父体-母体（n–1 代）基因型					
	AA-AA	AA-Aa	AA-aa	Aa-Aa	Aa-aa	aa-aa
AA	1	$\frac{1}{2}$	0	$\frac{1}{4}$	0	0
Aa	0	$\frac{1}{2}$	1	$\frac{1}{2}$	$\frac{1}{2}$	0
aa	0	0	0	$\frac{1}{4}$	$\frac{1}{2}$	1

2．模型假设

① 设 a_n,b_n,c_n 分别表示第 n 代植物中基因型为 AA,Aa,aa 的植物总数的百分率，n=0, 1, …, $x(n)$为第 n 代植物的基因型分布：

$$\boldsymbol{x}(n)=\begin{pmatrix}a_n\\ b_n\\ c_n\end{pmatrix},$$

当 n=0 时
$$\boldsymbol{x}(0)=\begin{pmatrix}a_0\\b_0\\c_0\end{pmatrix},$$
表示植物基因型的初始分布(即培育开始时的分布). 显然有 $a_0+b_0+c_0=1$.

② 第 n–1 代与第 n 代的基因型分布关系是通过表 1.1 确定的.

3. 模型构成

根据假设②，现考虑第 n 代的 AA 型. 由于第 n–1 代的 AA 型与 AA 型结合，后代全部是 AA 型；第 n–1 代的 Aa 型与 AA 型结合，后代 AA 型的可能性为 $\frac{1}{2}$；而 n–1 代的 aa 型与 AA 型的结合，后代不可能是 AA 或 aa 型. 因此当 n=1, 2, …，时
$$a_n=1\cdot a_{n-1}+\frac{1}{2}\cdot b_{n-1}+0\cdot c_{n-1},$$
即
$$a_n=a_{n-1}+\frac{1}{2}\cdot b_{n-1} \tag{1.3}$$
类似考虑，分别可推出
$$b_n=c_{n-1}+\frac{1}{2}\cdot b_{n-1} \tag{1.4}$$
$$c_n=0 \tag{1.5}$$
将式（1.3）、式（1.4）和式（1.5）相加，得
$$a_n+b_n+c_n=a_{n-1}+b_{n-1}+c_{n-1}.$$
根据假设①，有
$$a_n+b_n+c_n=a_0+b_0+c_0=1.$$
将式（1.3）、式（1.4）和式（1.5）联立，并用矩阵形式表示为
$$\boldsymbol{x}(n)=\boldsymbol{M}\boldsymbol{x}(n-1)\qquad (n=1, 2, \dots), \tag{1.6}$$
其中
$$\boldsymbol{M}=\begin{pmatrix}1&\frac{1}{2}&0\\0&\frac{1}{2}&1\\0&0&0\end{pmatrix}.$$
由式（1.6）进行递推，便得到第 n 代基因型分布的数学模型
$$\boldsymbol{x}(n)=\boldsymbol{M}\boldsymbol{x}(n-1)=\boldsymbol{M}^2\boldsymbol{x}(n-2)=\cdots=\boldsymbol{M}^n\boldsymbol{x}(0) \tag{1.7}$$
它表明历代基因型分布可由初始分布和矩阵 $\boldsymbol{M}$ 确定.

4. 模型求解

为了计算 $\boldsymbol{M}^n$，将 $\boldsymbol{M}$ 对角化，即求出可逆矩阵 $\boldsymbol{P}$ 和对角阵 $\boldsymbol{D}$，使
$$\boldsymbol{M}=\boldsymbol{P}\boldsymbol{D}\boldsymbol{P}^{-1},$$
因而有
$$\boldsymbol{M}^n=\boldsymbol{P}\boldsymbol{D}^n\boldsymbol{P}^{-1}\qquad (n=1, 2, \dots),$$
其中

$$\boldsymbol{D}_n=\begin{pmatrix}\lambda_1 & & 0\\ & \lambda_2 & \\ 0 & & \lambda_3\end{pmatrix}^n=\begin{pmatrix}\lambda_1^n & & 0\\ & \lambda_2^n & \\ 0 & & \lambda_3^n\end{pmatrix},$$

这里$\lambda_1,\lambda_2,\lambda_3$是矩阵$\boldsymbol{M}$的三个特征值. 对于式（1.6）中的$\boldsymbol{M}$，易求得其特征值和特征向量分别为

$$\lambda_1=1,\ \lambda_2=\frac{1}{2},\ \lambda_3=0\ ;$$

$$\boldsymbol{e}_1=\begin{pmatrix}1\\0\\0\end{pmatrix},\quad \boldsymbol{e}_2=\begin{pmatrix}1\\-1\\0\end{pmatrix},\quad \boldsymbol{e}_3=\begin{pmatrix}1\\-2\\1\end{pmatrix}.$$

因此

$$\boldsymbol{D}=\begin{pmatrix}1 & 0 & 0\\ 0 & \frac{1}{2} & 0\\ 0 & 0 & 0\end{pmatrix},$$

$$\boldsymbol{P}=(\boldsymbol{e}_1\quad \boldsymbol{e}_2\quad \boldsymbol{e}_3)=\begin{pmatrix}1 & 1 & 1\\ 0 & -1 & -2\\ 0 & 0 & 1\end{pmatrix},$$

通过计算，得$\boldsymbol{P}^{-1}=\boldsymbol{P}$，因此有

$$\begin{aligned}\boldsymbol{x}(n)&=\boldsymbol{M}^n\boldsymbol{x}(0)=(\boldsymbol{P}\boldsymbol{D}^n\boldsymbol{P}^{-1})\boldsymbol{x}(0)\\ &=\begin{pmatrix}1 & 1 & 1\\ 0 & -1 & -2\\ 0 & 0 & 1\end{pmatrix}\begin{pmatrix}1 & 0 & 0\\ 0 & \left(\frac{1}{2}\right)^n & 0\\ 0 & 0 & 0\end{pmatrix}\begin{pmatrix}1 & 1 & 1\\ 0 & -1 & -2\\ 0 & 0 & 1\end{pmatrix}\begin{pmatrix}a_0\\ b_0\\ c_0\end{pmatrix},\end{aligned}$$

$$\begin{aligned}\boldsymbol{x}(n)=\begin{pmatrix}a_n\\ b_n\\ c_n\end{pmatrix}&=\begin{pmatrix}1 & 1-\left(\frac{1}{2}\right)^n & 1-\left(\frac{1}{2}\right)^{n-1}\\ 0 & \left(\frac{1}{2}\right)^n & \left(\frac{1}{2}\right)^{n-1}\\ 0 & 0 & 0\end{pmatrix}\begin{pmatrix}a_0\\ b_0\\ c_0\end{pmatrix}\\ &=\begin{pmatrix}a_0+b_0+c_0-\left(\frac{1}{2}\right)^n b_0-\left(\frac{1}{2}\right)^{n-1}c_0\\ \left(\frac{1}{2}\right)^n b_0+\left(\frac{1}{2}\right)^{n-1}c_0\\ 0\end{pmatrix},\end{aligned}$$

所以有

$$\left.\begin{aligned}a_n&=1-\left(\frac{1}{2}\right)^n b_0-\left(\frac{1}{2}\right)^{n-1}c_0,\\ b_n&=\left(\frac{1}{2}\right)^n b_0+\left(\frac{1}{2}\right)^{n-1}c_0,\\ c_n&=0.\end{aligned}\right\}\qquad(1.8)$$

当 $n \to \infty$，$\left(\frac{1}{2}\right)^n \to 0$，从式（1.8）中可得到

$$a_n \to 1,\ b_n \to 0,\ c_n \to 0,$$

即在极限情况下，培育的植物都是 AA 型.

示例 3 压力容器封头接管尺寸的设计与计算.

许多压力容器的接管是安装在封头上的，多数压力容器使用的是标准椭圆形封头，标准椭圆形封头的顶端大 R 处到近直边的小 r 处过渡部位曲率半径变化最大. GB150—1998 标准规定，在封头过渡部分开孔时，其孔的中心线宜垂直于封头表面. 但有的设备由于公称直径的限制及工艺接管的需要，接管或入孔要开到封头过渡区域. 一般的设计图纸只标注该接管中心线伸出高度的尺寸或接管法兰密封面距封头切线的距离，不直接给出接管的长度，这样给制造厂带来了如何确定该区域接管长度的计算困难. 请对标准椭圆封头上接管内伸长度尺寸进行优化设计与计算，使设计计算快速、精确，方案理想.

1. 标准椭圆形封头曲线方程的基本模型

如图 1.2 所示，设椭圆的标准方程为 $\frac{x^2}{a^2}+\frac{y^2}{b^2}=1$，其中，$x, y$ 为椭圆上任意一点的坐标，a 为长半轴，b 为短半轴.

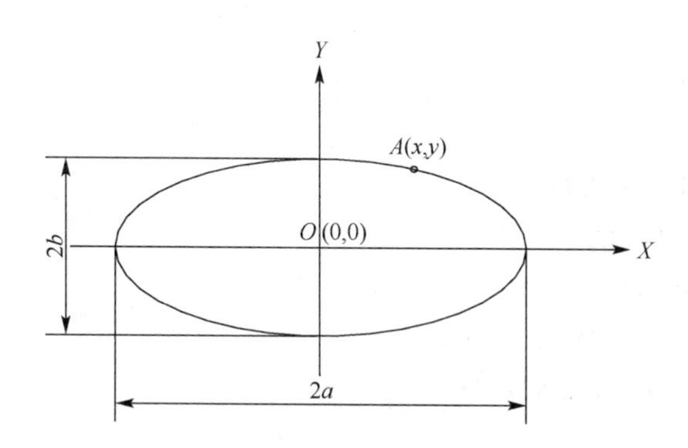

图 1.2　椭圆坐标图

2. 标准椭圆形封头上任意位置接管长度的计算模型

设某容器的公称直径为 D_i，接管 M（外径为ϕ）装配于标准椭圆形封头的大 R 部位. 见图 1.3.

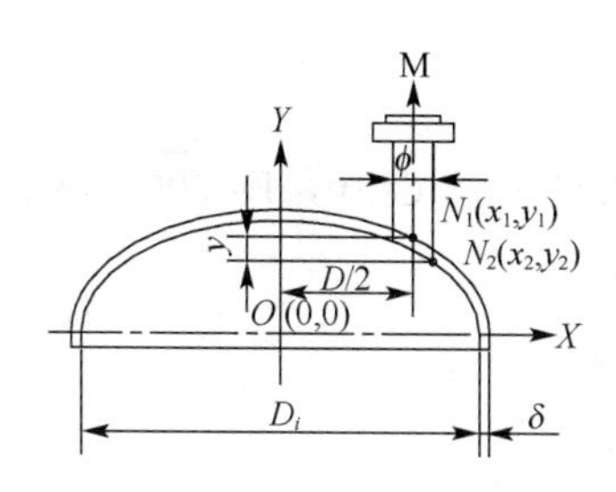

图 1.3　接管位于标准椭圆形封头 R 部位

设该接管中心线距封头中心线的距离为 $D/2$，计算 M 管的外壁与封头内壁的交点 N_2 与

该管中心线与封头外壁的交点 N_1 在 Y 轴方向上的投影距离 y 的计算模型：

$$y=y_1-y_2=(D_i/4+\delta)\sqrt{1-\left(\frac{D/2}{D_i/2+\delta}\right)^2}-D_i/4\sqrt{1-\left(\frac{D/2+\phi/2}{D_i/2}\right)^2}$$

在大 R 部位，当接管位于标准椭圆封头的中心对称位置，见图 1.3. 接管的延伸长度 y 模型可以简化为：

$$y=y_1-y_2=(D_i/4+\delta)-D_i/4\sqrt{1-\left(\frac{\phi}{D_i}\right)^2}$$

在小 r 部位，即接管位于标准椭圆封头的过渡区域时，见图 1.4. 其接管的延伸长度 y 的计算可简化为：

$$y=y_1=(D_i/4+\delta)\sqrt{1-\left(\frac{D/2}{D_i/2+\delta}\right)^2}$$

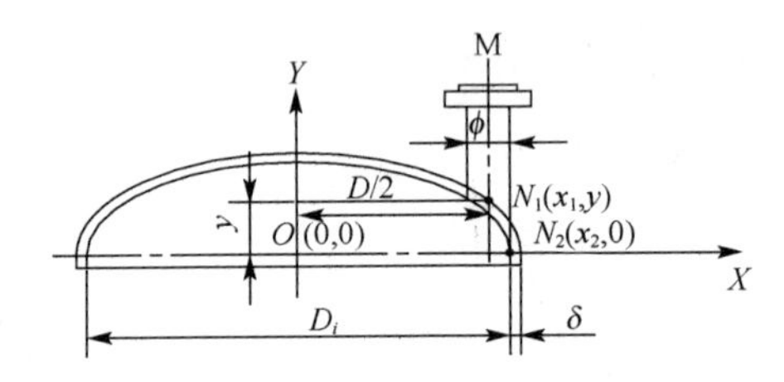

图 1.4　接管位于标准椭圆封头过渡区域

3．模型的 MATLAB 求解

M 函数文件 myfun1(x)的建立：

```
function [y]=myfun1(Di，d，D，h)
y1=(Di/4+d)*sqrt(1–((D/2)/(Di/2+d))^2)
y2=(Di/4)*sqrt(1–((D/2+h/2)/(Di/2))^2)
y=y1–y2
```

在命令窗口中输入实参 Di, d, D, h 的具体数值，然后调用计算尺寸的函数文件 myfun1(D_i, d, D, h)，便可得出计算结果.

4．实例验证

例：某 D_g=1000mm×10mm 的标准椭圆封头分别在 D=600mm，D=800mm，D=0（封头中心线处），D=892mm（接管外壁与封头内壁面相切）位置处开设 ϕ=108mm 的接管，试分别计算该接管中心线的延伸长度.

① 当 D=600mm 时，

在命令窗口中输入实参：Di=1000，d=10，D=600，h=108，

然后调用计算尺寸的函数文件：

```
>> [y]=myfun1(Di, d, D, h)
```

得出计算结果：

y =33. 7062.

② 当 D=800mm 时，

在命令窗口中输入实参：D=800，

然后调用函数文件 myfun1(Di, d, D, h)，

得出计算结果：y = 56. 5522.

③ 当 D=0 时，

在命令窗口中输入实参：D=0，

然后调用函数文件 myfun1(Di, d, D, h)，

得出计算结果：y = 11. 4623.

④ 当 D=892mm 时，

在命令窗口中输入实参：D=892，

然后调用函数文件 myfun1(Di, d, D, h)

得出计算结果：y = 126. 1020.

习题 1

1. 四脚连线为正方形的椅子在相对光滑但不是平坦的地面上通常只有三只脚着地，然而只需稍转动几次，就可以使四只脚着地. 试用数学工具来证明.

2. 一个人带着猫、鸡和米过河，船除了需要人来划之外，至多能载猫、鸡、米三者之一. 而当人不在场时猫要吃鸡、鸡要吃米. 设计一个安全过河的方案，并使过河次数尽量少.

3. 试用热传导定律建立数学模型，分析为什么北方建筑用双层玻璃.

4. 要在雨中从一处走到另一处，雨的方向和大小都不变，试建立一个模型讨论是否走得越快，淋雨量越小. 设人体为长方柱，表面积之比为：前∶侧∶顶=1∶a∶b. 人沿 x 方向以速度 v 前进，雨速在 x, y, z 方向的分量分别为 u_x, u_y, u_z. 写出淋雨量的表达式，确定在什么情况下，走得越快淋雨量越小，在什么情况下不是这样.

5. 有 12 个外表相同的硬币. 已知其中有一个是假的（可能轻也可能重些）. 现要用无砝码的天平以最少的次数找出假币，问应该怎样称法.

第2章

数学规划模型

在人们的生产实践中，经常会遇到如何利用现有资源来安排生产，以取得最大经济效益的问题. 此类问题构成了运筹学的一个重要分支——数学规划. 数学规划解决的是优化问题中的多元函数条件极值问题. 由于约束条件较多，而且极值经常出现在可行域边界上. 因此微分法解决不了，需要数学规划的理论和方法. 一般的数学规划模型形式如下.

$$\begin{aligned} &\max \quad f(X) \\ &\text{s.t.} \quad g_i(X) < 0,\ i = 1, 2, \cdots, m \\ &\qquad\ \ h_j(X) = 0,\ j = 1, 2, \cdots, n \end{aligned}$$

数学规划模型里有三个要素，分别是目标函数、决策变量和约束条件. 模型中的 X 是多维空间中的点，用来表示优化问题中可以调控的影响目标大小的各种因素，被称为决策变量. $f(X)$ 是目标函数，表示优化问题的目标. 数学规划可以是求目标函数的最大值，也可以是求目标函数的最小值. $g_i(X) < 0$ 和 $h_j(X) = 0$ 这 $m+n$ 个等式和不等式是决策变量必须满足的条件，称为约束条件. 满足所有这些约束条件的 X 的集合称为可行域，求解数学规划就是在可行域上寻找使目标函数达到最值的 X.

数学规划模型按目标函数个数分类可分为单目标规划模型、多目标规划模型；按模型中函数类型分类可分为线性规划模型、非线性规划模型；按决策变量类型分类可分为整数规划模型、0-1 型整数规划模型等. 不同类型的规划模型建立模型的方法相差不大，但是求解的难度相差很大.

2.1 线性规划

数学规划模型

$$\begin{aligned} &\max \quad f(X) \\ &\text{s.t.} \quad g_i(X) < 0,\ i = 1, 2, \cdots, m \\ &\qquad\ \ h_j(X) = 0,\ j = 1, 2, \cdots, n \end{aligned}$$

当 f, g_i 和 h_j 共 $m+n+1$ 个函数都是线性函数时，此模型称为线性规划（linear programming，LP）模型.

线性规划是数学规划的一个重要分支. 自从 1947 年 G. B. 丹齐克（Dantzing）提出线性规划以来，线性规划在理论上趋向成熟，在实际应用中日益广泛与深入. 特别是在计算机能处理成千上万个约束条件和决策变量的线性规划问题之后，线性规划的适用领域更为广泛了，

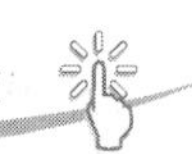

已成为现代管理中经常采用的基本方法之一.

首先我们通过一个引例来了解一下线性规划的图解法，以及线性规划解的特点.

引例 用图解法求最值

问题 设 $z=2x+y$，式中变量 x 和 y 满足下列关系：

$$x-4y\leqslant -3$$

$$3x+5y\leqslant 25$$

$$x\geqslant 1.$$

求 z 的最大值和最小值.

问题分析 这是一个线性规划模型. $z=2x+y$ 是目标函数，三个不等式是决策变量 x 和 y 需要满足的条件，称为可行域. 可行域是一个平面区域，即图 2.1 中的三角形阴影区域. 求 z 的最大值和最小值就是在阴影区域上找到使 z 达到最值的点.

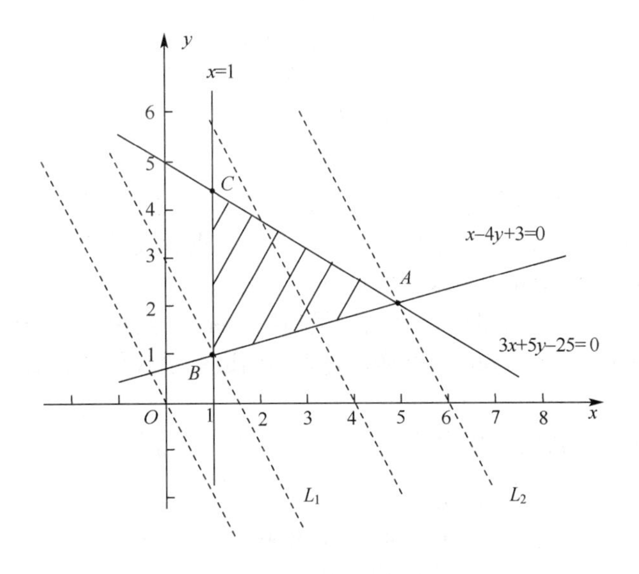

图 2.1 模型的图解法

图形解法 目标函数 $z=2x+y$ 可以表示为 xOy 平面上的一簇平行直线. 这些直线中越靠近右上方的，其对应的 z 值越大.

由图 2.1 可知，在经过可行域上点的平行直线中，以经过点 $A(5，2)$的直线 L_2 所对应的 z 值最大. 以经过点 $B(1, 1)$的直线 L_1 所对应的 z 值最小. 因此 z 最大值=2×5+2=12，z 最小值=2×1+1=3.

通过引例我们看到，线性规划的可行域是凸多边形. 当可行域是有界闭区域时，最优解总是取在多边形顶点上.

例 1 机床生产计划

问题 某机床厂生产甲、乙两种机床，每台销售后的利润分别为 4000 元与 3000 元. 生产甲机床需用 A, B 机器加工，加工时间分别为每台 2h 和 1h；生产乙机床需用 A, B, C 三种机器加工，加工时间为每台各 1h. 若每天可用于加工的机器时数分别为 A 机器 10h、B 机器 8h 和 C 机器 7h. 该厂应生产甲、乙机床各几台，才能使总利润最大？

模型建立

决策变量：设每天生产 x_1 台甲机床和 x_2 台乙机床.

目标函数：设每天获利为 z 元. x_1 台甲机床获利 $4000x_1$ 元，x_2 台乙机床获利 $3000x_2$ 元，故 $z=4000x_1+3000x_2$.

约束条件：

设备能力　甲、乙机床每天生产数量不能超出 A 机器的加工能力，即 $2x_1+x_2\leqslant 10$；甲、乙机床每天生产数量不能超出 B 机器的加工能力，即 $x_1+x_2\leqslant 8$；乙机床每天生产数量不能超出 C 机器的加工能力，即 $x_2\leqslant 7$；

非负约束　x_1, x_2 均不能为负值，即 $x_1\geqslant 0,\ x_2\geqslant 0$.

综上可得

$$
\begin{aligned}
\text{Max } z &= 4000x_1+3000x_2 \\
\text{s.t. } & 2x_1+x_2\leqslant 10 \\
& x_1+x_2\leqslant 8 \\
& x_2\leqslant 7 \\
& x_1\geqslant 0, x_2\geqslant 0.
\end{aligned}
$$

模型求解

上述模型中的目标函数及约束条件都是线性函数，因此是一个线性规划模型. 求解可以使用数学软件，也可以用图解法. 有不少数学软件可以求解线性规划，如 Excel、LINDO、LINGO 等. 下面是使用 LINGO 9.0 求解的过程.

注意：LINGO 程序以“model:”开始，最后以“end”结束；每个语句以分号结束；目标函数前面要有“max=”或“min=”以确定是求该函数的最大值还是最小值；变量不能加下标；乘号不能省略.

打开 LINGO 9.0，在新建文件中输入

```
model:
    max=4000*x1+3000*x2;
    2*x1+x2<=10;
    x1+x2<=8;
    x2<=7;
    x1>=0;
    x2>=0;
end
```

单击求解按钮，得到如下结果：

```
Global optimal solution found.
    Objective value:                                26000.00
    Total solver iterations:                             2
    Variable          Value                Reduced Cost
    X1                2.000000             0.000000
    X2                6.000000             0.000000
    Row     Slack or Surplus       Dual Price
    1       26000.00               1.000000
    2       0.000000               1000.000
```

```
3          0.000000          2000.000
4          1.000000          0.000000
5          2.000000          0.000000
6          6.000000          0.000000
```

结果显示，最优解是 $x_1 = 2, x_2 = 6$, 最大总利润为 26000 元.

评注 数学规划是现代管理中经常采用的方法. 建模的思路清晰、简单. 首先确定优化目标，然后找出影响目标的主要因素，再考虑资源、加工能力等限制条件，就可以构造出数学规划模型了. 如果目标函数及约束条件都是线性函数，或者可以近似看成线性函数，则可以得到的数学规划中最简单也是理论、解法最完善的线性规划. 线性规划求解的难点往往是决策变量太多，有时候可能会有十几万个甚至更多的决策变量. 所以求解线性规划一般都是使用数学软件，在计算机上完成. LINGO 是专门为求解数学规划设计的软件，使用简单、方便，求解快速、准确，是求解线性规划的常用工具. 本例模型比较简单，只是用来对如何运用 LINGO 求解线性规划的初步了解. 想要深入学习 LINGO 软件，可以参阅 LINGO 的帮助文档.

例 2　化工生产安排

问题 某化工厂的一个车间有 A_1, A_2 两台装置，两台装置都可以生产 B_1, B_2, B_3 三种化工产品. A_1 装置开工生产 1h 的成本为 300 元，可以生产 B_1 3t, B_2 4t, B_3 1t; A_2 装置开工生产 1h 的成本为 400 元，可以生产 B_1 2t, B_2 2t, B_3 5t. 每天按照合同需要生产 B_1 50t, B_2 60t, B_3 70t. 问每天两台装置各开工多少小时，可在满足合同需要的同时使成本最低？

模型建立

决策变量：每天 A_1, A_2 两台装置开工时间分别为 x_1, x_2.

目标函数：每天两台装置的开工成本 $z = 300x_1 + 400x_2$.

约束条件：每天生产的三种化工产品需要满足合同要求，即

$$3x_1 + 2x_2 \geqslant 50, \quad 4x_1 + 2x_2 \geqslant 60, \quad x_1 + 5x_2 \geqslant 70.$$

由此得到数学模型为：

$$\begin{aligned} &\text{Min} \quad z = 300x_1 + 400x_2 \\ &\text{s. t.} \quad 3x_1 + 2x_2 \geqslant 50 \\ &4x_1 + 2x_2 \geqslant 60 \\ &x_1 + 5x_2 \geqslant 70. \end{aligned}$$

模型求解

使用 LINGO 9.0 求解，输入如下：

```
model:
    min=300*x1+400*x2;
    3*x1+2*x2>=50;
    4*x2+2*x2>=60;
    x1+5*x2>=70;
end
```

得到结果如下：

```
Global optimal solution found.
Objective value:                                  7461.538
Total solver iterations:                                 2

Variable            Value              Reduced Cost
X1                  8.461538              0.000000
X2                  12.30769              0.000000

Row     Slack or Surplus       Dual Price
1        7461.538              -1.000000
2        0.000000              -84.61538
3        13.84615               0.000000
4        0.000000              -46.15385
```

结果显示，A_1装置开工 8. 461538 h, A_2装置开工 12. 30769 h，可以在满足合同要求的同时使生产成本最低. 最低成本是每天 7461. 538 元.

例 3　零件加工的成本

问题　一个车间加工三种零件，其需求量分别为 4000 件，5000 件，3500 件. 车间内现有 4 台机床，都可用来加工，每台机床可利用工时分别为 1600 件, 1250 件, 1800 件, 2000 件. 机床加工零件所需工时和成本由表 2.1 给出.

问如何安排生产，才可使生产成本最低？

表 2.1　机床加工零件所需工时和成本

机床	定额/（工时/件）			成本/（元/件）		
	零件 1	零件 2	零件 3	零件 1	零件 2	零件 3
机床 1	0.3	0.2	0.8	4	6	12
机床 2	0.25	0.2	0.6	4	7	10
机床 3	0.2	0.2	0.6	5	5	8
机床 4	0.2	0.25	0.5	7	6	11

模型建立

决策变量：设机床 i 加工零件 j 的件数为 x_{ij} .

目标函数：总成本 z 是 x_{ij} 的线性函数.

约束条件：各机床工时限制；加工零件的件数 x_{ij} 非负约束.

建立模型如下：

$$\begin{aligned}
\text{Min}\quad z = & 4x_{11}+6x_{12}+12x_{13}+4x_{21}+7x_{22}+10x_{23} \\
& +5x_{31}+5x_{32}+8x_{33}+7x_{41}+6x_{42}+11x_{43} \\
\text{s. t.}\quad & x_{11}+x_{21}+x_{31}+x_{41}=4000 \\
& x_{12}+x_{22}+x_{32}+x_{42}=5000 \\
& x_{13}+x_{23}+x_{33}+x_{43}=3500 \\
& 0.3x_{11}+0.2x_{12}+0.8x_{13}\leqslant 1600 \\
& 0.25x_{21}+0.3x_{22}+0.6x_{23}\leqslant 1250 \\
& 0.2x_{31}+0.2x_{32}+0.6x_{33}\leqslant 1800
\end{aligned}$$

$$0.2x_{41}+0.25x_{42}+0.5x_{43}\leqslant 2000$$
$$x_{ij}\geqslant 0,\quad i=1,2,3,4;\quad j=1,2,3.$$

模型求解

在 LINGO 9.0 新建文档中输入：

```
model:
    sets:
        machine/1..4/;
        part/1..3/;
        amount(machine,part): x;
    endsets
    min=4*x(1,1)+6*x(1,2)+12*x(1,3)
        +4*x(2,1)+7*x(2,2)+10*x(2,3)
        +5*x(3,1)+5*x(3,2)+8*x(3,3)
        +7*x(4,1)+6*x(4,2)+11*x(4,3);
    @sum(part(i): x(i,1))=4000;
    @sum(part(i): x(i,2))=5000;
    @sum(part(i): x(i,3))=3500;
    0.3*x(1,1)+0.2*x(1,2)+0.8*x(1,3)<=1600;
    0.25*x(2,1)+0.3*x(2,2)+0.6*x(2,3)<=1250;
    0.2*x(3,1)+0.2*x(3,2)+0.6*x(3,3)<=1800;
    0.2*x(4,1)+0.25*x(4,2)+0.5*x(4,3)<=2000;
End
```

得到如下结果：

```
Global optimal solution found.
Objective value:                        73416.67
Total solver iterations:                       4
Variable          Value          Reduced Cost
X( 1,1)         4000.000          0.000000
X( 1,2)         250.0000          0.000000
X( 1,3)         0.000000          1.000000
X( 2,1)         0.000000          0.4166667
X( 2,2)         0.000000          1.500000
X( 2,3)         2083.333          0.000000
X( 3,1)         0.000000          2.000000
X( 3,2)         4750.000          0.000000
X( 3,3)         1416.667          0.000000
X( 4,1)         0.000000          7.000000
X( 4,2)         0.000000          6.000000
X( 4,3)         0.000000          11.00000

Row      Slack or Surplus      Dual Price
1          73416.67            –1.000000
2          0.000000            –4.000000
3          0.000000            –6.000000
```

4	0.000000	-11.00000
5	350.0000	0.000000
6	0.000000	1.666667
7	0.000000	5.000000
8	2000.000	0.000000

评注 本例模型中的决策变量比较多，可以利用 LINGO 9.0“集”的概念，结合循环函数减少输入. 这在变量很多时是必需的. 深入了解集和循环函数的概念和用法，可以参考 LINGO 9.0 的帮助文档及范例.

例 4 奶制品的生产计划

问题 一奶制品加工厂用牛奶生产 A_1, A_2 两种奶制品，1 桶牛奶可以在设备甲上用 12h 加成 3kg A_1，或者在设备乙上用 8h 加工成 4kg A_2. 根据市场需求，生产的 A_1, A_2 全部能售出，每千克 A_1 获利 24 元，每千克 A_2 获利 16 元. 现在加工厂每天能得到 50 桶牛奶的供应，每天正式工人总的劳动时间为 480h，并且甲设备每天至多能加工 100kg，设备乙的加工能力没有限制. 试为该厂制订一个生产计划，使每天获利最大，并进一步讨论以下附加问题：

① 若用 35 元可以买到 1 桶牛奶，应否作这项投资？

② 若可以聘用临时工人以增加劳动时间，付给临时工人的工资最多是每小时几元？

问题分析 这个优化问题的目标是使每天的获利最大，要做的决策是生产计划，即每天用多少桶牛奶生产 A_1，用多少桶牛奶生产 A_2（也可以是每天生产多少千克 A_1，多少千克 A_2），决策受到 3 个条件的限制：原料（牛奶）供应、劳动时间、设备甲的加工能力. 按照题目所给，将决策变量、目标函数和约束条件用数学符号及式子等表示出来，就可得到下面的模型.

模型建立

决策变量：设每天用 x_1 桶牛奶生产 A_1，用 x_2 桶牛奶生产 A_2.

目标函数：设每天获利为 z 元. x_1 桶牛奶可生产 $3x_1$ kg A_1，获利 $24\times 3x_1$ 元，x_2 桶牛奶可生产 $4x_2$ kg A_2，获利 $16\times 4x_2$ 元，故

$$z = 72x_1 + 64x_2 .$$

约束条件：

原料供应　生产 A_1, A_2 的原料（牛奶）总量不得超过每天的供应，即 $x_1 + x_2 \leqslant 50$ 桶；

劳动时间　生产 A_1, A_2 的总加工时间不得超过每天正式工人总的劳动时间，即

$$12x_1 + 8x_2 \leqslant 480 \text{ h};$$

设备能力　A_1 的产量不得超过设备甲每天的加工能力，即 $3x_1 \leqslant 100$；

非负约束　x_1, x_2 均不能为负值，即 $x_1 \geqslant 0, x_2 \geqslant 0$.

综上可得

$$\begin{aligned} \text{Max} \quad & z = 72x_1 + 64x_2 \\ \text{s. t.} \quad & x_1 + x_2 \leqslant 50 \\ & 12x_1 + 8x_2 \leqslant 480 \\ & 3x_1 \leqslant 100 \\ & x_1 \geqslant 0, x_2 \geqslant 0. \end{aligned}$$

这就是该问题的基本模型.

模型求解

软件实现　在 LINGO 9.0 版本下打开一个新文件，输入：

```
model:
    max=72*x1+64*x2;
    x1+x2<=50;
    12*x1+8*x2<=480;
    3*x1<=100;
    x1>=0;
    x2>=0;
end
```

选择菜单 Solve，即可得到如下输出：

```
Global optimal solution found.
Objective value:                              3360.000
Total solver iterations:                             2
Variable          Value           Reduced Cost
X1                20.00000           0.000000
X2                30.00000           0.000000
Row      Slack or Surplus        Dual Price
1           3360.000             1.000000
2           0.000000             48.00000
3           0.000000             2.000000
4           40.00000             0.000000
5           20.00000             0.000000
6           30.00000             0.000000
```

上面结果告诉我们，这个线性规划的最优解为 $x_1 = 20$，$x_2 = 30$，最优值为 $z = 3360$，即用 20 桶牛奶生产 A_1，30 桶牛奶生产 A_2，可获最大利润 3360 元.

结果分析　上面的输出中除了告诉我们问题的最优解和最优值以外，还有许多对分析结果有用的信息，下面结合题目中提出的两个附加问题讨论.

① 3 个约束条件的右端不妨看作 3 种“资源”：原料、劳动时间、设备甲的加工能力. 输出中的“SLACK OR SURPLUS”给出这 3 种资源在最优解下是否有剩余：Row 2 对应原料，Row 3 对应劳动时间，它们的剩余均为零；Row 4 对应设备甲加工能力，尚余 40kg 加工能力.

② 目标函数可以看作“效益”，成为紧约束的“资源”一旦增加，“效益”必然跟着增长. 输出中的“DUAL PRICES”给出这 3 种资源在最优解下“资源”增加 1 个单位时“效益”的增量：Row 2 原料增加 1 个单位（1 桶牛奶）时利润增长 48 元；Row 3 劳动时间增加 1 个单位（1 小时）时利润增长 2 元；Row 4 显示，增加设备甲的能力（非紧约束）显然不会使利润增长. 这里，“效益”的增量可以看作“资源”的潜在价值，经济学上称为影子价格，即 1 桶牛奶的影子价格为 48 元，1h 劳动的影子价格为 2 元，设备甲的影子价格为零.

读者可以用直接求解的办法验证上面的结论，即将输入文件中原料约束右端的 50 改为 51，看看得到最优值（利润）是否恰好增长 48 元.

用影子价格的概念很容易回答附加问题①：用 35 元可以买到 1 桶牛奶，低于 1 桶牛奶的影子价格，当然应该作这项投资. 回答附加问题②：聘用临时工人以增加劳动时间，付给的工资低于劳动时间的影子价格才可以增加利润，所以工资最多是每小时 2 元.

评注 本例在产品利润、加工时间等参数均可设为常数的情况下，建立了线性规划模型.线性规划模型可以方便地用 LINGO 软件求解，得到内容丰富的输出，利用其中的影子价格，可对模型结果作进一步的研究，它们对实际问题常常是十分有益的.

2.2 非线性规划

数学规划模型

$$\begin{aligned} &\max\ f(X) \\ &\text{s.t. } g_i(X)<0,\ i=1,2,\cdots,m \\ &\qquad h_j(X)=0,\ j=1,2,\cdots,n \end{aligned}$$

当 f, g_i 和 h_j 共 $m+n+1$ 个函数至少有一个是非线性函数时，此模型称为非线性规划（Nonlinear Programming，NP）模型.

非线性规划是 20 世纪 50 年代才开始形成的一门新兴学科. 1951 年 H.W.库恩和 A.W.塔克发表了关于最优性条件（后来称为库恩-塔克条件）的论文，成为非线性规划正式诞生的一个重要标志. 20 世纪 50 年代末到 60 年代末出现了许多求解非线性规划问题的有效算法，20 世纪 70 年代又得到进一步的发展. 一般来说，解非线性规划问题要比求解线性规划问题困难得多，而且也不像线性规划那样有单纯形法这种通用解法. 非线性规划的各种算法大都有自己特定的适用范围，都有一定的局限性. 到目前为止还没有适合于各种非线性规划问题的一般算法.

例 1 卡隆公司的新肥料

问题 卡隆（Carron）化学公司的年轻工程师 R 和 D 合成了一种轰动一时的新肥料，只用两种基本原料来制造. 公司想利用这个机会生产尽可能多的这种新肥料，公司目前有资金 40000 美元，可购买单价分别为 8000 美元的原料 A 和 5000 美元的原料 B. 当用数量为 x_1 和 x_2 两种原料合成时，肥料的数量 Q 由下式给出：

$$Q=4x_1+2x_2-0.5x_1^2-0.25x_2^2.$$

试确定购买原料的计划.

问题分析 计划的目标是用有限的钱购买的原料，生产出最多的新肥料. 肥料的数量与原料数量不是线性关系. 因此这个优化问题是一个非线性规划问题.

模型建立

决策变量：显然是原料 A, B 的数量 x_1 和 x_2.

目标函数：问题中已经给出，即 $Q=4x_1+2x_2-0.5x_1^2-0.25x_2^2$.

约束条件：

资金约束 即购买原料的总费用不能超过公司现有资金 40000 美元；

非负约束 购买两种原料的数量都是非负数.

综上可得数学模型如下：

$$\begin{aligned} &\text{Max}\ \ Q=4x_1+2x_2-0.5x_1^2-0.25x_2^2 \\ &\text{s. t.}\ \ 8000x_1+5000x_2\leqslant 40000 \end{aligned}$$

$$x_1 \geqslant 0 , \quad x_2 \geqslant 0 .$$

模型求解

非线性规划也可以用 LINGO 求解. 在 LINGO 9.0 新建文档中输入：

```
model:
    init:
        x1=0.0;
        x2=0.0;
    endinit
    max=4*x1+2*x2-0.5*x1^2-0.25*x2^2;
    8000*x1+5000*x2<=40000;
    x1>=0;
    x2>=0;
end
```

得到输出结果如下：

```
Local optimal solution found.
Objective value:                              11.36842
Extended solver steps:                               5
Total solver iterations:                            64
Variable          Value          Reduced Cost
X1           3.157895            0.000000
X2           2.947368            0.000000
Row     Slack or Surplus      Dual Price
1            11.36842          1.000000
2            0.000000          0.1052632E-03
3            3.157895          0.000000
4            2.947368          0.000000
```

结果分析 由于非线性规划目标函数不一定是线性函数，可行域也不一定是多边形区域，所以最优解很难得到. 现有的理论和算法都不能保证得到整个可行域上的最优解，即全局最优解（global optimal solution）. 只能得到在可行域某个局部的最优解，称为局部最优解（Local optimal solution）. LINGO 求解非线性规划也不能保证得到全局最优解. 决策变量初值的不同设定值，可能导致最后的结果不同. 本例模型简单，不同的初值得到的都是同样的最优解 $x_1 = 3.157895$ 和 $x_2 = 2.947368$.

例 2 化肥生产计划

问题 某化肥工厂要制订明年第一季度的生产计划. 按照合同规定，工厂 1 月底应交付化肥 60t，2 月底交付 80t，3 月底交付 100t. 工厂每月最多只能生产 120t. 每月生产费用与生产化肥的吨数 x 的函数关系为 $f(x) = 300x + 0.2x^2$. 每吨化肥每月的库存费用为 5 元. 假定第一季度开始和结束时无存货. 试确定第一季度每月生产的化肥吨数，使工厂在满足合同要求的同时总费用最低.

模型建立

决策变量：设第 i 个月计划生产化肥 x_i t（i=1, 2, 3）.

目标函数：第一季度的总费用为 3 个月生产费用加上两个月的存储费用，即

$$z=300x_1+0.2x_1^2+300x_2+0.2x_2^2+300x_3+0.2x_3^2+5(x_1-60)+5(x_1+x_2-140).$$

约束条件：每个月至少完成合同要求的生产数量，即

$$x_1 \geqslant 60\text{，}\quad x_1+x_2 \geqslant 140\text{，}\quad x_1+x_2+x_3 \geqslant 240 .$$

建立数学模型为：

$$\text{Min}\quad z=300x_1+0.2x_1^2+300x_2+0.2x_2^2+300x_3+0.2x_3^2+5(x_1-60)+5(x_1+x_2-140)$$

$$\begin{aligned}\text{s. t.}\quad & x_1 \geqslant 60\\ & x_1+x_2 \geqslant 140\\ & x_1+x_2+x_3 \geqslant 240 .\end{aligned}$$

模型求解

用 LINGO 求解. 在 LINGO 9.0 新建文档中输入：

```
model:
    min=300*x1+0.2*x1^2+300*x2+0.2*x2^2
        +300*x3+0.2*x3^2+10*x1+5*x2-1000;
    x1>=60;
    x1+x2>=140;
    x1+x2+x3>=240;
end
```

得到输出结果如下：

```
Local optimal solution found.
Objective value:                              75977.50
Extended solver steps:                               5
Total solver iterations:                            45
Variable            Value            Reduced Cost
X1               67.50000              0.000000
X2               80.00000              0.000000
X3               92.50000              0.000000
Row        Slack or Surplus          Dual Price
1             75977.50              -1.000000
2             7.500000               0.000000
3             7.500000               0.000000
4             0.000000              -337.0000
```

结果显示，1 月生产 67.5t，2 月生产 80t，3 月生产 92.5t 化肥，可以在满足合同要求的同时使总费用最低. 最低总费用为 75977.5 元.

例 3　药品销售方案

问题　某医药营销公司经营两种药品，A 单价为 49 元/克，B 单价为 599 元/克. 根据以往经验，售出 1g A 平均需要一个销售员花费 0.5h，售出 1g B 平均需要一个销售员花费 $1+0.2x_2$ 小时（其中 x_2 为 B 的售出数量）. 现在公司有 20 个销售员，一天工作 8h. 要使一天的营业

额最大，A, B 两种药品应该各销售多少克？

模型建立

决策变量：一天 A, B 两种药的销售数量分别设为 x_1, x_2.

目标函数：当天的营业额 $z = 49x_1 + 599x_2$.

约束条件：两种药品花费的总工时不能超过 20×8=160，即 $0.5x_1 + x_2 + 0.2x_2^2 \leqslant 160$.

数学模型为：

$$\text{Max} \quad z = 49x_1 + 599x_2$$

$$\text{s. t.} \quad 0.5x_1 + x_2 + 0.2x_2^2 \leqslant 160$$

$$x_1 \geqslant 0, x_2 \geqslant 0.$$

模型求解

打开 LINGO 9.0，输入：

```
model:
    max=49*x1+599*x2;
    0.5*x1+x2+0.2*x2^2<=160;
end
```

得到结果如下：

```
Local optimal solution found.
Objective value:                              18881.54
Extended solver steps:                               5
Total solver iterations:                             7
Variable            Value           Reduced Cost
X1              229.1012              0.000000
X2              12.78061              0.000000
Row       Slack or Surplus          Dual Price
1              18881.54              1.000000
2              0.000000              98.00000
```

结果显示最优解为：A 销售 229.1012g，B 销售 12.78061g. 此时营业额最大，最大值为 18881.54 元.

评注 本例模型中目标函数是线性函数，但是约束条件是非线性函数. 这样的模型也是非线性模型.

例 4 化工原料供应

问题 某化工集团公司有 6 个化工厂，每个化工厂的位置（用平面坐标 a, b 表示，距离单位为 km）及化工原料日用量 m 由表 2.2 给出. 目前有两个炼油厂位于 $A(5, 1)$，$B(2, 7)$，日产化工原料量各有 20t. 假设从炼油厂到化工厂之间均有直线道路相连.

表 2.2 化工厂位置及化工原料日用量

项目	1	2	3	4	5	6
a/km	1.2	0.8	0.5	5.7	3	7.2
b/km	1.2	0.7	4	5	6.5	7.7
m/t	3	5	4	7	6	11

试制订每天的供应计划，即从 A, B 两个炼油厂分别向各化工厂运送多少吨化工原料，使总的运力（吨千米数）最小.

问题分析　每天两个炼油厂给 6 个化工厂各提供多少原料，共需 12 个决策变量. 需要满足两方面的约束，一方面要满足各化工厂的需求，另一方面受到炼油厂产量限制. 目标是总运力最小. 计算总运力用到直线距离，所以目标函数不是线性函数，应该建立非线性规划模型.

模型建立

设化工厂的位置为 (a_i, b_i)，化工原料日用量为 m_i，$i=1,2,\cdots,6$；炼油厂位置为 (x_j, y_j)，日储量为 n_j，$j=1,2$；从炼油厂 j 向化工厂 i 的运送量为 X_{ij}.

目标函数为：

$$\min f=\sum_{j=1}^{2}\sum_{i=1}^{6}X_{ij}\sqrt{(x_j-a_i)^2+(y_j-b_i)^2}.$$

约束条件为：

$$\sum_{j=1}^{2}X_{ij}=m_i,\ i=1,2,\cdots,6,$$

$$\sum_{i=1}^{6}X_{ij}\leqslant n_j,\ j=1,2.$$

模型求解

用 LINGO 9.0 求解. 由于规划问题往往数据量很大，数据直接输入 LINGO 很困难，所以常用 LINGO 中的 OLE 函数从 Excel 中导入数据. 做法如下.

① 首先将数据录入 Excel 工作表中；

② 在工作表中为每组数据定义数据域名称. 方法为按鼠标左键拖曳选择一组数据，选择“插入”|“名称”|“定义”，输入希望的名字后单击“确定”；

③ 在 LINGO 中定义与 Excel 中数据域同名且维数相同的数组；

④ 使用 OLE 函数导入 Excel 中数据，格式为@ole('文件名', '数据域名称')；其中文件名要求是带绝对路径及扩展名的 Excel 文件名称；

⑤ 计算结果可以用 OLE 函数导出到 Excel 工作表中，格式为@ole('文件名', '数据域名称')= 数据域名称.

本例可建立 Excel 工作表如表 2.3 所示.

表 2.3　化工厂位置、日用量及炼油厂位置、产量

项目	1	2	3	4	5	6			
a	1.2	0.8	0.5	5.7	3	7.2			
b	1.2	0.7	4	5	6.5	7.7			
m	3	5	4	7	6	11			
A							20	5	1
B							20	2	7

建立 LINGO 9.0 文件如下：

```
model:
  sets:
    CP: gx,gy,m;
```

```
    Refinery：n,x,y；
    c(Refinery,CP)：share；
  endsets
min=@sum(Refinery(i)：
          @sum(CP(j)：
              ((x(i)-gx(j))^2+(y(i)-gy(j))^2)^0.5*share(i,j)));
  @for(CP(j)：
          @sum(Refinery(i)：
              share(i,j))=m(j));
  @for(Refinery(i)：
          @sum(CP(j)：
              share(i,j))<n(i));
data：
     CP,gx,gy,m,Refinery,x,y,n=
     @ole('E：\data.xls','CP','gx','gy','m','Refinery','x','y','n');
@ole('E：\data-.xls','share')=share；
  enddata
end
```

结果输出到 Excel 表中（见表 2.4）.

表 2.4　化工厂位置、日用量及炼油厂位置、产量

项目	1	2	3	4	5	6			
a	1.2	0.8	0.5	5.7	3	7.2			
b	1.2	0.7	4	5	6.5	7.7			
m	3	5	4	7	6	11			
A	3	0	0	0	6	11	20	5	1
B	0	5	4	7	0	0	20	2	7

评注　运输、供应或者分配问题是很常见的优化问题. 这类问题通常决策变量很多、数据量庞大，用 LINGO 从 Excel 中导入数据可以很好地解决这一困难.

2.3　整数规划

数学规划模型

$$\begin{aligned} &\max\ \ f(X) \\ &\text{s.t.}\ \ g_i(X)<0,\ i=1,2,\cdots,m \\ &\qquad h_j(X)=0,\ j=1,2,\cdots,n \end{aligned}$$

当 $X=(x_1,x_2,\cdots,x_l)$ 中至少有一个 $x_k\ (k=1,2,\cdots,l)$ 要求是整数，此模型就称为整数规划（integer programming，IP）模型. 如果至少有一个 $x_k\ (k=1,2,\cdots,l)$ 要求是整数 0 或者 1，则此模型称为 0-1 型整数规划模型.

一般认为整数规划是线性规划的特殊部分. 在线性规划问题中，有些最优解可能是分数或小数，但对于某些具体问题，常要求解答必须是整数. 例如，所求解是人的个数，行动的次数或车辆的台数等. 为了满足整数的要求，初看起来似乎只要把已得的非整数解舍入化整就可以了. 然而实际上化整后的数不见得是可行解和最优解，所以应该有特殊的方法来求解整数规划. 在整数规划中，如果所有变量都限制为整数，则称为纯整数规划；如果仅一部分变量限制为整数，则称为混合整数规划.

整数规划是 1958 年由 R. E. 戈莫里提出割平面法之后形成的数学规划分支. 50 多年来发展出很多解法. 解整数规划最典型的做法是逐步生成一个相关的问题，称它是原问题的衍生问题. 对每个衍生问题又伴随一个比它更易于求解的松弛问题（衍生问题称为松弛问题的源问题）. 通过松弛问题的解来确定它的源问题的归宿，即源问题应被舍弃，还是再生成一个或多个它本身的衍生问题来替代它. 随即，再选择一个尚未被舍弃的或替代的源问题的衍生问题，重复以上步骤直至不再有未解决的衍生问题为止. 目前比较流行的方法是分支定界法和割平面法，它们都是在上述框架下形成的.

0-1 型整数规划在整数规划中占有重要地位. 一方面因为许多实际问题，例如很多指派问题、选址问题、送货问题可以归结为此类规划；另一方面任何有界变量的整数规划都与 0-1 规划等价，用 0-1 规划方法还可以把多种非线性规划问题表示成整数规划问题，所以不少人致力于这个方向的研究. 求解 0-1 规划的常用方法是分支定界法.

例 1　运输成本

问题　某运输公司接受了向地震灾区每天至少送 180t 支援物资的任务. 该公司有 8 辆载重为 6t 的 A 型卡车与 4 辆载重为 10t 的 B 型卡车，有 10 名驾驶员；每辆卡车每天往返的次数为 A 型卡车 4 次，B 型卡车 3 次；每辆卡车每天往返的成本费 A 型车为 320 元，B 型车为 400 元. 请你们为该公司安排一下应该如何调配车辆，才能使公司花费的运输成本最低？

模型建立

决策变量：设每天调出 A 型车 x_1 辆，B 型车 x_2 辆.

目标函数：设每天运输成本为 z 元. x_1 辆 A 型车花费 $320\times x_1$ 元，x_2 辆 B 型车花费 $400\times x_2$ 元，故 $z=320x_1+400x_2$.

约束条件：

资源约束　A 型卡车只有 8 辆，$x_1\leqslant 8$；B 型卡车只有 4 辆，$x_2\leqslant 4$；

人力约束　公司只有 10 名驾驶员，每人一天只能开同一辆车，故 $x_1+x_2\leqslant 10$；

任务约束　每天需要完成输送 180t 物资的任务，即 $6\times 4x_1+10\times 3x_2\geqslant 180$；

非负约束　x_1, x_2 均不能为负值，即 $x_1\geqslant 0, x_2\geqslant 0$；

整数约束　x_1, x_2 只能是整数.

综上可得

$$\begin{gathered}\text{Min } z=320x_1+400x_2\\ \text{s. t. } x_1+x_2\leqslant 10\\ 6\times 4x_1+10\times 3x_2\geqslant 180\\ 0\leqslant x_1\leqslant 8\\ 0\leqslant x_2\leqslant 4\\ x_1, x_2 \text{ 为整数.}\end{gathered}$$

模型求解

上述模型中的目标函数及约束条件都是线性函数，因此是一个线性规划模型. 但是决策变量要求是整数，所以是一个整数规划. 下面是使用 LINGO 9.0 求解的过程.

打开 LINGO 9.0，在新建文件中输入：

```
model:
    min=320*x1+400*x2;
    x1+x2<=10;
    6*4*x1+10*3*x2>=180;
    x1<=8;
    x2<=4;
    @Gin(x1); @Gin(x2);
end
```

其中函数@Gin(x)设置 x 为整型变量.

运行结果如下：

```
Global optimal solution found.
Objective value:                          2400.000
Extended solver steps:                           0
Total solver iterations:                        13
Variable          Value          Reduced Cost
X1             5.000000            320.0000
X2             2.000000            400.0000
Row        Slack or Surplus        Dual Price
1             2400.000            -1.000000
2             3.000000             0.000000
3             0.000000             0.000000
4             3.000000             0.000000
5             2.000000             0.000000
```

结果显示：当派出 A 型车 5 辆，B 型车 2 辆时可以使运输成本最低. 最低成本为 2400 元.

例 2　背包问题

问题　小明要外出旅行，有一个旅行包，容积为 2L. 有 10 件物品，如果不带可以到目的地购买. 通过上网查询得知了 10 件物品在目的地的价格. 每件物品的体积及价格如表 2.5 所示. 试给出一个装包的方案，使到目的地需要购买的物品总价值最低.

表 2.5　物品的体积及价格

物品	1	2	3	4	5	6	7	8	9	10
体积/L	0.1	0.3	0.5	0.4	0.3	0.1	0.8	0.4	0.7	0.3
价格/元	15	45	90	70	50	75	150	90	80	30

问题分析　到目的地需要购买的物品总价值最低，即装包里的物品价值最高. 由于每件物品装包或者不装包可以用 0-1 变量表达，所以此问题可以建立 0-1 规划模型.

模型建立

决策变量：设 $x_i=1$ 为第 i 件物品装包，$x_i=0$ 为第 i 件物品不装包.

目标函数：装包物品总价值 $z=\sum_{i=1}^{10}c_i x_i$，其中 c_i 为第 i 件物品的价格.

约束条件：装包物品总体积不超过旅行包容量，即 $\sum_{i=1}^{10}v_i x_i \leqslant V$.

数学模型为

$$\text{Max} \quad z=\sum_{i=1}^{10} c_i x_i$$

$$\text{s. t.} \quad \sum_{i=1}^{10} v_i x_i \leqslant V$$

$$x_i = 0 \text{ 或 } x_i = 1, \quad i=1,2,3,4,5 .$$

模型求解

使用 LINGO 9.0 求解，输入

```
model:
sets:
    objects/o1..o10/: cost,volume,x;
endsets
    max=@sum(objects: cost*x);
    @sum(objects: volume*x)<=2;
    @for(objects: @bin(x));
data:
    cost=15,45,90,70,50,75,150,90,80,30;
    volume=0.1,0.3,0.5,0.4,0.3,0.1,0.8,0.4,0.7,0.3;
enddata
end
```

得到全局最优解如下：

```
Global optimal solution found.
Objective value:                          435.0000
Objective bound:                          435.0000
Infeasibilities:                          0.1110223E-15
Extended solver steps:                           0
Total solver iterations:                         0

                    X(O1)       0.000000        -15.00000
                    X(O2)       0.000000        -45.00000
                    X(O3)       0.000000        -90.00000
                    X(O4)       1.000000        -70.00000
                    X(O5)       1.000000        -50.00000
                    X(O6)       1.000000        -75.00000
                    X(O7)       1.000000        -150.0000
                    X(O8)       1.000000        -90.00000
                    X(O9)       0.000000        -80.00000
                   X(O10)       0.000000        -30.00000

                      Row   Slack or Surplus    Dual Price
                        1       435.0000         1.000000
                        2       0.000000         0.000000
```

结果显示：物品 1, 3, 6, 7, 8 装包能使携带物品价值最大. 最大值为 420，旅行包还有 0.1L 空闲.

评注 背包问题（knapsack problem）是一种组合优化的 NP 完全问题. 问题可以描述为：给定一组物品，每种物品都有自己的重量和价格，在限定的总重量内，我们如何选择，才能使得物品的总价格最高. 相似问题经常出现在商业、组合数学，计算复杂性理论、密码学和应用数学等领域中. 本例对背包问题建立了 0-1 型整数规划模型，并采用 LINGO 9.0 求解，是解决这类问题的常用方法.

例 3 工作分配

问题 5 个工人的车间接到 5 项不同的工作. 每个工人做每项工作熟练程度不同，所以完成所需时间不同（见表 2.6）. 每个工人必须做且只能做一项工作. 如何分配工作才能使完成全部工作花费的总时间最少？

表 2.6 5 个工人做各项工作所需时间

项目	工作 1	工作 2	工作 3	工作 4	工作 5
工人 1	4	5	3	8	7
工人 2	1	6	7	3	9
工人 3	7	3	2	11	4
工人 4	9	12	8	4	3
工人 5	2	5	5	9	7

问题分析 这是典型的指派问题（assignment problem）：有若干项任务，每项任务必须有一人且只能有一人承担，每人也只能承担其中一项，不同人员承担不同任务的收益（或成本）不同，问题是怎样分派各项任务使总收益最大（或总成本最小）. 由于每个工人必须做且只能做一项工作，第 i 个工人是否做第 j 个工作可以用 0-1 型变量表示. 所以这类问题建立的数学模型是 0-1 型整数规划.

模型建立

决策变量：第 i 个工人是否做第 j 个工作用 0-1 型变量 x_{ij} 表示.

目标函数：总时间 $z=\sum_{i=1}^{5}\sum_{j=1}^{5}c_{ij}x_{ij}$，其中 c_{ij} 是第 i 个工人做第 j 个工作花费的时间.

约束条件：每个工人必须做且只能做一项工作. 即，每项工作只有一个人做 $\sum_{i=1}^{5}x_{ij}=1$，$j=1,2,3,4,5$；每个工人只做一项工作. $\sum_{j=1}^{5}x_{ij}=1$，$i=1,2,3,4,5$. 另外，x_{ij} 必须是 0-1 型变量.

由此得到本例的数学模型：

$$\text{Min}\quad z=\sum_{i=1}^{5}\sum_{j=1}^{5}c_{ij}x_{ij}$$

$$\text{s. t.}\quad \sum_{i=1}^{5}x_{ij}=1,\quad j=1,2,3,4,5$$

$$\sum_{j=1}^{5}x_{ij}=1,\quad i=1,2,3,4,5$$

$$x_{ij}=0 \text{ 或 } x_{ij}=1,\quad i=1,2,3,4,5,\quad j=1,2,3,4,5.$$

模型求解

用 LINGO 9.0 求解. 输入如下：

```
model:
sets:
    workers/w1..w5/;
    jobs/j1..j5/;
    links(workers,jobs): cost,x;
endsets
    min=@sum(links: cost*x);
    @for(workers(i):
      @sum(jobs(j): x(i,j))=1;
    );
    @for(jobs(j):
      @sum(workers(i): x(i,j))=1;
        );
@for(links: @bin(x));
data:
    cost= 4  5   3   8   7
          1  6   7   3   9
          7  3   2   11  4
          9  12  8   4   3
          2  5   5   9   7;
enddata
end
```

注意　这里用到了 LINGO 9.0 的两个循环函数：@for( )和@sum( ). 循环变量需要通过集的名称来设定，集可以是二维或更高维的. 例如，@for(links：@bin(x))可以设定二维变量 x(i，j)全部为 0-1 型变量.

求解的结果如下：

```
Global optimal solution found.
Objective value:                          14.00000
Total solver iterations:                     6

Variable             Value          Reduced Cost
X( W1,J1)          0.000000           3.000000
      X( W1,J2)          0.000000           1.000000
      X( W1,J3)          1.000000           0.000000
      X( W1,J4)          0.000000           2.000000
      X( W1,J5)          0.000000           2.000000
      X( W2,J1)          0.000000           3.000000
      X( W2,J2)          0.000000           5.000000
      X( W2,J3)          0.000000           7.000000
      X( W2,J4)          1.000000           0.000000
      X( W2,J5)          0.000000           7.000000
      X( W3,J1)          0.000000           7.000000
      X( W3,J2)          1.000000           0.000000
      X( W3,J3)          0.000000           0.000000
      X( W3,J4)          0.000000           6.000000
```

```
X( W3,J5)        0.000000        0.000000
X( W4,J1)        0.000000        10.00000
X( W4,J2)        0.000000        10.00000
X( W4,J3)        0.000000        7.000000
X( W4,J4)        0.000000        0.000000
X( W4,J5)        1.000000        0.000000
X( W5,J1)        1.000000        0.000000
X( W5,J2)        0.000000        0.000000
X( W5,J3)        0.000000        1.000000
X( W5,J4)        0.000000        2.000000
X( W5,J5)        0.000000        1.000000

Row     Slack or Surplus      Dual Price
1         14.00000            -1.000000
2         0.000000            -5.000000
3         0.000000            -2.000000
4         0.000000            -4.000000
5         0.000000            -3.000000
6         0.000000            -6.000000
7         0.000000             4.000000
8         0.000000             1.000000
9         0.000000             2.000000
10        0.000000            -1.000000
11        0.000000             0.000000
```

结果显示：工人 1 做工作 3，工人 2 做工作 4，工人 3 做工作 2，工人 4 做工作 5，工人 5 做工作 1，花费的总时间最少.

评注 指派问题是很常见的一类问题，很容易建立对应的 0-1 规划模型. 这类模型通常规模会很大. 例如给 100 个人指派 100 项工作，模型具有 10000 个决策变量. 使用 LINGO 9.0 求解时，有大量的数据需要输入、输出. 可以利用 Excel 作为工具解决数据输入输出问题.

例 4 混合泳接力队的选拔

问题 某班准备从 5 名游泳队员中选择 4 人组成接力队，参加学校的 4×100 m 混合泳接力比赛. 5 名队员 4 种泳姿的百米平均成绩如表 2.7 所示，问应如何选拔队员组成接力队？

如果最近队员丁的蛙泳成绩有较大退步，只有 1'15"2；而队员戊经过艰苦训练自由泳成绩有所进步，达到 57"5，组成接力队的方案是否应该调整？

表 2.7 5 名队员 4 种泳姿的百米平均成绩

项目	甲	乙	丙	丁	戊
蝶泳	1'06"8	57"2	1'18"	1'10"	1'07"4
仰泳	1'15"6	1'06"	1'07"8	1'14"2	1'11"
蛙泳	1'27"	1'06"4	1'24"6	1'09"6	1'23"8
自由泳	58"6	53"	59"4	57"2	1'02"4

问题分析

从 5 名队员中选出 4 人组成接力队，每人一种泳姿，且 4 人的泳姿各不相同，使接力队的成绩最好. 容易想到的一个办法是穷举法，组成接力队的方案共有 5！=120 种，逐一计算并作比较，即可找出最优方案. 显然这不是解决这类问题的好办法，随着问题规模的变大，穷举法的计算量将是无法接受的.

可以用 0-1 变量表示一个队员是否入选接力队，从而建立这个问题的 0-1 规划模型，借助现成的数学软件求解.

模型的建立与求解

记甲、乙、丙、丁、戊分别为队员 $i=1,2,3,4,5$; 记蝶泳、仰泳、蛙泳、自由泳分别为泳姿 $j=1,2,3,4$. 记队员 i 的第 j 种泳姿的百米最好成绩为 $c_{ij}(s)$，即有表 2.8.

表 2.8　5 名队员 4 种泳姿折合为秒的百米平均成绩

c_{ij}	i=1	i=2	i=3	i=4	i=5
j=1	66.8	57.2	78	70	67.4
j=2	75.6	66	67.8	74.2	71
j=3	87	66.4	84.6	69.6	83.8
j=4	58.6	53	59.4	57.2	62.4

引入 0-1 变量 x_{ij}，若选择队员 i 参加泳姿 j 的比赛，记 $x_{ij}=1$，否则记 $x_{ij}=0$. 根据组成接力队的要求，x_{ij} 应该满足两个约束条件：

第一，每人最多只能入选 4 种泳姿之一，即对于 $i=1,2,3,4,5$，应有 $\sum_{i=1}^{5} x_{ij}=1$.

第二，每种泳姿必须有且只能有一人入选，即对于 j=1,2,3,4,5，应有 $\sum_{i=1}^{5} x_{ij}=1$.

当队员 i 入选泳姿 j 时，$c_{ij}x_{ij}$ 表示他的成绩，否则 $c_{ij}x_{ij}=0$. 于是接力队的成绩可表示为 $Z=\sum_{j=1}^{4}\sum_{i=1}^{5} c_{ij}x_{ij}$，这就是该问题的目标函数.

综上，这个问题的 0-1 规划模型可写作

$$\text{Min}\quad Z=\sum_{j=1}^{4}\sum_{i=1}^{5} c_{ij}x_{ij}$$

$$\text{s. t.}\quad \sum_{j=1}^{4} x_{ij} \leqslant 1,\ i=1,2,3,4,5$$

$$\sum_{i=1}^{5} x_{ij}=1,\ j=1,2,3,4$$

$$x_{ij}=\{0,\ 1\}.$$

将题目所给数据代入这一模型，并输入 LINGO 9.0：

```
model:
sets:
    students/s1..s5/;
    events/e1..e4/;
    links(students,events): cost,x;
endsets
    min=@sum(links: cost*x);
    @for(students(i):
        @sum(events(j): x(i,j))<=1;
    );
```

```
    @for(events(j):
        @sum(students(i): x(i,j))=1;
    );
    @for(links: @bin(x));
data:
    cost=66.8   75.6   87     58.6
         57.2   66     66.4   53
         78     67.8   84.6   59.4
         70     74.2   69.6   57.2
         67.4   71     83.8   62.4;
enddata
end
```

结果如下：

```
Global optimal solution found.
Objective value:                              253.2000
xtended solver steps:                                0
otal solver iterations:                              0

Variable          Value          Reduced Cost
X( S1,E1)         0.000000           66.80000
X( S1,E2)         0.000000           75.60000
X( S1,E3)         0.000000           87.00000
X( S1,E4)         1.000000           58.60000
X( S2,E1)         1.000000           57.20000
X( S2,E2)         0.000000           66.00000
X( S2,E3)         0.000000           66.40000
X( S2,E4)         0.000000           53.00000
X( S3,E1)         0.000000           78.00000
X( S3,E2)         1.000000           67.80000
X( S3,E3)         0.000000           84.60000
X( S3,E4)         0.000000           59.40000
X( S4,E1)         0.000000           70.00000
X( S4,E2)         0.000000           74.20000
X( S4,E3)         1.000000           69.60000
X( S4,E4)         0.000000           57.20000
X( S5,E1)         0.000000           67.40000
X( S5,E2)         0.000000           71.00000
X( S5,E3)         0.000000           83.80000
X( S5,E4)         0.000000           62.40000

Row      Slack or Surplus        Dual Price
1          253.2000             -1.000000
2          0.000000              0.000000
3          0.000000              0.000000
4          0.000000              0.000000
```

5	0.000000	0.000000
6	1.000000	0.000000
7	0.000000	0.000000
8	0.000000	0.000000
9	0.000000	0.000000
10	0.000000	0.000000

结果是 $x_{14}=x_{21}=x_{32}=x_{43}=1$，其他变量为 0，成绩为 $253.2''=4'13''2$. 即应当选派甲、乙、丙、丁4人组成接力队，分别参加自由泳、蝶泳、仰泳、蛙泳的比赛.

讨论 考虑到丁、戊最近的状态，c_{43} 由原来的 69.6s 变为 75.2s，c_{54} 由原来的 62.4s 变为 57.5s，讨论对结果的影响. 用 c_{43}, c_{54} 的新数据重新输入模型，用 LINGO 求解得到：$x_{21}=x_{32}=x_{43}=x_{51}=1$，其他变量为 0，成绩为 $257.7s=4'17''7$. 即当选派乙、丙、丁、戊 4 人组成接力队，分别参加蝶泳、仰泳、蛙泳、自由泳的比赛.

评注 本例属于指派问题. 典型的指派问题中，任务的数量与能够承担的人员数量相等，但是二者不相等的情况也常见，本例就是人数多于任务数的情况.

2.4 多目标规划

当数学规划模型中有多个目标函数时，称为多目标规划（multiple objective progamming，MOP）模型. 模型形式如下

$$\max \begin{pmatrix} f_1(X) \\ \vdots \\ f_s(X) \end{pmatrix}$$

$$\text{s.t.} \quad g_i(X)<0,\ i=1,2,\cdots,m$$

$$h_j(X)=0,\ j=1,2,\cdots,n$$

在很多实际问题中，衡量一个方案的好坏往往难以用一个指标来判断，而需要用多个目标来比较. 因此有许多学者致力于这方面的研究. 多目标最优化思想最早是在 1896 年由法国经济学家 V. 帕雷托提出来的. 之后，J. 冯·诺依曼、H. W. 库恩、A. W. 塔克尔、A. M. 日夫里翁等数学家做了深入的探讨. 但是至今关于多目标最优解尚未有一个完全令人满意的定义，所以多目标规划仍处于发展阶段.

求解多目标规划的方法大体上有以下几种：一种是化多为少的方法，即把多目标化为比较容易求解的单目标或双目标，如线性加权法、理想点法等；另一种叫分层序列法，即把目标按其重要性给出一个序列，每次都在前一目标最优解集内求下一个目标最优解，直到求出共同的最优解，对多目标的线性规划除以上方法外还可以适当修正单纯形法来求解；还有一种称为层次分析法，是由美国运筹学家沙旦于 20 世纪 70 年代提出的，这是一种定性与定量相结合的多目标决策与分析方法，对于目标结构复杂且缺乏必要的数据的情况更为实用.

例 1 联欢会食物采购

问题 某班级要开元旦联欢会，需要采购瓜子、水果和糖果. 瓜子每千克 8 元，水果每千克 5 元，糖果每千克 12 元. 同学们对三种不同食物喜爱程度不同，而且数量越大满意程度

越高. 可以简化为整个班级因为采购了某种食品而提高的满意度与该种食品数量成正比，比例系数是三种食品之间比较而得到的相对喜爱程度. 糖果作为比较参照物，其喜爱程度设为1，瓜子相对于糖果喜爱程度为0.5，对水果的喜爱程度为0.4. 为保证基本需要，瓜子至少要买10kg，水果至少买5kg，糖果至少买2kg. 班级共有40人，每人最多收20元班费. 如何采购可以使花钱最少而满意度最高？

问题分析 这个问题有两个优化目标，一个是花钱最少，一个是满意度最高，显然是互相矛盾的. 如何权衡两个方面的要求是解决问题的关键.

模型建立

决策变量：三种食物采购量，设为瓜子x_1 kg、水果x_2 kg、糖果x_3 kg.

目标函数：两个目标分别为：

采购三种食物花钱总数$z_1 = 8x_1 + 5x_2 + 12x_3$；

班级对采购结果的满意度$z_2 = 0.5x_1 + 0.4x_2 + x_3$.

约束条件：总费用不能超过800元；瓜子至少要买10kg，水果至少买5kg，糖果至少买2kg.

建立多目标规划模型：

$$\begin{cases} \text{Min} \quad z_1 = 8x_1 + 5x_2 + 12x_3 \\ \text{Max} \quad z_2 = 0.5x_1 + 0.4x_2 + x_3 \end{cases}$$

$$\begin{aligned} \text{s. t.} \quad & 8x_1 + 5x_2 + 12x_3 \leqslant 800 \\ & x_1 \geqslant 10 \\ & x_2 \geqslant 5 \\ & x_3 \geqslant 2 . \end{aligned}$$

模型求解

两个目标函数一个要最大，一个要最小，可以变成都求最大或者都求最小. 例如，

$$\begin{cases} \text{Max} \quad z_1 = -(8x_1 + 5x_2 + 12x_3) \\ \text{Max} \quad z_2 = 0.5x_1 + 0.4x_2 + x_3 \end{cases}.$$

多目标规划求解主要有加权系数法和分层序列法，下面采用加权系数法求解. 加权系数法是给两个目标设定不同的权重，然后做线性组合构成一个目标函数. 即令$z = az_1 + bz_2$，其中$a \geqslant 0$，$b \geqslant 0$，且$a + b = 1$. 从而化多目标规划模型为单目标规划模型.

权重系数a和b反映两个目标之间相对的重要程度，可以通过专家根据经验或者大家协商等方式产生. 注意，满意度与总花费虽然都是三种食品数量的线性函数，但是因为系数相差10多倍所以函数值相差10多倍. 加权组合时首先应该使两个目标在数量级上相同，数值大小上比较接近，这样才能体现权重的含义. 本例可令$z = az_1 + b \times 14 \times z_2$，得到单目标规划模型如下：

$$\begin{aligned} \text{Max} \quad & z = -a(8x_1 + 5x_2 + 12x_3) + 14b(0.5x_1 + 0.4x_2 + x_3) \\ \text{s. t.} \quad & 8x_1 + 5x_2 + 12x_3 \leqslant 800 \\ & x_1 \geqslant 10, \quad x_2 \geqslant 5, \quad x_3 \geqslant 2 . \end{aligned}$$

使用LINGO 9.0求解，输入如下：

```
model:
    max=-a*(8*x1+5*x2+12*x3)+b*14*(0.5*x1+0.4*x2+x3);
    8*x1+5*x2+12*x3<=800;
```

```
    x1>=10;
    x2>=5;
    x3>=2;
data:
    a=0.8;
    b=0.2;
enddata
end
```

输出结果为：

```
Global optimal solution found.
Objective value:                          -78.00000
Total solver iterations:                          0

Variable             Value          Reduced Cost
A              0.8000000              0.000000
X1              10.00000              0.000000
X2              5.000000              0.000000
X3              2.000000              0.000000
B              0.2000000              0.000000

Row      Slack or Surplus          Dual Price
1          -78.00000                1.000000
2           671.0000                0.000000
3           0.000000               -5.000000
4           0.000000               -2.880000
5           0.000000               -6.800000
```

结果显示，当更倾向于花钱少时只购买最低数量的食物是最佳选择. 若令 $a = 0.2$，$b = 0.8$，即倾向于对食物满意度高时，结果为：

```
Global optimal solution found.
Objective value:                          567.0667
Total solver iterations:                          0

Variable             Value          Reduced Cost
A              0.2000000              0.000000
 X1             10.00000              0.000000
 X2             5.000000              0.000000
 X3             57.91667              0.000000
 B             0.8000000              0.000000

Row      Slack or Surplus          Dual Price
 1          567.0667                1.000000
 2          0.000000                0.7333333
 3          0.000000               -1.866667
 4          0.000000               -0.1866667
 5          55.91667                0.000000
```

显然，增加购买糖果可以在少花钱的情况下最大程度提高满意度.

评注 本例讨论了多目标函数规划问题的建模及求解方法. 求解基本思想是通过加权组合形成一个新的目标，从而化为单目标规划. 需要注意的是，不同的目标函数量纲可能不同，导致在数值大小上差异很大，在加权组合时需要首先处理这个问题.

例 2 选课策略

问题 某学校规定，运筹学专业的学生毕业时必须至少学习过两门数学课、三门运筹学课和两门计算机课. 这些课程的编号、名称、学分、所属类别和先修课要求如表 2.9 所示. 那么，毕业时学生最少可以学习这些课程中的哪些课程？

如果某个学生既希望选修课程数量少，又希望所获得的学分多，他可以选修哪些课程？

表 2.9 课程情况

课号	课程名称	学分	所属类别	先修课要求
1	微积分	5 分	数学	
2	线性代数	4 分	数学	
3	最优化方法	4 分	数学；运筹学	微积分；线性代数
4	数据结构	3 分	数学；计算机	计算机编程
5	应用统计	4 分	数学；运筹学	微积分；线性代数
6	计算机模拟	3 分	计算机；运筹学	计算机编程
7	计算机编程	2 分	计算机	
8	预测理论	3 分	运筹学	应用统计
9	数学实验	3 分	运筹学；计算机	微积分；线性代数

模型的建立与求解

用 $x_i = 1$ 表示选修表 2.9 中按编号顺序的 9 门课程（$x_i = 0$ 表示不选；$i = 1, 2, \cdots, 9$）. 问题的目标为选修的课程总数最少，即

$$\text{Min} \quad Z = \sum_{i=1}^{9} x_i \tag{2.1}$$

约束条件包括两个方面：

第一，每人最少要学习 2 门数学课、3 门运筹学课和 2 门计算机课. 根据表 2.9 中对每门课程所属类别的划分，这一约束可以表示为

$$x_1 + x_2 + x_3 + x_4 + x_5 \geqslant 2 \tag{2.2}$$

$$x_3 + x_5 + x_6 + x_8 + x_9 \geqslant 3 \tag{2.3}$$

$$x_4 + x_6 + x_7 + x_9 \geqslant 2. \tag{2.4}$$

第二，某些课程有先修课程的要求. 例如“数据结构”的先修课是“计算机编程”，这意味着如果 $x_4 = 1$，必须 $x_7 = 1$，这个条件可以表示为 $x_4 \leqslant x_7$（注意：$x_4 = 0$ 时对 x_7 没有限制）. “最优化方法”的先修课是“微积分”和“线性代数”的条件可表示为 $x_3 \leqslant x_1, x_3 \leqslant x_2$，而这两个不等式可以用一个约束表示为 $2x_3 - x_1 - x_2 \leqslant 0$. 这样，所有课程的先修课要求可表示为如下的约束

$$2x_3 - x_1 - x_2 \leqslant 0 \tag{2.5}$$

$$x_4 - x_7 \leqslant 0 \tag{2.6}$$

$$2x_5 - x_1 - x_2 \leqslant 0 \tag{2.7}$$

$$x_6 - x_7 \leqslant 0. \tag{2.8}$$

$$x_8 - x_5 \leqslant 0 \tag{2.9}$$

$$2x_9 - x_1 - x_2 \leqslant 0. \tag{2.10}$$

由上得到以式（2.1）为目标的函数，以式（2.2）～式（2.10）为约束条件的 0-1 规划模型. 将这一模型输入 LINGO（注意加上 x_i 为 0-1 的约束），求解得到结果为

$$x_1 = x_2 = x_3 = x_6 = x_7 = x_9 = 1,$$

其他变量为 0. 对照课程编号，它们是微积分、线性代数、最优化方法、计算机模拟、计算机编程、数学实验，共 6 门课程，总学分为 21 分.

下面将会看到，这个解并不是唯一的，还可以找到与以上不完全相同的 6 门课程，也满足所给的约束.

讨论　如果一个学生既希望先修课程数少，又希望所获得的学分数尽可能多，则除了目标式（2.1）之外，还应根据表 2.9 中的学分数写出另一个目标，即

$$\text{Max} \quad W = 5x_1 + 4x_2 + 3x_4 + 4x_5 + 3x_6 + 2x_7 + 2x_8 + 3x_9 \tag{2.11}$$

我们把只有一个优化目标的规划问题称为单目标规划，而将多于一个目标的规划问题称为多目标规划. 多目标规划的目标函数相当于一个向量，如目标（2.1）和目标（2.11）可以表示为对一个向量进行优化.

$$V - \text{Min}(Z, -W) \tag{2.12}$$

上面符号“$V - \text{Min}$”是“向量最小化”的意思，注意其中已经通过对 W 取负号而将目标（2.11）中的最大化变成了最小化问题.

要得到多目标规划问题的解，通常需要知道决策者对每个目标的重视程度，称为偏好程度. 下面通过几个例子讨论处理这类问题的方法.

① 同学甲只考虑获得尽可能多的学分，而不管所修课程的多少，那么他可能以式（2.11）为目标，不用考虑式（2.1），这就组成了一个单目标优化问题. 显然，这个问题不必计算就知道最优解是选修所有 9 门课程.

② 同学乙认为选修课程数最少是基本的前提，那么他可以只考虑目标式（2.1）而不管目标式（2.11），这就是前面得到的，最少为 6 门. 如果这个解是唯一的，则他已别无选择，只能选修上面的 6 门课，总学分为 21 分. 但是 LINGO 无法告诉我们一个优化问题的解是否唯一，所以他还可能在选修 6 门课的条件下，使总学分多于 21 分. 为探索这种可能，应在上面的规划问题中增加约束

$$\sum_{j=1}^{9} x_i = 6 \tag{2.13}$$

得到以式（2.1）为目标函数、以式（2.2）～式（2.10）和式（2.13）为约束条件的另一个 0-1 规划模型. 求解后发现会得到不同于前面 6 门课程的最优解 $x_1 = x_2 = x_3 = x_5 = x_6 = x_7 = 1$，其他变量为 0，也是最优解.

③ 同学丙不像甲、乙那样，只考虑学分最多或以课程最少为前提，而是觉得学分数和课程数这两个目标大致上应该三七开. 这时可以将目标函数 Z 和 $-W$ 分别乘以 0.7 和 0.3，组成一个新的目标函数 Y，有

$$\begin{aligned} \text{Min} \quad Y &= 0.7Z - 0.3W \\ &= -0.8x_1 - 0.5x_2 - 0.5x_3 - 0.2x_4 - 0.5x_5 - 0.2x_6 + 0.1x_7 + 0.1x_8 - 0.2x_9 \end{aligned} \tag{2.14}$$

得到以式（2.14）为目标、以式（2.2）～式（2.10）为约束的 0-1 规划模型. 输入 LINGO 求

解得到结果为：

$$x_1 = x_2 = x_3 = x_4 = x_5 = x_6 = x_7 = x_9 = 1,$$

即只有“预测理论”不需要选修，共28学分.

实际上，0.7 和 0.3 是 Z 和 $-W$ 的权重. 一般地将权重记作 λ_1, λ_2，且令 $\lambda_1 + \lambda_2 = 1,\ 0 \leqslant \lambda_1,\ \lambda_2 \leqslant 1$，则0-1规划模型的新目标为

$$\text{Min} \quad Y = \lambda_1 Z - \lambda_2 W. \tag{2.15}$$

前面同学甲的考虑相当于 $\lambda_1 = 0, \lambda_2 = 1$，同学乙的考虑相当于 $\lambda_1 = 1, \lambda_2 = 0$，这是两种极端情况. 通过选取许多不同的 λ_1, λ_2 进行计算，可以发现当 $\lambda_1 < 2/3$ 时，结果与同学甲相同；而当 $\lambda_1 > 3/4$ 时，结果与同学乙相同. 这是偶然的吗？我们根据给出的数据分析一下.

当 $\lambda_1 < 2/3$ 时，式(2.15)中 Y 的所有参数都小于0，因此为了使 Y 取最小值，x_4, x_6, x_7, x_8, x_9 应尽可能取1，这与 $\lambda_1 = 0, \lambda_2 = 1$ 的情况，即学分数最多是一样的.

当 $\lambda_1 > 3/4$ 时，式（2.15）中的 Y 的系数中至少有5个大于0，它们分别是 x_4, x_6, x_7, x_8, x_9 的系数，因此为了使 Y 取最小值，x_4, x_6, x_7, x_8, x_9 应尽可能取0，而根据前面的计算知道约束条件已经保证至少要选修 6 门课，所以 x_4, x_6, x_7, x_8, x_9 中最多只能有 3 个同时取 0，这与 $\lambda_1 = 1, \lambda_2 = 0$ 的情况，即选修的课程数最少是一样的.

评注 用0-1变量表示选择策略是常用的方法，而对于“要选甲必选乙”这样的约束，可以用类似于式（2.6）$x_4 \leqslant x_7$ 来描述. 有些选择问题，如从众多球员中选拔上场队员时，由于相互配合或相互制约的关系，还会遇到诸如“甲乙二人至多选一人”、“甲乙二人至少选一人”、“要选甲必不能选乙”等约束.

本例优先考虑一个目标不过是加权系数法的极端情况. 而像前面同学乙那样，把一个目标作为约束条件（2.13），解另一个目标的规划模型，也是处理多目标规划的一种常用方法.

例3 销售处理的开发与中断

问题 某公司正在考虑在某城市开发一些销售代理业务. 经过预测，该公司已经确定了该城市未来5年的业务量，分别为400万元,500万元,600万元,700万元和800万元. 该公司已经初步物色了4家销售公司作为其代理候选企业，表2.10给出了该公司与每个候选企业建立代理关系的一次性费用，以及每个候选企业每年所能承揽的最大业务量和年运行费用. 该公司应该与哪些候选企业建立代理关系？

表2.10 候选代理情况 单位：万元

项目	候选代理1	候选代理2	候选代理3	候选代理4
年最大业务量	350	250	300	200
一次性费用	100	80	90	70
年运行费用	7.5	4.0	6.5	3.0

如果该公司目前已经与上述4个代理建立了代理关系并且都处于运行状态，但每年年初可以决定临时中断或重新恢复代理关系，每次临时中断或重新恢复代理关系的费用如表2.11所示. 该公司如何对这些代理进行业务调整？

表2.11 临时中断或重新恢复代理费用 单位：万元

项目	代理1	代理2	代理3	代理4
临时中断费用	5	3	4	2
重新恢复费用	5	4	1	9

模型建立

首先考虑本题前半部分建立代理关系的决策问题.

决策变量：题中没有要求必须从第一年开始建立代理关系，因此我们假定公司可以从未来5年中的任意一年开始与某些候选代理建立代理关系. 用 $x_{it}=1(i=1,2,3,4\text{ , }t=1,2,3,4,5)$ 分别表示在第 t 年初（首次）与候选代理 i 建立代理关系（0则表示不建立这一关系）.

决策目标：问题中没有明确说明建立代理关系所需要考虑的全部因素，而是只给出了费用，因此我们可以假设5年的总费用最小是需要考虑的唯一目标. 总费用由建立代理关系的一次性费用和每年的运行费用组成，其中建立代理关系的一次性费用为

$$Z=100\sum_{t=1}^{5}x_{1t}+80\sum_{t=1}^{5}x_{2t}+90\sum_{t=1}^{5}x_{3t}+70\sum_{t=1}^{5}x_{4t}. \tag{2.16}$$

问题中没有说明是否可以临时中断代理关系，因此我们假定公司一旦与候选代理建立代理关系，则这一关系将长期保持. 根据 x_{it} 的定义，对候选代理 i 来说，（ $x_{i1}+x_{i2}+x_{i3}+\cdots+x_{it}$ ）表示的是第 t 年时公司是否与该候选代理已经建立了代理关系. 例如，对候选代理1来说，5年的总运行费用为

$$7.5[x_{11}+(x_{11}+x_{12})+(x_{11}+x_{12}+x_{13})+(x_{11}+x_{12}+x_{13}+x_{14})+(x_{11}+x_{12}+x_{13}+x_{14}+x_{15})]$$
$$=7.5(5x_{11}+4x_{12}+3x_{13}+2x_{14}+x_{15}).$$

于是，对所有候选代理来说，5年的总运行费用为

$$Z=7.5(5x_{11}+4x_{12}+3x_{13}+2x_{14}+x_{15})+4.0(5x_{21}+4x_{22}+3x_{23}+2x_{24}+x_{25})$$
$$+6.5(5x_{31}+4x_{32}+3x_{33}+2x_{34}+x_{35})+3.0(5x_{41}+4x_{42}+3x_{43}+2x_{44}+x_{45}). \tag{2.17}$$

所以，问题的决策目标为

$$\begin{aligned}\text{Min}\quad Z&=Z_1+Z_2\\&=137.5x_{11}+130x_{12}+122.5x_{13}+115x_{14}+107.5x_{15}+100x_{21}+96x_{22}+92x_{23}+88x_{24}+84x_{25}\\&\quad+122.5x_{31}+116x_{32}+109.5x_{33}+103x_{34}+96.5x_{35}+85x_{41}+82x_{42}+79x_{43}+73x_{45}.\end{aligned} \tag{2.18}$$

约束条件

问题的约束条件只有一个要求：每年公司的业务量必须能够由足够的代理承担. 对于第1年，这一条件为

$$350x_{11}+250x_{21}+300x_{31}+200x_{41}\geqslant 400. \tag{2.19}$$

对于第2年，这一条件为

$$350(x_{11}+x_{12})+250(x_{21}+x_{22})+300(x_{31}+x_{32})+200(x_{41}+x_{42})\geqslant 500. \tag{2.20}$$

类似地，对于第3～5年，这一条件为

$$350(x_{11}+x_{12}+x_{13})+250(x_{21}+x_{22}+x_{23})+300(x_{31}+x_{32}+x_{33})+200(x_{41}+x_{42}+x_{43})\geqslant 600, \tag{2.21}$$

$$350(x_{11}+x_{12}+x_{13}+x_{14})+250(x_{21}+x_{22}+x_{23}+x_{24})+300(x_{31}+x_{32}+x_{33}+x_{34})+200(x_{41}+x_{42}+x_{43}+x_{44})\geqslant 700, \tag{2.22}$$

$$350(x_{11}+x_{12}+x_{13}+x_{14}+x_{15})+250(x_{21}+x_{22}+x_{23}+x_{24}+x_{25})+300(x_{31}+x_{32}+x_{33}+x_{34}+x_{35})$$
$$+200(x_{41}+x_{42}+x_{43}+x_{44}+x_{45})\geqslant 800. \quad (2.23)$$

模型求解

将模型（2.18）～模型（2.23）输入 LINGO（当然，加上 0-1 约束），求解得到 $x_{11}=x_{21}=x_{44}=1$，其他变量为 0，最小总费用为 313. 5 万元，也就是说，公司应在第 1 年初与代理 1、代理 2 建立代理关系，而在第 4 年初与代理 4 建立代理关系.

讨论　现在来考虑本题后半部分代理关系的动作决策问题. 虽然代理关系目前已经建立，但由于每年初可以决定临时中断或重新恢复代理关系，使得问题的决策变量增加. 用 $x_{it}=1(i=1,2,3,4;\ t=1,2,3,4,5)$ 分别表示在第 t 年里公司允许代理 i 从事代理业务（0 则表示不允许）；用 $y_{it}=1(i=1,2,3,4;\ t=1,2,3,4,5)$ 分别表示在第 t 年初公司与代理 i 中断代理业务（0 则表示不中断或不需中断）；用 $z_{it}=1(i=1,2,3,4;\ t=1,2,3,4,5)$ 分别表示在第 t 年初公司与代理 i 恢复代理业务（0 则表示不恢复或不需恢复）.

目标函数仍然是 5 年的总费用，包括运行费、业务中断费、业务恢复费三项. 因此，问题的决策目标为

$$\text{Min}\quad Z=7.5\sum_{t=1}^{5}x_{1t}+4.0\sum_{t=1}^{5}x_{2t}+6.5\sum_{t=1}^{5}x_{3t}+3.0\sum_{t=1}^{5}x_{4t}+5\sum_{t=1}^{5}y_{1t}+3\sum_{t=1}^{5}y_{2t}$$
$$+4\sum_{t=1}^{5}y_{3t}+2\sum_{t=1}^{5}y_{4t}+5\sum_{t=1}^{5}z_{1t}+4\sum_{t=1}^{5}z_{2t}+\sum_{t=1}^{5}z_{3t}+9\sum_{t=1}^{5}z_{4t}, \quad (2.24)$$

为了建立模型，我们剩下的工作只需要列出 x_{it}, y_{it} 和 z_{it} 之间需要满足的约束关系. 这些约束关系包括三类：业务量约束、业务中断约束、业务恢复约束.

业务量约束是指每年公司的业务量必须能够上足够的代理承担. 相应的约束可以表达为

$$350x_{11}+250x_{21}+300x_{31}+200x_{41}\geqslant 400, \quad (2.25)$$
$$350x_{12}+250x_{22}+300x_{32}+200x_{42}\geqslant 400, \quad (2.26)$$
$$350x_{13}+250x_{23}+300x_{33}+200x_{43}\geqslant 400, \quad (2.27)$$
$$350x_{14}+250x_{24}+300x_{34}+200x_{44}\geqslant 400, \quad (2.28)$$
$$350x_{15}+250x_{25}+300x_{35}+200x_{45}\geqslant 400, \quad (2.29)$$

业务中断约束是指对每个代理而言，如果某年该代理处于运行状态，而下一年不处于运行状态，则下一年初公司必须与之临时中断代理关系. 也就是说，如果 $x_{it}=1$ 而 $x_{i,t+1}=0$，则 $y_{i,t+1}=1$. 相应的约束为

$$x_{it}-x_{i,t+1}\leqslant y_{i,t+1}\qquad (i=1,2,3,4;\ t=0,1,2,3,4). \quad (2.30)$$

注意到当前所有代理都处于运行状态，所以在式（2.30）中 $t=0$ 时 $x_{i0}=1$.

业务恢复约束是指每个代理而言，如果某年该代理不是处于运行状态，而下一年处于运行状态，则下一年初公司必须与之恢复代理关系. 也就是说，如果 $x_{it}=0$ 而 $x_{i,t+1}=1$，则 $z_{i,t+1}=1$. 相应的约束为

$$x_{i,t+1}-x_{it}\leqslant z_{i,t+1}\qquad (i=1,2,3,4;\ t=1,2,3,4). \quad (2.31)$$

当前所有代理都处于运行状态，所以在式（2.31）中 $t=0$ 时没有限制.

可以直接将模型（2.24）～模型（2.31）输入LINGO求解（加上所有0-1约束）. 但是，这一模型中有60个0-1变量，而整数变量比较多时LINGO求解速度会减慢. 此外，LINGO的免费试用版对整数变量的个数的限制很严格（通常不超过50个），能否减少这一模型中整数变量的个数呢？

考虑到式（2.30）中$t=0$时$x_{i0}=1$，即$1\leqslant x_{i1}+y_{i1}$. 进一步分析，此不等式约束可以写成等式约束$1=x_{i1}+y_{i1}$，即$y_{i1}=1-x_{i1}$. 将此式代入式（2.24），模型中可以消去4个变量$y_{i1}(i=1,2,3,4)$.

考虑到在式（2.31）中$t=0$时没有限制，因此z_{i1}没有任何限制，而它们在式（2.24）中对应的费用系数大于0，所以在最优解中一定有$z_{i1}=0$，从而可以直接消去4个变量$z_{i1}(i=1,2,3,4)$.

但即使作以上处理，整数变量的个数和仍然有52个. 进一步分析问题的特点，实际上并没有必要要求52个变量都是0-1变量，而只要要求x_{it}为0-1变量、y_{it}和z_{it}自然也是0-1变量.

对模型（2.24）～模型（2.31）作以上处理后输入LINGO，求解得到x_{it}的值为

$$x_{11}=x_{12}=x_{13}=x_{14}=x_{15}=x_{23}=x_{24}=x_{25}=x_{41}=x_{42}=x_{43}=x_{44}=x_{45}=1,$$

其他为0，最小总费用为86. 5万元. 也就是说：公司应在第1年初临时中断与代理2、代理3的代理关系，而在第3年初重新恢复与代理2的代理关系.

2.5 数学规划应用实例

数学规划的应用非常广泛，石油化工领域是数学规划应用最早也是最为成功的领域. 数学规划在石油化工行业的应用范围从最早的汽油调合配方优化发展到企业的生产计划优化，一直拓宽到如今的过程控制与优化、企业和集团的供应链优化等. 数学规划的应用为整个石油化工行业带来了巨大的经济效益.

汽油调和优化问题

汽油调和是选择从不同生产装置中提炼出来的或从市场上购买的组分，按一定的比例进行调和，使调和后的油品符合成品油牌号的质量要求. 现有罐底残留汽油400t，可以购买1号催化汽油和2号催化汽油进行调合，生产93号汽油. 1号催化汽油和2号催化汽油的价格分别为7900元/吨和8100元/吨，93号汽油销售价为8000元/吨. 生产的93号汽油要满足国家的部分质量标准及现有三种油的质量指标，如表2.12所示. 如何调和能够使收益最高？

表2.12 调和质量指标

质量指标名称	指标要求	残留汽油	1号催化汽油	2号催化汽油
辛烷值(RON)	>93.5	95.2	92.9	95.3
硫含量/%	<0.095	0.068	0.12	0.049
蒸汽压/kPa	<88.0	52.4	64	52.9
芳烃含量/%	<40.0	24.7	19.3	30.5
苯含量/%	<2.5	0.49	1.51	0.67
铅含量/(g/L)	<0.005	0.00001	0.0001	0.0001
氧含量/%	<2.7	0.5	0.5	0.5

问题分析 从调和质量指标看，除了辛烷值和硫含量之外的其他质量指标，三种组分油都能满足. 也就是说，我们只需要考虑如何调和能够在满足辛烷值和硫含量的质量标准的情况下使得收益最高.

模型建立

设罐底残留油、1号催化汽油和 2号催化汽油的质量占成品油质量的比例分别为 x_1，x_2，x_3.

优化目标为收益最高. 设收益为 Q，则

$$Q = cz - \sum_{i=1}^{3} x_i z c_i$$

式中，z 为混合后成品油的总量；c_i 为第 i 种油的成本($c_1 = 0$)；c 为 93 号汽油销售价格.

约束条件为

① 罐底残留油存储量限制：$zx_1 \leqslant 400$；

② 辛烷值指标限制：调和后辛烷值 $a > 93.5$；

③ 硫含量指标限制：调和后硫含量 $s < 0.095$；

其中 $s = s_1x_1 + s_2x_2 + s_3x_3$，而 s_1, s_2, s_3 为三种组分油的硫含量；

④ 变量取值限制：$x_i \geqslant 0$，$x_1 + x_2 + x_3 = 1$.

约束条件中的辛烷值的计算比较复杂. 原因是辛烷值调和不是线性的，即调和汽油的辛烷值不等于调和组分辛烷值的体积平均. Twu 和 Coon 于 1996 年提出的汽油调和辛烷值计算公式为：

$$a = \frac{1}{2}\sum_{i}\sum_{j} x_i x_j (a_i + a_j)(1 - K_{ij}),$$

式中，x_i, x_j 为组分油 i 和 j 的体积分数；a 为成品汽油的研究法辛烷值(RON)；a_i, a_j 为组分油 i 和 j 的 RON；K_{ij} 为组分油 i 和 j 的二元交互参数.

本例仅为说明数学规划在汽油调和优化中的应用，故将辛烷值计算简化，取 $K_{ij} = 0$，而 x_i, x_j 取为组分油 i 和 j 的质量与总质量的比值.

$$a = \frac{1}{2}\sum_{i=1}^{3}\sum_{j=1}^{3} x_i x_j (a_i + a_j).$$

建立非线性数学规划模型如下：

$$\text{Max} \quad Q = cz - \sum_{i=1}^{3} x_i z c_i$$

$$\text{s. t.} \quad z \cdot x_1 \leqslant 400$$

$$\frac{1}{2}\sum_{i=1}^{3}\sum_{j=1}^{3} x_i x_j (a_i + a_j) > 93.5$$

$$s_1x_1 + s_2x_2 + s_3x_3 < 0.095$$

$$x_1 + x_2 + x_3 = 1$$

$$x_1 \geqslant 0, \quad x_2 \geqslant 0, \quad x_3 \geqslant 0 .$$

模型求解

使用 LINGO 9.0 求解，输入如下：

```
model:
  max=8000*z-(7900*x2*z+8100*x3*z);
  z*x1<400;
  x1*x1*95.2+0.5*x1*x2*(95.2+92.9)+0.5*x1*x3*(95.2+95.3)
  +x2*x2*92.9+0.5*x2*x3*(92.9+95.3)+x3*x3*95.3>93.5;
  0.068*x1+0.12*x2+0.049*x3<0.095;
  x1+x2+x3=1;
end
```

输出结果为：

```
Local optimal solution found.
   Objective value:                              3200731.
Extended solver steps:                                 5
Total solver iterations:                              68

Variable           Value              Reduced Cost
      Z           407.3149              0.000000
     X2       0.1795881E-01             0.000000
     X3           0.000000              81671.93
     X1          0.9820412              0.000000

Row       Slack or Surplus        Dual Price
1           3200731.             1.000000
2         0.1022751E-04           8001.829
3         0.1249970E-05          -446.1169
4         0.2606614E-01           0.000000
5           0.000000            -3175095.
```

结果显示，找到了局部最优解：生产 93 号汽油 407.3149t，罐底残留油占 98.2%，即 400t 全部用完. 另外购买 7.3149t 1 号催化汽油，不购进 2 号催化汽油. 最大收益为 32 万元.

评注 汽油调和问题看似简单，但实际上相当困难. 首先调和的质量指标很多，例子中仅列出了其中的一部分. 这就是说，在实际情况下建立的数学规划模型中约束条件会很多. 其次，辛烷值以及抗爆指数的计算公式相当复杂. 公式中涉及参与调和的组分油之间的二元非线性关系，导致实际模型是一个非线性模型. 这样的一个有很多约束条件的非线性规划模型求解是非常困难的. 数学软件不能给出这种模型的最优解. 因此，至今汽油调和问题还需要不断进行深入研究.

2.6 LINGO 简介

LINGO 是用来求解线性和非线性优化问题的数学软件. LINGO 内置了一种建立最优化模型的语言，可以简便地表达大规模问题，利用 LINGO 高效的求解器可快速求解并分析结果.

2.6.1 LINGO 中的集

对实际问题建模的时候，经常会遇到一群或多群相联系的对象，比如生产的各种产品、

消费者群体、交通工具和运送的货物等. LINGO 允许把这些相联系的对象聚合成集(sets). 一旦把对象聚合成集，就可以利用集来最大限度地发挥 LINGO 建模语言的优势.

集是一群相联系的对象，这些对象也称为集的成员. 一个集可能是一系列产品、卡车或雇员. 每个集成员可能有一个或多个与之有关联的特征，我们把这些特征称为属性. 属性值可以预先给定，也可以是未知的，有待于 LINGO 求解. 例如，产品集中的每个产品可以有一个价格属性；卡车集中的每辆卡车可以有一个牵引力属性；雇员集中的每位雇员可以有一个薪水属性，也可以有一个生日属性等.

LINGO 有两种类型的集：原始集（primitive set）和派生集（derived set）.

一个原始集是由一些最基本的对象组成的，可以理解为一维数组.

一个派生集是用一个或多个其他集来定义的，也就是说，它的成员来自于其他已存在的集. 派生集也就是叉集，可以理解为二维以上的数组.

集部分是 LINGO 模型的一个可选部分. 在 LINGO 模型中使用集之前，必须在集部分事先定义. 集部分以关键字“sets:”开始，以“endsets”结束. 一个模型可以没有集部分，或有一个简单的集部分，或有多个集部分. 一个集部分可以放置于模型的任何地方，但是一个集及其属性在模型约束中被引用之前必须先定义.

定义一个原始集，用下面的语法：

```
setname[/member_list/][: attribute_list];
```

注意　用“[ ]”表示该部分内容可选.

Setname 是用来标记集的名字，最好具有较强的可读性. 集名字必须严格符合标准命名规则：以拉丁字母或下划线（_）为首字符，其后由拉丁字母（A～Z）、下划线、阿拉伯数字（0, 1, …, 9）组成的总长度不超过 32 个字符的字符串，且不区分大小写.

Member_list 是集成员列表. 如果集成员放在集定义中，那么对它们可采取显式罗列和隐式罗列两种方式. 如果集成员不放在集定义中，那么可以在随后的数据部分定义它们.

① 当显式罗列成员时，必须为每个成员输入一个不同的名字，中间用空格或逗号隔开，允许混合使用.

② 当隐式罗列成员时，不必罗列出每个集成员. 可采用如下语法：

```
setname/member1..memberN/[: attribute_list];
```

这里的 member1 是集的第一个成员名，memberN 是集的最末一个成员名. LINGO 将自动产生中间的所有成员名. LINGO 也接受一些特定的首成员名和末成员名，用于创建一些特殊的集.

③ 集成员不放在集定义中，而在随后的数据部分来定义.

可用下面的语法定义一个派生集：

```
setname(parent_set_list)[/member_list/][: attribute_list];
```

setname 是集的名字. parent_set_list 是已定义的集的列表，多个时必须用逗号隔开. 如果没有指定成员列表，那么 LINGO 会自动创建父集成员的所有组合作为派生集的成员. 派生集的父集既可以是原始集，也可以是其他的派生集.

2.6.2　数据部分和初始部分

在处理模型的数据时，需要为集指派一些成员并且在 LINGO 求解模型之前为集的某些属性指定值. 为此，LINGO 为用户提供了两个可选部分：输入集成员和数据的数据部分（data section）和为决策变量设置初始值的初始部分（init section）.

数据部分提供了模型相对静止部分与数据分离的可能性. 显然，这对模型的维护和维数的缩放非常有利.

数据部分以关键字“data:”开始，以关键字“enddata”结束. 在这里，可以指定集成员、集的属性. 其语法如下：

```
object_list = value_list;
```

对象列（object_list）包含要指定值的属性名、要设置集成员的集名，用逗号或空格隔开. 一个对象列中至多有一个集名，而属性名可以有任意多. 如果对象列中有多个属性名，那么它们的类型必须一致. 如果对象列中有一个集名，那么对象列中所有的属性的类型就是这个集.

数值列（value_list）包含要分配给对象列中的对象的值，用逗号或空格隔开. 注意属性值的个数必须等于集成员的个数.

初始部分是 LINGO 提供的另一个可选部分. 在初始部分中，可以输入初始声明（initialization statement），和数据部分中的数据声明相同. 对实际问题建模时，初始部分并不起到描述模型的作用，在初始部分输入的值仅被 LINGO 求解器当作初始点来用，并且仅仅对非线性模型有用. 和数据部分指定变量的值不同，LINGO 求解器可以自由改变初始部分初始化的变量的值.

一个初始部分以“init:”开始，以“endinit”结束. 初始部分的初始声明规则和数据部分的数据声明规则相同. 也就是说，我们可以在声明的左边同时初始化多个集属性，可以把集属性初始化为一个值，可以用问号实现实时数据处理，还可以用逗号指定未知数值. 好的初始点会减少模型的求解时间.

2.6.3 LINGO 函数

1．算术运算符

算术运算符是针对数值进行操作的. LINGO 提供了 5 种二元运算符.

^　乘方

*　乘

/　除

+　加

-　减

运算符的运算次序为从左到右按运算的优先级高低来执行. 运算的次序可以用圆括号“( )”来改变.

2．逻辑运算符

在 LINGO 中，逻辑运算符主要用于集循环函数的条件表达式中，用来控制在函数中哪些集成员被包含，哪些被排斥. 也可在创建稀疏集时用在成员资格过滤器中.

LINGO 具有 9 种逻辑运算符.

#not#　否定该操作数的逻辑值，#not# 是一个一元运算符.

#eq#　若两个运算数相等，则为 true；否则为 false.

#ne#　若两个运算符不相等，则为 true；否则为 false.

#gt#　　若左边的运算符严格大于右边的运算符，则为 true；否则为 false.

#ge#　　若左边的运算符大于或等于右边的运算符，则为 true；否则为 false.

#lt#　　若左边的运算符严格小于右边的运算符，则为 true；否则为 false.

#le#　　若左边的运算符小于或等于右边的运算符，则为 true；否则为 false.

#and#　仅当两个参数都为 true 时，结果为 true；否则为 false.

#or#　　仅当两个参数都为 false 时，结果为 false；否则为 true.

3．关系运算符

在 LINGO 中，关系运算符主要是被用在模型中，来指定一个表达式的左边是否等于、小于等于、或者大于等于右边，形成模型的一个约束条件. 关系运算符与逻辑运算符#eq#，#le#，#ge#截然不同，前者是模型中该关系运算符所指定关系的为真描述，而后者仅仅判断一个该关系是否被满足：满足为真，不满足为假.

LINGO 有三种关系运算符："="，"<="和">=". LINGO 中还能用"<"表示小于等于关系，">"表示大于等于关系. LINGO 并不支持严格小于和严格大于关系运算符.

4．数学函数

LINGO 提供了大量的标准数学函数.

@abs(x)　返回 x 的绝对值.

@sin(x)　返回 x 的正弦值，x 采用弧度制.

@cos(x)　返回 x 的余弦值.

@tan(x)　返回 x 的正切值.

@exp(x)　返回常数 e 的 x 次方.

@log(x)　返回 x 的自然对数.

@lgm(x)　返回 x 的 gamma 函数的自然对数.

@sign(x)　如果 $x<0$ 返回-1；否则，返回 1.

@floor(x)　返回 x 的整数部分. 当 $x\geqslant 0$ 时，返回不超过 x 的最大整数；当 $x<0$ 时，返回不低于 x 的最大整数.

@smax($x1, x2, \ldots, xn$)　返回 $x1, x2, \ldots, xn$ 中的最大值.

@smin($x1, x2, \ldots, xn$)　返回 $x1, x2, \ldots, xn$ 中的最小值.

5．概率函数

@pbn(p, n, x)

二项分布的累积分布函数. 当 n 或 x 不是整数时，用线性插值法进行计算.

@pcx(n, x)

自由度为 n 的 χ^2 分布的累积分布函数.

@peb(a, x)

当到达负荷为 a，服务系统有 x 个服务器且允许无穷排队时的 Erlang 繁忙概率.

@pel(a, x)

当到达负荷为 a，服务系统有 x 个服务器且不允许排队时的 Erlang 繁忙概率.

@pfd(n, d, x)

自由度为 n 和 d 的 F 分布的累积分布函数.

@pfs(a, x, c)

当负荷上限为 a，顾客数为 c，平行服务器数量为 x 时，有限源的 Poisson 服务系统的等待或返修顾客数的期望值. a 是顾客数乘以平均服务时间，再除以平均返修时间. 当 c 和（或）

x 不是整数时，采用线性插值进行计算.

@phg(*pop*, *g*, *n*, *x*)

超几何（hypergeometric）分布的累积分布函数. *pop* 表示产品总数，*g* 是正品数. 从所有产品中任意取出 n（$n\leqslant pop$）件. *pop*,*g*,*n* 和 x 都可以是非整数，这时采用线性插值进行计算.

@ppl(*a*, *x*)

Poisson 分布的线性损失函数，即返回 max(0, *z*-*x*)的期望值，其中随机变量 z 服从均值为 a 的 Poisson 分布.

@pps(*a*, *x*)

均值为 a 的 Poisson 分布的累积分布函数. 当 x 不是整数时，采用线性插值进行计算.

@psl(*x*)

单位正态线性损失函数，即返回 max(0,*z*-*x*)的期望值，其中随机变量 z 服从标准正态分布.

@psn(*x*)

标准正态分布的累积分布函数.

@ptd(*n*, *x*)

自由度为 n 的 t 分布的累积分布函数.

@qrand(*seed*)

产生服从(0, 1)区间的拟随机数. @qrand 只允许在模型的数据部分使用，它将用拟随机数填满集属性. 通常，声明一个 $m\times n$ 的二维表，m 表示运行实验的次数，n 表示每次实验所需的随机数的个数. 在行内，随机数是独立分布的；在行间，随机数是非常均匀的. 这些随机数是用“分层取样”的方法产生的.

6. 变量界定函数

变量界定函数实现对变量取值范围的附加限制，共 4 种：

@bin(*x*)　　　限制 x 为 0 或 1

@bnd(*L*, *x*, *U*)　　限制 $L\leqslant x\leqslant U$

@free(*x*)　　　取消对变量 x 的默认下界为 0 的限制，即 x 可以取任意实数(在默认情况下，LINGO 规定变量是非负的，也就是说下界为 0，上界为+∞. @free 取消了默认的下界为 0 的限制，使变量也可以取负值).

@gin(*x*)　　　限制 x 为整数

@bnd 用于设定一个变量的上下界，它也可以取消默认下界为 0 的约束.

7. 集循环函数

集循环函数遍历整个集进行操作. 其语法为

@function(setname[(set_index_list)[|conditional_qualifier]]：expression_list)；

@function 相应于下面罗列的 4 个集循环函数之一；setname 是要遍历的集；set_ index_list 是集索引列表；conditional_qualifier 是用来限制集循环函数的范围，当集循环函数遍历集的每个成员时，LINGO 都要对 conditional_qualifier 进行评价，若结果为真，则对该成员执行 @function 操作，否则跳过，继续执行下一次循环. expression_list 是被应用到每个集成员的表达式列表，当用的是@for 函数时，expression_list 可以包含多个表达式，其间用逗号隔开. 这些表达式将被作为约束加到模型中. 当使用其余的三个集循环函数时，expression_list 只能有一个表达式. 如果省略 set_index_list，那么在 expression_list 中引用的所有属性的类型都是 setname 集.

（1）@for

该函数用来产生对集成员的约束. 基于建模语言的标量需要显式输入每个约束，而@for 函数允许只输入一个约束，然后 LINGO 自动产生每个集成员的约束.

例 1　产生序列{1, 4, 9, 16, 25}

```
model：
    sets：
        number/1..5/：x；
    endsets
    @for(number(I)：x(I)=I^2)；
end
```

（2）@sum

该函数返回遍历指定的集成员的一个表达式的和.

例 2　求数组（5, 1, 3, 4, 6, 10）中前 5 个数的和.

```
model：
    data：
        N=6；
    enddata
    sets：
        number/1..N/：x；
    endsets
    data：
        x = 5 1 3 4 6 10；
    enddata
    s=@sum(number(I) | I #le# 5：x)；
end
```

（3）@min 和@max

返回指定的集成员的一个表达式的最小值或最大值.

例 3　求数组（5, 1, 3, 4, 6, 10）中前 5 个数的最小值，后 3 个数的最大值.

```
model：
    data：
        N=6；
    enddata
    sets：
        number/1..N/：x；
    endsets
```

```
data:
    x = 5 1 3 4 6 10;
enddata
minv=@min(number(I) | I #le# 5: x);
    maxv=@max(number(I) | I #ge# N-2: x);
end
```

8．输入和输出函数

输入和输出函数可以把模型和外部数据（比如文本文件、数据库和电子表格等）连接起来.

（1）@file 函数

该函数用于从外部文件中输入数据，可以放在模型中的任何地方. 该函数的语法格式为@file('filename'). 这里 filename 是文件名，可以采用相对路径和绝对路径两种表示方式. @file 函数对同一文件的两种表示方式的处理和对两个不同的文件处理是一样的，这一点必须注意.

（2）@text 函数

该函数被用在数据部分用来把解输出至文本文件中. 它可以输出集成员和集属性值. 其语法为

```
@text(['filename'])
```

这里 filename 是文件名，可以采用相对路径和绝对路径两种表示方式. 如果忽略 filename，那么数据就被输出到标准输出设备（大多数情形都是屏幕）. @text 函数仅能出现在模型数据部分的一条语句的左边，右边是集名（用来输出该集的所有成员名）或集属性名（用来输出该集属性的值）.

我们把用接口函数产生输出的数据声明称为输出操作. 输出操作仅当求解器求解完模型后才执行，执行次序取决于其在模型中出现的先后.

（3）@ole 函数

@ole 是从 Excel 中引入或输出数据的接口函数，它是基于传输的 ole 技术. ole 传输直接在内存中传输数据，并不借助于中间文件. 当使用@ole 时，LINGO 先装载 Excel，再通知 Excel 装载指定的电子数据表，最后从电子数据表中获得 Ranges. 为了使用 ole 函数，必须有 Excel 5 及其以上版本. ole 函数可在数据部分和初始部分引入数据.

@ole 可以同时读集成员和集属性，集成员最好用文本格式，集属性最好用数值格式. 原始集每个集成员需要一个单元（cell），而对于 n 元的派生集每个集成员需要 n 个单元，这里第一行的 n 个单元对应派生集的第一个集成员，第二行的 n 个单元对应派生集的第二个集成员，以此类推.

@ole 只能读一维或二维的 Ranges[在单个的 Excel 工作表（sheet）中]，但不能读间断的或三维的 Ranges. Ranges 是自左而右、自上而下来读的.

9．辅助函数

```
@if(logical_condition,true_result,false_result)
```

@if 函数将评价一个逻辑表达式 logical_condition，如果为真，返回对应真的结果 true_result，否则返回对应假的结果 false_result.

习题 2

1. 试画出下列线性规划可行域，并求出最优解和最优值.

（1）min $f = 3x_1 + 2x_2$

s. t $x_1 + 2x_2 \geqslant 4$

$x_1 + 6x_2 \geqslant 6$

$x_1 \geqslant 0$，$x_2 \geqslant 0$；

（2）max $f = 2x_1 + 5x_2$

s. t $2x_1 + x_2 \leqslant 12$

$x_1 + 2x_2 \leqslant 16$

$x_1 \geqslant 0$，$x_2 \geqslant 0$.

2. 某厂生产甲、乙两种产品，生产甲种产品每件要消耗煤 9t，电力 4kW，使用劳动力 3 个，获利 70 元；生产乙种产品每件要消耗煤 4t，电力 5kW，使用劳动力 10 个，获利 120 元. 有一个生产日，这个厂可动用的煤是 360t，电力是 200kW，劳动力是 300 个，问应该如何安排甲、乙两种产品的生产，才能使工厂在当日的获利最大，并问该厂当日的最大获利是多少？

3. 电视台为某个广告公司特约播放两套片集. 其中片集甲播映时间为 20min，广告时间为 1min，收视观众为 60 万人；片集乙播映时间为 10min，广告时间为 1min，收视观众为 20 万人. 广告公司规定每周至少有 6min 广告，而电视台每周只能为该公司提供不多于 80min 的节目时间. 电视台每周应播映两套片集各多少次，才能获得最高的收视率？

4. 某厂月底安排某一产品在下个月四周的生产计划. 估计每件产品在第一周和第二周的生产成本 150 元，后两周为 170 元，各周产品需求量分别为 700 件, 800 件, 1000 件, 1200 件，工厂每周至多生产产品 900 件，在第二周和第三周可加班，加班生产时每周增产 300 件，但生产成本每件增加 30 元，过剩的产品存储费为每件每周 15 元，问如何安排生产，使总成本最小？

5. 有一投资者有资金 5000 美元和两个可能的投资项目，令 x_j（$j = 1, 2$）表示他分配到投资项目 j 的资金（以千美元为单位）. 从历史资料分析，投资项目 1 和投资项目 2 分别有预计的年收益 20%和 16%，同时与项目 1 和有关的总的风险损失由总收益的方差来衡量，由式 $2x_1^2 + x_2^2 + (x_1 + x_2)^2$ 给出，即风险损失随着总投资和单项投资的增加而增加. 投资者希望使期望的收益为最大，同时使风险损失为最小，应怎样进行投资？

6. 有 4 个工人，要指派他们分别完成 4 项工作，每人做各项工作所消耗的时间如表 2.13 所示. 一个工人必须做且只能做一项工作. 如何分派工作，可使总的消耗时间为最小？

表 2.13　每个工人做各项工作消耗的时间

项目	A	B	C	D
甲	15	18	21	24
乙	19	23	22	18
丙	26	17	16	19
丁	19	21	23	17

7. 某公司有 6 个建筑工地要开工，每个工地的位置（用平面坐标系 a, b 表示，距离单位为 km）及水泥日用量 d(t)由表 2.14 给出. 目前有两个临时料场位于 $A(5, 1)$，$B(2, 7)$，日储量各有 20t. 假设从料场到工地之间均有直线道路相连.

（1）试制订每天的供应计划，即从 A, B 两料场分别向各工地运送多少吨水泥，使总的吨千米数最小.

（2）为了进一步减少吨千米数，打算舍弃两个临时料场，改建两个新的，日储量各为 20t，问应建在何处，节省的吨千米数有多大？

表 2.14　工地位置（*a*,*b*）及水泥日用量 *d*

项目	1	2	3	4	5	6
a/km	1.25	8.75	0.5	5.75	3	7.25
b/km	1.25	0.75	4.75	5	6.5	7.25
d/t	3	5	4	7	6	11

8. 有两种农作物（大米和小麦），可用轮船和飞机两种方式运输. 每天每艘轮船可运小麦 300t 或大米 250t，每架飞机可运小麦 150t 或大米 100t. 在一天内如何安排才能合理完成运输 2000t 小麦和 1500t 大米的任务？

9. 某厂生产一种混合物，它由原料 A 和 B 组成. 若使用原料 A 和 B 分别 x_1 t，x_2 t，估计产量是 $3.6x_1-0.4x_1^2+1.6x_2-0.2x_2^2$. 该厂拥有资金 50000 元，原料 A 和 B 每吨单价为 10000 元和 5000 元. 试建立使产量最大的数学模型，并求解.

10. 某战略轰炸机群奉命摧毁敌人军事目标. 已知该目标有 4 个要害部位，只要摧毁其中之一即可达到目的. 为完成此项任务的汽油消耗量限制为 48000L、重型炸弹 48 枚、轻型炸弹 32 枚. 飞机携带重型炸弹时每升汽油可飞行 2km，带轻型炸弹时每升汽油可飞行 3km. 又知每架飞机每次只能装载一枚炸弹，每出发轰炸一次除来回路程汽油消耗（空载时每升汽油可飞行 4km）外，起飞和降落每次各消耗 100L. 有关数据如表 2.15 所示.

表 2.15　轰炸目标距离及摧毁可能性

要害部位	离机场距离/km	摧毁可能性	
		每枚重型弹	每枚轻型弹
1	450	0.10	0.08
2	480	0.20	0.16
3	540	0.15	0.12
4	600	0.25	0.20

为了使摧毁敌方军事目标的可能性最大，应如何确定飞机轰炸的方案，要求建立这个问题的线性规划模型.

11. 某汽车厂生产大、中、小三种型号汽车. 已知各型号汽车对钢材、劳动时间的需求、利润以及每月工厂的钢材、劳动时间现有量如表 2.16 所示. 试制订月生产计划，使该厂利润最大.

表 2.16　各车型钢材、劳动时间现有量及利润

项目	小型	中型	大型	现有量
钢材/t	1.5	3	5	600
劳动时间/h	280	250	400	60000
利润/万元	2	3	4	

进一步讨论：由于各种条件限制，如果生产某一型号汽车则至少要生产 80 辆，那么最优生产计划应该如何改变？

12. 某资料室现有资金 1000 元，拟购进一批同种图书. 其中精装本不得少于 10 本，总册数不得少于 100 本. 若精装本每册 10 元，平装本每册 6 元. 问如何采购才能少花钱多买书？

第3章

微分方程模型

微分方程是研究函数变化规律的有力工具，在科技、工程、经济管理、生态、环境、人口、交通等各个领域中有着广泛的应用.

建立微分方程模型要对研究对象作具体分析. 一般有以下三种方法.

1. 根据规律建模

利用数学、力学、物理、化学等学科中的定理或许多经过实践、实验检验的规律和定律，如牛顿定律、牛顿冷却定律、物质放射性的规律、曲线的切线性质等建立问题的微分方程模型.

2. 用微分法建模

寻求一些微元之间的关系式，在建立这些关系式时也要用到已知的规律与定理，与第一种方法不同之处是对某些微元而不是直接对函数及其导数应用规律.

3. 用模拟近似法建模

在生物、经济等学科的实际问题中，许多现象的规律性不很清楚，即使有所了解也是极其复杂的，常常用模拟近似法所建立的微分方程从数学上去求解或分析解的性质，再去同实际情况对比，看这个微分方程模型能否刻画、模拟、近似某些实际现象.

本章将结合例子讨论几个不同领域中微分方程模型的建模方法.

建立微分方程模型只是解决问题的第一步，通常需要求出方程的解来说明实际现象，并加以检验.

3.1 生物（人口）增长模型

3.1.1 问题与背景

一棵小树刚栽下去的时候长得比较慢，渐渐地，小树长高了而且长得越来越快，几年不见，绿荫底下已经可乘凉了；但长到某一高度后，它的生长速度趋于稳定，然后再慢慢降下来. 这一现象很具有普遍性. 现在我们来建立这种现象的数学模型.

3.1.2 逻辑斯谛方程

如果假设树的生长速度与它目前的高度成正比，则显然不符合两头尤其是后期的生长情形，因为树不可能越长越快；但如果假设树的生长速度正比于最大高度与目前高度的差，则又明显不符合中间一段的生长过程. 折中一下，我们假定它的生长速度既与目前的高度，又与最大高度与目前高度之差成正比.

模型假设

① 设 $h(t)$ 表示 t 时刻的树的高度，且 $h(t)$ 连续可微，即树连续生长.

② 生长速度既与目前的高度，又与最大高度与目前高度之差成正比.

建模与求解

设树生长的最大高度为 H m，在 t（年）时的高度为 $h(t)$，则有

$$\frac{\mathrm{d}h(t)}{\mathrm{d}t}=kh(t)[H-h(t)], \tag{3.1}$$

其中 $k>0$ 是比例常数. 这个方程为逻辑斯谛（Logistic）方程. 它是可分离变量的一阶微分方程.

下面来求解方程（3.1）. 分离变量得

$$\frac{\mathrm{d}h}{h(H-h)}=k\mathrm{d}t,$$

两边积分

$$\int\frac{\mathrm{d}h}{h(H-h)}=\int k\mathrm{d}t,$$

得

$$\frac{1}{H}[\ln h-\ln(H-h)]=kt+C_1,$$

或

$$\frac{h}{H-h}=\mathrm{e}^{kHt+C_1H}=C_2\mathrm{e}^{kHt},$$

故所求通解为

$$h(t)=\frac{C_2H\mathrm{e}^{kHt}}{1+C_2\mathrm{e}^{kHt}}=\frac{H}{1+C\mathrm{e}^{-kHt}},$$

其中的 $C\left(C=\frac{1}{C_2}=\mathrm{e}^{-C_1H}>0\right)$ 是正常数.

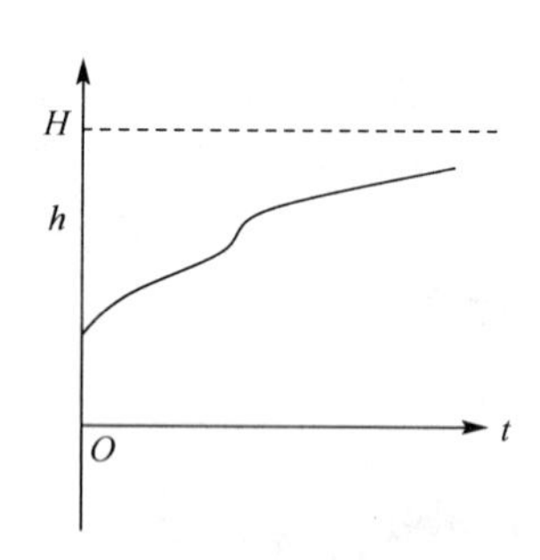

图 3.1　$h(t)$-t

图 3.1 所示函数 $h(t)$ 的图像称为 Logistic 曲线. 由于它的形状关系，一般也称为 S 曲线. 可以看到，它基本符合我们描述的树的生长情形. 另外还可以算得

$$\lim_{t\to+\infty}h(t)=H.$$

这说明树的生长有一个限制，因此也称为限制性增长模式.

模型推广

Logistic 的中文音译名是“逻辑斯谛”.“逻辑”在字典中的解释是“客观事物发展的规律性”，因此许多现象本质上都符合这种 S 规律. 除了生物种群的繁殖外，还有信息的传播、新技术的推广、传染病的扩散以及某些商品的销售等. 例如流感的传染、在任其自然发展(例如初期未引起人们注意)的阶段，可以设想它的速度既正比于得病的人数又正比于未传染到的

人数. 开始时患病的人不多因而传染速度较慢；但随着健康人与患者接触，受传染的人越来越多，传染的速度也越来越快；最后，传染速度自然而然地渐渐降低，因为已经没有多少人可被传染了.

模型应用

人口阻滞增长模型

由于资源、环境等因素对人口增长的阻滞作用，人口增长到一定数量后会下降，因此假设人口的增长率为 x 的减函数 $r(x)$，如设 $r(x)=r(1-x/x_m)$，其中，r 为固有增长量(x 很小时)，x_m 为人口容量(资源、环境能容纳的最大数量)，当 $x\to 0$ 时，$r(x)\to r$；当 $x\to x_m$ 时，$r(x)\to 0$. 由此建立 Logistic 模型，微分方程如下：

$$\begin{cases}\dfrac{\mathrm{d}x}{\mathrm{d}t}=rx(1-\dfrac{x}{x_m})\\ x(0)=x_0\end{cases}$$

利用 Matlab 求解如下：

xt=dsolve('Dx=r*x*(1–(x/xm))','x(0)=x0')

输出结果：

xt =x0*xm/(x0+exp(–r*t)*xm-exp(–r*t)*x0)

即

$$x(t)=\frac{x_m}{1+(\dfrac{x_m}{x_0}-1)\mathrm{e}^{-rt}}$$

表 3.1　各年份中国总人口数　　　　单位：千万

年份	1954	1955	1956	1957	1958	1959	1960	1961	1962
人口	60.2	61.5	62.8	64.6	66.0	67.2	66.2	65.9	67.3
年份	1963	1964	1965	1966	1967	1968	1969	1970	1971
人口	69.1	70.4	72.5	74.5	76.3	78.5	80.7	83.0	85.2
年份	1972	1973	1974	1975	1976	1977	1978	1979	1980
人口	87.1	89.2	90.9	92.4	93.7	95.0	96.259	97.5	98.705
年份	1981	1982	1983	1984	1985	1986	1987	1988	1989
人口	100.1	101.654	103.008	104.357	105.851	107.5	109.3	111.026	112.704
年份	1990	1991	1992	1993	1994	1995	1996	1997	1998
人口	114.333	115.823	117.171	118.517	119.850	121.121	122.389	123.626	124.761
年份	1999	2000	2001	2002	2003	2004	2005		
人口	125.786	126.743	127.627	128.453	129.227	129.988	130.756		

利用 Logistic 模型来拟合表 3.1 数据，并预测 2006 年至 2015 年各年中国人口总数.

在 Matlab 中输入：

```
T=1954:2005;
N=[60.2,61.5,62.8,64.6,66,67.2,66.2,65.9,67.3,69.1,70.4,72.5,74.5,76.3,78.5,80.7,83,85.2,87.1,89.2,90.9,92.4,93.7,
95,96.259,97.5,98.705,100.1,101.654,103.008,104.357,105.851,107.5,109.3,111.026,112.704,114.333,115.823,117.171,
118.517,119.85,121.121,122.389,123.626,124.761,125.786,126.743,127.627,128.453,129.227,129.988,130.756];
b0=[ 241.9598, 0.02985];        %初始参数值
fun=inline('b(1)./(1+(b(1)/60.2–1).*exp(–b(2).*(t–1954)))','b','t');
b1=nlinfit(T,N,fun,b0);
```

输出结果：

b1 = 180.9871   0.0336

即 x_m=180.9871，r =0.0336，

$$x(t)=\frac{180.9871}{1+(\frac{180.9871}{x_0}-1)\mathrm{e}^{-0.0336t}}$$

在 Matlab 中输入：

```
Logistic=b1(1)./(1+( b1(1)/60.2−1).*exp( −b1(2).*(T−1954))); %非线性拟合的方程
plot(T,N,'*',T,Logistic)   %对原始数据与曲线拟合后的值作图
```

得到拟合图像如图 3.2：

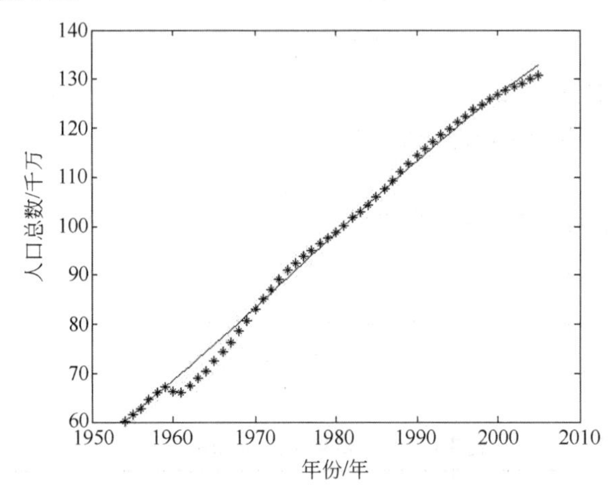

图 3.2　原始数据与曲线拟合后的值作图

利用 Logistic 模型预测 2006 年至 2015 年各年人口总数如表 3.2 所示.

表 3.2　预测 2006 年至 2015 年各年中国人口总数　　　　单位：千万

年代	2006	2007	2008	2009	2010	2011	2012	2013	2014	2015
人口	134.14	135.30	136.44	137.56	138.66	139.74	140.80	141.84	142.87	143.87

3.2　肿瘤模型

3.2.1　问题与背景

肿瘤是危害人类健康的严重疾病之一. 目前已发现的癌症共有 200 多种之多，它们的成因与发展规律都各不相同. 据统计，我国每年新患癌症人数大约有 160 万，每年因患癌症而死亡的人数达到 130 多万，约占死亡人数总量的 1/5. 在 0～64 岁的人口中，每死亡 5 人，其中即有一人死于癌症，在城市人口中，癌症已占死亡原因的首位.

为了对付癌症，人们采用各种途径对其开展研究，其中也包括利用建立数学模型的方法来研究. 肿瘤模型首先要描述的是肿瘤大小随时间而增长的函数关系，该函数关系应当满足以下要求.

① 对肿瘤增长速度的预测应具有一定的精度或与实验数据有较好的拟合.

② 适用范围广. 肿瘤虽有不同的类型，且不同类型的肿瘤发展速度可有很大的区别. 即

使是同一类型的肿瘤，不同个体也可有较大的差异. 但模型在应用于某类肿瘤时，应能较好地反映出此类肿瘤的平均发展情况.

③ 参数应当尽可能少，且参数易于测得.

随着人们对肿瘤生长研究的逐步深入，相关的数学模型也越来越多. 然而，总的来讲，对肿瘤生长模型的研究目前还只能说是尚处于初等阶段，还有很多不尽如人意之处，有待于进一步改进. 本节介绍的只是其中少数几个模型，介绍它们的目的是展示人们是怎样运用数学知识来和疾病作斗争的. 模型虽然简单，但研究结果对临床应用已经有了一定的参考价值.

3.2.2 肿瘤的指数模型

模型假设

设肿瘤体积变化率与肿瘤当前的体积成正比.

模型建立与求解

若 t 时刻肿瘤的体积为 $V(t)$，增长率为 r，

则
$$\frac{\mathrm{d}V}{\mathrm{d}t}=rV,$$
$$V(0)=V_0,$$
解得
$$V(t)=V_0\mathrm{e}^{r(t-t_0)}.$$

式中，t_0 为初始时刻；V_0 为肿瘤的初始体积.

易见，指数模型即 Malthus 模型. 根据 Malthus 模型的特征，肿瘤体积增大一倍所需的时间是一个常数 t'，t'是肿瘤生长的一个重要参数.

肿瘤的直径比肿瘤的体积更容易测出. 将肿瘤近似地看成一个球体，利用球的体积公式：
$$V=\frac{4}{3}\pi r^3=\frac{\pi}{6}D^3 \qquad (D\text{ 为直径}),$$
可得
$$D=D_0 2^{\frac{T}{3t}} \qquad (T=t-t_0).$$

Nathan 等统计了 177 例肺部肿瘤病人的数据，发现肿瘤体积增大一倍的时间均在 7～465 天之间，他们认为，当肺部肿瘤体积增倍时间位于[7,465]之间时应怀疑其为肺癌. $t'<7$ 天时常为感染或炎症，$t'>465$ 天则常为良性肿瘤.

Shackrey 等人则认为：

$t<30$ 天时常为网状细胞肉瘤（文氏肉瘤等）；

t 在 30～70 天间为何杰金氏症、骨肉瘤、纤维肉瘤等；

$t>70$ 天时常为肺部腺癌、鳞状细胞癌、结肠腺癌等.

Meyer 等指出，对可做手术治疗的病人，t'长的存活期一般也较长.

这里，我们暂且不管上述结论是否正确，但可以看出，医学工作者已经开始试图将肿瘤增倍时间作为一个参数用于肿瘤的诊断和治疗. 随着人们对肿瘤认识的不断加深，通过这种努力，也许真的有一天，人们会获得成功，从大堆的数据中破译出有助于攻克癌症的有用信息.

模型检验及启示

1．及早发现及早治疗的重要性

一个癌细胞的直径约为 $10\,\mu\mathrm{m}$，重约 $0.001\,\mu\mathrm{g}$. 按指数增长模型，恶性肿瘤由初始形成到临床上可检测出的直径 1cm 肿块约需经过 30 次倍增，而从直径 1cm 到置人于死命的 1kg 重的癌症肿块，体积约增大 1000 倍，只需经 10 次倍增. 这说明，癌症在发现前的平均增长期

约为发现后的平均存活期的 3 倍. 故及早发现、及早治疗在癌症诊治中起着至关重要的作用.

2．放射性治疗的对数杀灭

Skiper 等人用老鼠做实验，研究了放射性治疗杀灭白血病细胞的规律，发现按指数增长的肿瘤经化疗后也按指数规律消退，即

$$V(t_0+\Delta t)=V(t_0)\mathrm{e}^{\lambda\Delta t} \qquad (\lambda<0，\lambda \text{ 与剂量有关，} \Delta t \text{ 为放疗时间}).$$

从而提出了“对数杀灭”的概念.

记放疗的杀灭率为 F，则

$$F=1-\frac{V(t_0+\Delta t)}{V(t_0)}=1-\mathrm{e}^{\lambda\Delta t}.$$

若杀灭率为 0.9，则残存率为 0.1，医学上称之为一个对数杀灭；若杀灭率为 0.99，则残存率为 0.01（即残存率为 1%），医学上称之为两个对数杀灭等.

从理论上讲，要根治肿瘤，应当杀死所有的肿瘤细胞. 因为实验证明，即使是接种一个癌细胞也有可能引发癌症并最终导致死亡. 但另一方面，对数杀灭又不可能杀灭所有的肿瘤细胞，这是一对矛盾. 况且，放疗在杀死肿瘤细胞的同时，也会在一定程度上伤及正常细胞，导致病人免疫功能的降低，因此，一次放疗的剂量不能过大，要兼顾病人的承受能力.

3．放疗时医生的实际做法

放疗前病人的肿瘤一般有 10～100g 重，含肿瘤细胞$10^{10}\sim10^{11}$个，即使用四个对数杀灭的剂量，放疗后残存的肿瘤细胞仍有$10^6\sim10^7$个. 医生一般认为，放射治疗的目的是使病人体内的肿瘤细胞降低到10^5个以下，只要体内肿瘤细胞降到10^5个以下，身体本身的免疫功能就有可能杀死余下的肿瘤细胞.

由于剂量过大毒性太大，病人身体将难以承受，故在实际进行放疗时总会分成若干个疗程，在两个疗程之间则会留下一个恢复期，让病人的免疫功能得以恢复. 放疗的实际治疗效果与病人体内原有的肿瘤细胞数、每次治疗时的剂量（即几个对数杀灭）、两次放疗间的间隔时间以及肿瘤本身的生长速度都有关系. 对每一个病人究竟应采用怎样的治疗方法才能达到最好的治疗效果，虽不是什么重要的理论研究课题，但却是一个如何在最大程度上达到救死扶伤目的的应用型课题，相信任何一个病人都不会认为这是无所谓的事情. 从基于对数的模型可以看出：

① 癌症的医治必须坚持及早发现及早治疗的原则. 早期癌细胞少，用放疗将体内癌细胞降低到10^5以下较易办到，对身体的伤害也较小（因为使用放疗的总剂量较小）.

② 在病人可以承受的前提下，每一疗程的用药量应尽可能大（用较大的对数杀灭）.

③ 每次的剂量确定以后，两次放疗间的间隔时间应精确计算（间隔期间中免疫能力得以恢复，但肿瘤也将恢复增长）. 在病人可承受的前提下，间隔时间应尽量短些，尤其对倍增时间较短的肿瘤更应如此.

④ 放疗结束后，病人体内一般仍残存有一定数量的癌细胞. 虽然病人自身的免疫功能有可能杀灭残存的癌细胞，但残存的癌细胞也有恢复增长的可能. 病人切不可认为已经得到了根治，可以万事大吉了，还应当定期进行检查，观察体内肿瘤究竟在向哪一方向发展，千万不可麻痹大意.

3.2.3　肿瘤增长的 Logistic 模型

由于体内营养供应是有限的，随着肿瘤数的增多，肿瘤细胞的增长速度会慢慢减小. 故

对中晚期肿瘤增长的更好描述是使用 Logistic 模型

$$\frac{dV}{dt}=\alpha V-\beta V^2,$$

其解为

$$V(t)=\frac{\alpha}{\beta+\left(\frac{\alpha}{V_0}-\beta\right)e^{-\alpha t}}\to\frac{\alpha}{\beta}.$$

α/β 是肿瘤增大的极限值.

人体是无法承受 α/β 的肿瘤量的，否则，癌症也许就不成为一种致命的疾病了（当然，癌症的机理要比我们的模型复杂得多，例如，在我们的模型中尚未考虑到癌症固有的扩散等现象）.

3.2.4 Bertalanffy 模型

1960 年，Bertalanffy 在以下假设下建立了另一模型.

模型假设

① 肿瘤细胞的增长率等于增长速率与分解速率之差.

② 分解速率与当时肿瘤的体积成正比，增长速率因呼吸与营养供应等原因则与肿瘤的表面积成正比.

③ 肿瘤可近似地看成是球体，故表面积与体积的 2/3 次方成正比.

模型建立与求解

根据以上假设，建立的肿瘤增长模型为

$$\frac{dV}{dt}=\lambda V^{\frac{2}{3}}-\mu V, \tag{3.2}$$

此方程为贝努里方程，令 $u=V^{\frac{1}{3}}$，则 $\frac{du}{dt}=\frac{1}{3}V^{-\frac{2}{3}}\frac{dV}{dt}$，故

$$\frac{dV}{dt}=3V^{\frac{2}{3}}\frac{du}{dt}, \tag{3.3}$$

将式（3.3）代入式（3.2），得到

$$3V^{\frac{2}{3}}\frac{du}{dt}=\lambda V^{\frac{2}{3}}-\mu V,$$

注意到 $u=V^{\frac{1}{3}}$，上式又可化为

$$\frac{du}{dt}+\frac{\mu}{3}u=\frac{\lambda}{3}. \tag{3.4}$$

式（3.4）是一阶常系数线性方程，解为

$$u=e^{-\frac{\mu}{3}t}\left(\int\frac{\lambda}{3}e^{\int\frac{\mu}{3}dt}dt+C\right)=\frac{\lambda}{\mu}-Ce^{-\frac{\mu}{3}t},$$

故有

$$V=\left(\frac{\lambda}{\mu}-Ce^{-\frac{\mu}{3}t}\right)^3.$$

代入初始条件 $V(0)=\left(\frac{\lambda}{\mu}C\right)^3$，即 $C=\frac{\lambda}{\mu}-V_0^{\frac{1}{3}}$，得到

$$V(t)=\left[\frac{\lambda}{\mu}-\left(\frac{\lambda}{\mu}-V_0^{\frac{1}{3}}\right)\mathrm{e}^{-\frac{\mu}{3}t}\right]^3,$$

易见，$\lim\limits_{t\to+\infty}V(t)=\left(\dfrac{\lambda}{\mu}\right)^3$.

利用微积分方法还不难得出，在

$$V=\frac{8}{27}\left(\frac{\lambda}{\mu}\right)^3$$

处生长曲线有一个拐点. 在此点处，肿瘤生长速率由增长变为减小.

以上介绍的只是最简单的几个肿瘤模型，事实上，肿瘤生长的机理极为复杂，例如，由于营养供应不足，当肿瘤体积达到一定程度时，其核心部位会发生坏死现象. 此外，许多现象我们还无法解释或尚未发现. 随着医学研究的日益深入，新的肿瘤模型将会不断诞生，有些模型甚至在数学上无法求解，这也为数学本身提供了新的研究课题. 人们对肿瘤的认识是与日俱增的，我们完全有理由相信，早晚有一天，人们会找到控制癌症增长的办法并最终攻克难关，想出治愈癌症的良策. 到那时，癌症将不再是不治之症，而人们也就不必再“谈癌色变”了.

3.3 战争模型

3.3.1 问题与背景

早在第一次世界大战期间，F. W. Lanchester 就提出了几个预测战争结局的数学模型，其中包括作战双方均为正规部队；作战双方均为游击队；作战的一方为正规部队，另一方为游击队. 后来人们对这些模型作了改进和进一步的解释，用以分析历史上一些著名的战争，如第二次世界大战中的美日硫磺岛之战和 1975 年的越南战争.

影响战争胜负的因素有很多，兵力的多少和战斗力的强弱是两个主要的因素. 士兵的数量会随着战争的进行而减少，这种减少可能是因为阵亡、负伤与被俘，也可能是因为疾病与开小差. 分别称之为战斗减员与非战斗减员. 士兵的数量也可随着增援部队的到来而增加. 从某种意义上来说，当战争结束时，如果一方的士兵人数为零，那么另一方就取得了胜利. 如何定量地描述战争中相关因素之间的关系呢？比如如何描述增加士兵数量与提高士兵素质之间的关系.

3.3.2 正规战模型

模型假设

① 双方士兵公开活动. x 方士兵的战斗减员仅与 y 方士兵人数有关. 记双方士兵人数分别为 $x(t),y(t)$，则 x 方士兵战斗减员率为 $ay(t)$，a 表示 y 方每个士兵的杀伤率. 可知 $a=r_yp_y$，r_y 为 y 方士兵的射击率（每个士兵单位时间的射击次数），p_y 为每次射击的命中率. 同理，用 b 表示 x 方士兵对 y 方士兵的杀伤率，即 $b=r_xp_x$.

② 双方的非战斗减员率仅与本方兵力成正比. 减员率系数分别为 α,β.

③ 设双方的兵力增援率为 $u(t),v(t)$.

模型与求解

由假设可知

$$\begin{cases}\dfrac{\mathrm{d}x}{\mathrm{d}t}=-ay-\alpha x+u(t)\\ \dfrac{\mathrm{d}y}{\mathrm{d}t}=-bx-\beta y+v(t)\end{cases}, \tag{3.5}$$

我们对式（3.5）中的一种理想的情况进行求解，即双方均没有增援与非战斗减员. 则式（3.5）化为

$$\begin{cases}\dfrac{\mathrm{d}x}{\mathrm{d}t}=-ay\\ \dfrac{\mathrm{d}y}{\mathrm{d}t}=-bx\\ x(0)=x_0,\quad y(0)=y_0\end{cases}, \tag{3.6}$$

式中，x_0,y_0 为双方战前的兵力.

由式（3.6）的前两式相除，得

$$\frac{\mathrm{d}y}{\mathrm{d}x}=\frac{bx}{ay},$$

分离变量并积分得

$$a(y^2-y_0^2)=b(x^2-x_0^2),$$

整理得

$$ay^2-bx^2=ay_0^2-bx_0^2,$$

若令 $k=ay_0^2-bx_0^2$，则有

$$ay^2-bx^2=k.$$

当 $k=0$，双方打成平局. 当 $k>0$ 时，y 方获胜. 当 $k<0$ 时，x 方获胜. 这样，y 方要想取得战斗胜利，就要使 $k>0$，即

$$ay_0^2-bx_0^2>0,$$

考虑到假设①，上式可写为

$$\left(\frac{y_0}{x_0}\right)^2>\left(\frac{r_x}{r_y}\right)\left(\frac{p_x}{p_y}\right). \tag{3.7}$$

式(3.7)是 y 方占优势的条件. 若交战双方都训练有素，且都处于良好的作战状态. 则 r_x 与 r_y，p_x 与 p_y 相差不大，式（3.7）右边近似为 1. 式（3.7）左边表明，初始兵力比例被平方地放大了. 即双方初始兵力之比 $\dfrac{y_0}{x_0}$，以平方的关系影响着战争的结局. 比如说，如果 y 方的兵力增加到原来的 2 倍，x 方兵力不变，则影响着战争的结局的能力将增加 4 倍. 此时，x 方要想与 y 方抗衡，须把其士兵的射击率 r_x 增加到原来的 4 倍（p_x,r_y,p_y 均不变）.

以上是研究双方之间兵力的变化关系. 下面将讨论每一方的兵力随时间的变化关系.

对式（3.6）两边对 t 求导，得

$$\frac{\mathrm{d}^2x}{\mathrm{d}t^2}=-a\frac{\mathrm{d}y}{\mathrm{d}t}=abx,$$

即

$$\frac{\mathrm{d}^2x}{\mathrm{d}t^2}-abx=0, \tag{3.8}$$

初始条件为

$$x(0)=x_0,\quad \left.\frac{\mathrm{d}x}{\mathrm{d}t}\right|_{t=0}=-ay_0,$$

解之，得

$$x(t)=x_0\mathrm{ch}(\sqrt{ab}\,t)-\sqrt{\frac{a}{b}}\,y_0\mathrm{sh}(\sqrt{ab}\,t).$$

同理可求得 $y(t)$ 的表达式为

$$y(t)=y_0\mathrm{ch}(\sqrt{ab}\,t)-\sqrt{\frac{b}{a}}\,x_0\mathrm{sh}(\sqrt{ab}\,t).$$

3.3.3 游击战模型

模型假设

① y 方士兵看不见 x 方士兵，x 方士兵在某个面积为 S_x 的区域内活动．y 方士兵不是向 x 方士兵射击，而是向该区域射击．此时，x 方士兵的战斗减员不仅与 y 方兵力有关，而且随着 x 方兵力增加而增加．因为在一个有限区域内，士兵人数越多，被杀伤的可能性越大．可设 x 方的战斗减员率为 cxy，其中 c 为 y 方战斗效果系数，$c=r_yp_y=r_y\frac{S_{ry}}{S_x}$，其中 r_y 仍为射击率，命中率 p_y 为 y 方一次射击的有效面积（S_{ry}）与 x 方活动面积（S_x）之比．

② 其余同上一模型．

模型与求解

由假设，可得方程

$$\begin{cases}\dfrac{\mathrm{d}x}{\mathrm{d}t}=-cxy-\alpha x+u(t)\\[2mm] \dfrac{\mathrm{d}y}{\mathrm{d}t}=-dxy-\beta y+v(t)\end{cases}, \tag{3.9}$$

其中 $d=r_xp_x=r_x\frac{S_{rx}}{S_y}$ 是 x 方战斗效果系数．

为了使式（3.9）容易求解，可以做一些简化：设交战双方在作战中均无非战斗减员和增援．此时有

$$\begin{cases}\dfrac{\mathrm{d}x}{\mathrm{d}t}=-cxy\\[2mm] \dfrac{\mathrm{d}y}{\mathrm{d}t}=-dxy\end{cases}. \tag{3.10}$$

两式相除，得

$$\frac{\mathrm{d}y}{\mathrm{d}x}=\frac{d}{c},$$

其解为

$$c(y-y_0)=d(x-x_0).$$

令 $l=cy_0-dx_0$，上式可化为

$$cy - dx = l, \tag{3.11}$$

当 $l=0$，双方打成平局. 当 $l>0$ 时，y 方获胜. 当 $l<0$ 时，x 方获胜.

y 方获胜的条件可以表示为

$$\frac{y_0}{x_0} > \frac{d}{c} = \frac{r_x S_{rx} S_x}{r_y S_{ry} S_y}.$$

即初始兵力之比 y_0/x_0 以线性关系影响战斗的结局. 当双方的射击率 r_x, r_y 与有效射击面积 S_{rx}, S_{ry} 一定时，增加活动面积 S_y 与增加初始兵力 y_0 起着同样的作用.

3.3.4 混合战模型

模型假设

① x 方为游击队，y 方为正规部队.

② 交战双方均无战斗减员与增援.

模型与求解

借鉴模型一与二的思想，可得

$$\begin{cases} \dfrac{\mathrm{d}x}{\mathrm{d}t} = -cxy \\ \dfrac{\mathrm{d}y}{\mathrm{d}t} = -bx \\ x(0) = x_0, \quad y(0) = y_0 \end{cases}, \tag{3.12}$$

其解为

$$cy^2 - 2bx = m, \tag{3.13}$$

其中 $m = cy_0^2 - 2bx_0$.

经验表明，只有当兵力 $\frac{y_0}{x_0}$ 远远大于 1 时，正规部队 y 才能战胜游击队. 当 $m>0$ 时，y 方胜，此时

$$\left(\frac{y_0}{x_0}\right)^2 > \frac{2b}{cx_0} = \frac{2 r_x p_x S_x}{r_y S_{ry} x_0}. \tag{3.14}$$

一般来说，正规部队以火力强而见长，游击队以活动灵活，活动范围大而见长. 这可以通过一些具体数据进行计算.

不妨设 $x_0 = 100$，命中率 $p_x = 0.1$，$\frac{r_x}{r_y} = \frac{1}{2}$，活动区域的面积 $S_x = 0.1 \times 10^6\ \mathrm{m}^2$，$y$ 方有效射击面积 $S_{ry} = 1\mathrm{m}^2$，则由式（3.14），y 方取胜的条件为

$$\left(\frac{y_0}{x_0}\right)^2 > \frac{2 \times 0.1 \times 0.1 \times 10^6}{2 \times 1 \times 100} = 100.$$

$y_0 > 10x_0$，y 方的兵力是 x 方的 10 倍.

美国人曾用这个模型分析越南战争. 根据类似于上面的计算以及 20 世纪四五十年代发生在马来西亚、菲律宾、印度尼西亚、老挝等地的混合战争的实际情况估计出正规部队一方要想取胜必须至少投入 8 倍于游击部队一方的兵力，而美国至多只能派出 6 倍于越南的兵力. 越南战争的结局是美国不得不接受和谈并撤军，越南取得最后的胜利.

3.3.5　模型应用与检验

J. H. Engel 用第二次世界大战末期美日硫磺岛战役中的美军战地记录，对正规战争模型进行了验证，发现模型结果与实际数据吻合得很好.

硫磺岛位于东京以南 660 英里（mile）[1]的海面上，是日军的重要空军基地. 美军在 1945 年 2 月开始进攻，激烈的战斗持续了一个月，双方伤亡惨重，日方守军 21500 人全部阵亡或被俘，美方投入兵力 73000 人，伤亡 20265 人，战争进行到 28 天时美军宣布占领该岛，实际战斗到 36 天才停止. 美军的战地记录有按天统计的战斗减员和增援情况. 日军没有后援，战地记录则全部遗失.

用 $A(t)$ 和 $J(t)$ 表示美军和日军第 t 天的人数，忽略双方的非战斗减员，则

$$\begin{cases}\dfrac{\mathrm{d}A}{\mathrm{d}t}=-aJ+u(t)\\ \dfrac{\mathrm{d}J}{\mathrm{d}t}=-bA\\ A(0)=0,\quad J(0)=21500\end{cases},\tag{3.15}$$

美军战地记录给出增援率 $u(t)$ 为

$$u(t)=\begin{cases}54000, & 0\leqslant t<1\\ 6000, & 2\leqslant t<3\\ 13000, & 5\leqslant t<6\\ 0, & \text{其他}\end{cases},$$

并可由每天伤亡人数算出 $A(t)$，$t=1,2,\cdots,36$. 下面要利用这些实际数据代入式（3.15)，算出 $A(t)$ 的理论值，并与实际值比较.

利用给出的数据，对参数 a,b 进行估计，对式（3.15）两边积分，并用求和来近似代替积分，有

$$A(t)-A(0)=-a\sum_{\tau=1}^{t}J(\tau)+\sum_{\tau=1}^{t}u(\tau),\tag{3.16}$$

$$J(t)-J(0)=-b\sum_{\tau=1}^{t}A(\tau).\tag{3.17}$$

为估计 b 在式（3.17）中取 $t=36$，因为 $J(36)=0$，且由 $A(t)$ 的实际数据可得

$$\sum_{t=1}^{36}A(t)=2037000,$$

于是从式（3.17）估计出 $b=0.0106$. 再把这个值代入式（3.17）即可算出 $J(t)$，$t=1,2,\cdots,36$. 然后从式（3.16）估计 a. 令 $t=36$，得

$$a=\frac{\sum\limits_{\tau=1}^{36}u(\tau)-A(36)}{\sum\limits_{\tau=1}^{36}J(\tau)}.\tag{3.18}$$

其中分子是美军的总伤亡人数，为 20265 人，分母可由已经算出的 $J(t)$ 得到，为 372500 人，于是从式（3.18）有 $a=0.0544$. 把这个值代入式（3.16）得

$$A(t)=-0.0544\sum_{\tau=1}^{t}J(\tau)+\sum_{\tau=1}^{t}u(\tau).\tag{3.19}$$

---

[1] 1mile=1.609km.

由式（3.20）就能够算出美军人数 $A(t)$ 的理论值，与实际数据吻合得很好.

3.4 饮酒后安全驾车的时间

3.4.1 问题背景

体重为 70kg 的人在喝下（认为是瞬时饮酒）1 瓶啤酒后，测量他的血液中酒精含量，得数据如表 3.3 所示.

表 3.3 血液中酒精含量

时间/h	0.25	0.5	0.75	1	1.5	2	2.5	3	3.5	4	4.5	5
酒精含量（mg/100mL）	15	34	37.5	41	41	38.5	34	34	29	25.5	25	20.5
时间/h	6	7	8	9	10	11	12	13	14	15	16	
酒精含量（mg/100mL）	19	17.5	14	12.5	9	7.5	6	5	3.5	3.5	2	

问题①饮酒后多长时间后血液中含酒精量最大？

问题②某人在早上 8 点喝了一瓶啤酒，下午 2 点检查时符合新的驾车标准，他在 19 点吃晚饭时又喝了一瓶啤酒，过了 6h 后驾车回家，又一次遭遇检查时却被定为饮酒驾车，这让他陷入困惑，为什么喝同样多的酒，两次检查结果会不一样呢？过 6h 后再喝一瓶，过多长时间才可以驾车？

问题③一次喝 3 瓶啤酒多长时间可以驾车？

3.4.2 饮酒模型

模型假设

短时间饮酒认为是一次饮入，中间时差不计. 酒精在血液与体液中含量相同. 酒精进入体内后不受其他因素对酒精的分解，不考虑个体差异. 转移过程为，胃→体液→体外. 人的体液占人的体重的 65%～70%，血液占体重的 7%左右.

符号说明

t 为饮酒时间；

$y_1(t)$ 为 t 时刻人体消化的酒精量；

$y_2(t)$ 为 t 时刻人体的酒精量；

k_1 为酒精在人体中的吸收率常数；

k_2 为酒精在人体中的消除率常数；

$c(t)$ 为 t 时刻内血液中酒精浓度；

f 为酒在人体的吸收度（为一常数，其值等于血液与体液的重量之比）.

模型分析与求解

可把酒精在体内的代谢看成进与出的过程，用 $\left(\dfrac{\mathrm{d}y_2}{\mathrm{d}t}\right)_{进}$ 和 $\left(\dfrac{\mathrm{d}y_2}{\mathrm{d}t}\right)_{出}$ 分别表示酒精输入速率和酒精输出速率，这样问题可简化为血液中酒精的变化律等于输入速率减去输出速率. 即

$$\frac{\mathrm{d}y_2}{\mathrm{d}t}=\left(\frac{\mathrm{d}y_2}{\mathrm{d}t}\right)_{进}-\left(\frac{\mathrm{d}y_2}{\mathrm{d}t}\right)_{出} \tag{3.20}$$

血液中酒精量的消除率与血液中的酒精量成正比，所以

$$\left(\frac{\mathrm{d}y_2}{\mathrm{d}t}\right)_{出} = k_2 y_2,$$

吸收的酒精率

$$\left(\frac{\mathrm{d}y_2}{\mathrm{d}t}\right)_{进} = k_1 y_1,$$

代入到式（3.20）中得

$$\frac{\mathrm{d}y_2}{\mathrm{d}t} = k_1 y_1 - k_2 y_2. \tag{3.21}$$

$y_1(t)$ 的变化规律可由饮酒速率而定，酒精在人体内的代谢可表示为

$$\frac{\mathrm{d}y_1}{\mathrm{d}t} = -k_1 y_1, \tag{3.22}$$

当 $t=0$ 时，$y_1(0)=fy_0, y_2(0)=0$ 与式（3.21）、式（3.22）结合得到初值问题

$$\begin{cases} \dfrac{\mathrm{d}y_1}{\mathrm{d}t} = -k_1 y_1 \\ \dfrac{\mathrm{d}y_2}{\mathrm{d}t} = k_1 y_1 - k_2 y_2 \\ y_1(0) = fy_0 \\ y_2(0) = 0 \end{cases}, \tag{3.23}$$

在 Matlab 中输入：

```
syms t;
[y1,y2]=dsolve('Dy1=-k1*y1','Dy2=k1*y1-k2*y2','y1(0)=f*y0','y2(0)=0')
```

输出结果为：

```
y1 =f*y0*exp(-t*k1)
y2 =f*y0*k1/(k1-k2)*exp(-k2*t)-1/(k1-k2)*k1*exp(-t*k1)*f*y0
```

即

$$y_2(t) = \frac{k_1 f y_0}{k_1 - k_2}(\mathrm{e}^{-k_2 t} - \mathrm{e}^{-k_1 t}), \tag{3.24}$$

从而，人体内酒精含量

$$c(t) = \frac{k_1 f y_0}{V(k_1 - k_2)}(\mathrm{e}^{-k_2 t} - \mathrm{e}^{-k_1 t}), \tag{3.25}$$

可以看出，当 $\frac{\mathrm{d}c}{\mathrm{d}t}=0$ 酒精含量最大.

在 Matlab 中输入：

```
diff('exp(-k2*t)-exp(-k1*t)')
```

输出结果：

```
ans =-k2*exp(-k2*t)+k1*exp(-t*k1)
```

在 Matlab 中输入：

```
solve('-k2*exp(-k2*t)+k1*exp(-t*k1)')
```

输出结果：

```
ans =-log(k2/k1)/(k1-k2)
```

即

$$t=\frac{\ln k_1-\ln k_2}{k_1-k_2}. \tag{3.26}$$

且此时 $c(t)$ 达到最大值.

模型应用

① 饮酒后多长时间后血液中含酒精量最大.

利用 Matlab 的函数 nlinfit(非线性最小二乘拟合)，根据表 3.3 的数据拟合出参数 k_1，k_2，$\frac{k_1 f y_0}{V(k_1-k_2)}$ 的值，Matlab 程序如下：

```
f=@(k,x)k(3).*(exp(-k(2).*x)-exp(-k(1).*x));
x=[0.25,0.5,0.75,1,1.5,2,2.5,3,3.5,4,4.5,5,6,7,8,9,10,11,12,13,14,15,16] ;
y=[15,34,37.5,41,41,38.5,34,34,29,25.5,25,20.5,19,17.5,14,12.5,9,7.5,6,5,3.5 ,3.5,2];
k0=[2,1,40]   %参数的初值
k=nlinfit(x,y,f,k0)
```

输出结果：

k = 2.0079　　0.1855　　57.2163

即

k_1=2.0079, k_2= 0.1855，$\frac{k_1 f y_0}{V(k_1-k_2)}$=57.2163

代入式（3.25）得

$$c(t)= 57.2163\ (\mathrm{e}^{-0.1855t}-\mathrm{e}^{-2.0079t})$$

在 Matlab 中输入：

```
plot(x,y,'r*',0:0.01:18,f(k,0:0.01:18),'k')
xlabel('时间(h)')
ylabel('酒精含量')
title('血液中酒精含量的拟合图')
legend('原始数据','拟合曲线')
```

可得到喝一瓶啤酒的血液中酒精含量随时间变化的函数图像如图 3.3：

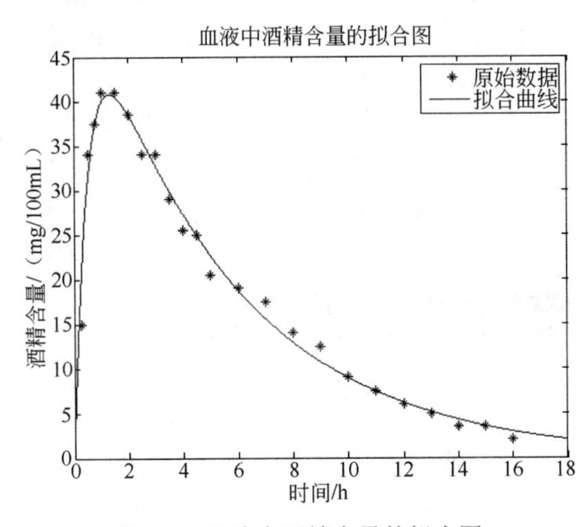

图 3.3　血液中酒精含量的拟合图

把$k_1 = 2.0079$，$k_2 = 0.1855$代入式（3.26）得

$$t \approx 1.2$$

即当饮酒 1.2h 后，体内酒精含量最大.

这与药力学知识，饮酒后 1.5h 内饮酒后，酒精在人体内 90%经肝脏中的酶系统进行代谢而进入血液中，其余 10%以原形由尿及呼吸排出，空腹饮酒时，进入肝脏内的酒精 1.5h 内吸收达 95%以上相吻合，理论数据与实际情况相符合.

② 分两次喝酒的情况.

第一次遭遇检查时的酒精含量为

$$c(6) = 19.4\,\text{mg}/100\,\text{mL} < 20\,\text{mg}/100\,\text{mL}\text{，}$$

不违反新的交通法则，而第一瓶酒在 17h 后的残余酒精量为

$$c(17) = 3.1\,\text{mg}/100\,\text{mL}\text{，}$$

第二次遭遇检查时酒精量为第一瓶酒 17h 后的酒精残余与第二瓶酒 6h 后的酒精残余量之和等于$22.5\,\text{mg}/100\,\text{mL}$，大于$20\,\text{mg}/100\,\text{mL}$属于饮酒驾车行为，这样问题②就得到了很好的解释.

③ 喝 3 瓶酒的情况.

事实上喝 3 瓶啤酒的酒精含量与时间的函数图如图 3.4 所示.

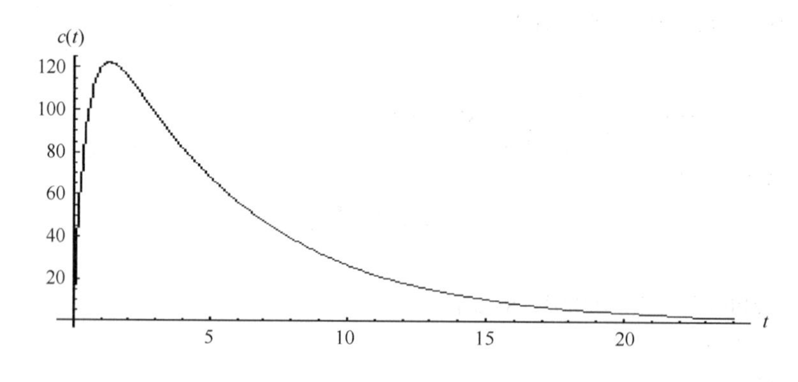

图 3.4 喝 3 瓶啤酒的酒精含量与时间的函数图

由图 3.4 可知在饮酒后的 12h 内驾车都违反交通规则，其中 0.35～4.5h 内属于醉酒驾车.

根据医学知识“一次进酒后，24h 基本全部排泄完，即 24h 之后就可以认为血液中的酒精含量约为零”. 但喝酒必有一定的度. 对于想喝一点酒的司机同志，根据国家标准和对模型分析，应在一次饮用 3 瓶啤酒 12h 后驾车.

随着生产实践和科学技术的发展，微分方程也越来越与其他学科紧密相连，并成了处理形形色色的实际问题的有效工具，应用微分方程的基本理论建立的模型，很好地描述了酒后体内酒精含量的变化规律，司机可根据这个关系来判断饮酒后安全驾车的时间.

3.5 放射性废物的处理问题

3.5.1 问题与背景

有一段时间，美国原子能委员会（现为核管理委员会）是这样处理浓缩放射性废物的，他们把这些废物装入密封性能很好的圆桶中，然后扔到水深 91m 的海里. 这种做法是否会造成放射性污染，很自然地引起了生态学家和社会各界的关注. 原子能委员会一再保证，圆桶

非常坚固，绝不会破漏，这种做法绝对安全. 然而一些工程师却对此表示怀疑，他们认为圆桶和海底在碰撞时会发生破裂. 而原子能委员会有些专家们仍然坚持自己的看法. 于是双方展开了一场笔墨官司.

3.5.2　问题分析

究竟谁的意见正确呢？看来只好让事实说话了. 问题的关键在于圆桶到底能承受多大速度的碰撞，圆桶和海底碰撞时的速度到底有多大.

工程师们进行了大量破坏性实验，发现圆桶在直线速度为 12.2 m/s 的冲撞下可能会发生破裂，剩下的问题就是计算圆桶沉入 91 m 深的海底时，其末速度究竟有多大了.

3.5.3　建模与求解

美国原子能委员会使用的是 55 加仑（US gal）[1]的圆桶，装满放射性废物时圆桶重量为 W=239.456 kg，而在海水中受到的浮力是 B=1025.94 kg/m^3. 此外，下沉时圆桶还要受到海水的阻力，阻力 $D=Cv$，其中 C 为常数. 工程师们做了大量实验，测得 $C=0.12$.

现在，取一个垂直向下的坐标，并以海平面为坐标原点 $(y=0)$. 于是，根据牛顿第二定律，圆桶下沉应满足微分方程为

$$m\frac{\mathrm{d}^2y}{\mathrm{d}t^2}=W-B-D. \tag{3.27}$$

注意到 $m=\dfrac{W}{g},\quad D=Cv,\quad \dfrac{\mathrm{d}y}{\mathrm{d}t}=v$，式（3.27）可改写为

$$\frac{\mathrm{d}v}{\mathrm{d}t}+\frac{Cg}{W}=\frac{g}{W}(W-B). \tag{3.28}$$

式（3.28）是一阶线性方程，且满足初值条件 $v(0)=0$，其解为

$$v(t)=\frac{W-B}{C}(1-\mathrm{e}^{-\frac{Cg}{W}t}). \tag{3.29}$$

由已知数据和式（3.29）容易计算出圆桶的极限速度是

$$\lim_{t\to\infty}v(t)=\frac{W-B}{C}\approx 217.58\ \mathrm{m/s}.$$

如果极限速度不超过 12.2 m/s，那么工程师可以罢休了. 然而事实上，和 12.2 m/s 的可承受速度相比，圆桶的极限速度竟是如此之大，使人们不得不开始相信，工程师们也许是对的.

利用 Matlab 求解：

首先求解深度函数 $y(t)$，由式（3.28）可以得到如下微分方程：

$$\begin{cases} m\dfrac{d^2y}{dt^2}=W-B-C\dfrac{dy}{dt} \\ y(0)=0 \\ \left.\dfrac{dy}{dt}\right|_{t=0}=v(0)=0 \end{cases},$$

在 Matlab 软件中输入：

```
syms t;
```

[1] 1 US gal=3.78541 dm^3.

```
syms y;
y=dsolve('m*D2y−W+B+C*Dy=0', 'y(0)=0', 'Dy(0)=0')
```
输出结果：

```
y =−m/C^2*exp(−C/m*t)*(−W+B)−(−W+B)/C*t+m*(−W+B)/C^2
```
即

$$y(t)=-\frac{m(B-W)}{C^2}\mathrm{e}^{-\frac{C}{m}t}-\frac{B-W}{C}t+\frac{m(B-W)}{C^2}$$

第二步：求圆桶下沉到 91 m 的时间 t.

在 Matlab 软件中输入：

```
B=1025.94*0.208;
C=0.12;
W=239.456;
m=W/9.8;    %重力加速度为 9.8 m/s^2
t=0:0.1:20;
y =−m/C^2*exp(−C/m*t)*(−W+B)−(−W+B)/C*t+m*(−W+B)/C^2−91;
plot(t,y)
```
输出结果如图：

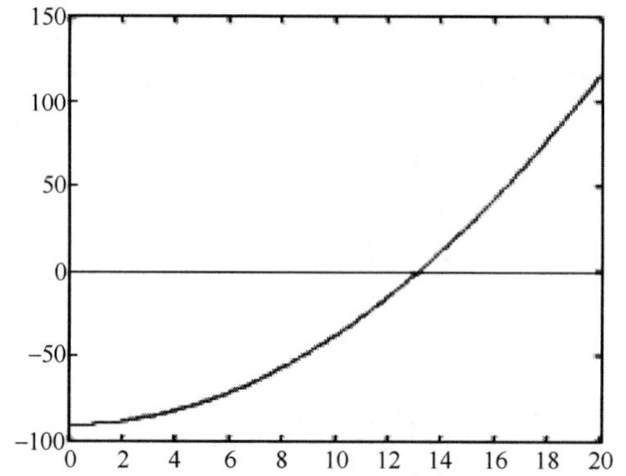

可见方程的根在 t=13s 附近，为求解方程建立 Matlab 的 M 文件：

```
function y=my0(t)
B=213.3955 ;
C=0.12;
W=239.456;
m=W/9.8;
y =−m/C^2*exp(−C/m*t)*(−W+B)−(−W+B)/C*t+m*(−W+B)/C^2−91;
```
并在命令窗口输入：

```
t=fsolve(@my0,13)
```
输出结果为：

```
t= 13.204223061992241
```
第三步：求 $y(t)$ 的导数在 $t = 13.204223061992241$s 时的值，最终得到碰撞速度.

在 Matlab 软件中输入：

```
syms t;
```

```
y1 =diff(-m/C^2*exp(-C/m*t)*(-W+B)-(-W+B)/C*t+m*(-W+B)/C^2)
```

输出结果为：

```
y1=-3190720108293556007631/1469222412615680000*exp(-21/4276*t)+81439/375
```

即

$$y'(t) = -\frac{3190720108293556007631}{1469222412615680000}\mathrm{e}^{-\frac{21t}{4276}} + \frac{81439}{375}$$

故 t= 13.204223061992241s 时的速度 v=13.636101129315506m.

计算结果表明，$v(91) \approx 13.64$ m/s，大于 12.2 m/s.工程师们的猜测是正确的，他们打赢了这场官司. 现在，美国原子能委员会已经改变了他们处理放射性废物的方法，并且明确规定禁止将放射性废物抛入海中.

事实上，如果要明确证明 $v(91) > 12.2$ m/s，我们还可以用另外的方法. 由于 $v = v(y)$ 是一个单调增加的函数，而随着 v 的增加，y 也必增加. 因此如果 $v = 12.2$ m/s 时有 $y < 300$ ft，则当 $y = 91$ m 时，就必有 $v > 12.2$ m/s.

在这一例子中，我们利用建立数学模型的方法成功地解决了放射性废物处理问题中的争端，判明了是非，这自然要比单纯说理更为有力.

3.6 SARS 传播问题

3.6.1 问题的提出

SARS（Severe Acute Respiratory Syndrome，严重急性呼吸道综合征，俗称非典型肺炎）是 21 世纪第一个在世界范围内传播的传染病，SARS 的爆发和蔓延给部分国家和地区的经济发展和人民生活带来了很大影响，人们从中得到了许多重要的经验和教训，认识到定量地研究传染病的传播规律为预测和控制传染病蔓延创造条件的重要性. 请你对 SARS 的传播建立数学模型，要求说明怎样才能建立一个真正能够预测以及能为预防和控制提供可靠、足够的信息的模型，这样做的困难在哪里？并对疫情传播所造成的影响做出估计.

3.6.2 SARS 模型

问题的分析

实际上，SARS 的传染过程为

易感人群→病毒潜伏人群→发病人群→退出人群（包括死亡者和治愈者）.

通过分析各类人群之间的转化关系，可以建立微分方程模型来刻画 SARS 传染规律.

疫情主要受日接触率 $\lambda(t)$ 影响，不同的时段，$\lambda(t)$ 的影响因素不同. 在 SARS 传播过程中，卫生部门的控制预防措施起着较大的作用. 以采取控制措施的时刻 t_0 作为分割点，将 SARS 传播过程分为控前和控后两个阶段.

在控前阶段，SARS 按自然传播规律传播，$\lambda(t)$ 可视为常量；同时，在疫情初期，人们的防范意识比较弱，再加上 SARS 自身的传播特点，在个别地区出现了 “超级传染事件”(SSE)，即 SARS 病毒感染者在社会上的超级传播事件. 到了中后期，随着人们防范意识的增强，SSE 发生的概率减小，因此，SSE 在 SARS 的疫情早期对疫情的发展起到了很大的影响. SSE 其特性在于在较短的时间内，可使传染者数目快速增加. 故可将 SSE 对疫情的影响看作一个脉冲的瞬时行为，使用脉冲微分方程描述.

控后阶段，随着人们防范措施的增强促使日传染率 $\lambda(t)$ 减少. 引起人们防范意识增强的原因主要有两方面：

① 来自于应对疫情的恐慌心理，而迫使人们加强自身防范；

② 来自于预防政策，法律法规的颁布等而加强的防范意识.

以上两者又分别受疫情数据的影响.

在做定量计算时，可以先定性分析确定各因素之间的函数关系，再在求解过程中利用参数辨识确定其中的参数.

问题的假设与符号说明

模型的假设：

① 由于 SRAS 的传播时间不是很长，故假设不考虑这段时间内的人口出生率和自然死亡率；

② 平均潜伏期为 6 天；

③ 处于潜伏期的 SARS 病人不具有传染性.

符号说明：

t_0　表示从最初发现 SARS 患者到卫生部门采取防御措施的时间间隔；

N　表示疫区总人口数；

$S(t)$　表示 t 时刻健康人数占总人数的比例；

$I(t)$　表示 t 时刻感染人数占总人数的比例；

$E(t)$　表示 t 时刻潜伏期的人数占总人数的比例；

$Q(t)$　表示 t 时刻退出类的人数占总人数的比例；

$\lambda(t)$　表示日接触率，即表示每个病人平均每天有效接触的人数；

$f(t)$　表示疫情指标；

$g(t)$　表示预防措施的力度；

$h(t)$　表示人们警惕性指标；

$w(t)$　表示防范意识；

$b(t)$　表示 t 时刻实际的新增确诊人数；

$b'(t)$　表示模型计算得到的 t 时刻新增确诊人数.

模型的建立

1．各类人群的转化过程

由问题的分析，将人群分为易感人群 S，病毒潜伏人群 E，发病人群 I，退出者 Q 四类：

（1）*易感人群 S 与病毒潜伏人群 E 间的转化*

易感者和发病者有效接触后成为病毒潜伏者，设每个病人平均每天有效接触的健康人数为 $\lambda(t)S$，NI 个病人平均每天能使 $\lambda(t)SNI$ 个易感者成为病毒潜伏者. 故

$$N\frac{\mathrm{d}S}{\mathrm{d}t}=-\lambda SNI\text{，即}\frac{\mathrm{d}S}{\mathrm{d}t}=-\lambda SI\ .$$

（2）*病毒潜伏人群 E 与发病人群 I 间的转化*

潜伏人群的变化等于易感人群转入的数量减去转为发病人群的数量，即

$$\frac{\mathrm{d}E}{\mathrm{d}t}=S\lambda(t)I-\varepsilon E,$$

其中 ε 表示潜伏期日发病率根据有关文献资料，在这里取 $\varepsilon=\frac{1}{6}$.

（3）发病人群 I 与退出者 Q 间的转化

单位时间内退出者的变化等于发病人群的减少，即

$$\frac{\mathrm{d}Q}{\mathrm{d}t}=\omega I,$$

其中 ω 表示日退出率，根据有关资料取 $\omega=0.008$.

综上所述，建立了整个系统中各类人群的转化过程，下面将疫情传播过程分别按控前阶段和控后阶段建立相应的模型.

2．控前阶段的自然传播模型

（1）参数确定

日传染率 $\lambda(t)$ 在疫情的初期，SARS 按自然传播规律传播，$\lambda(t)$ 保持不变，记此常量为 λ_0，具体取值在模型求解中通过参数辨识得到

（2）超级传染事件（SSE）的处理

定义脉冲函数：

$$\delta_\varepsilon\left(x-x_0\right)=\begin{cases}\dfrac{1}{2\varepsilon}, & x_0-\varepsilon<x<x_0+\varepsilon \\ 0, & 其他\end{cases},$$

δ 函数：$\delta\left(x-x_0\right)=\lim\limits_{\varepsilon\to 0}\delta_\varepsilon\left(x-x_0\right)$.

由问题的分析，将 SSE 对疫情的影响看作一个瞬时的脉冲行为，则

$$\frac{\mathrm{d}S}{\mathrm{d}t}=-\lambda(t)IS-N\sum_{i=1}^{m}\alpha_i\delta\left(t-t_i\right).$$

$$\frac{\mathrm{d}E}{\mathrm{d}t}=S\lambda(t)I-\varepsilon E+N\sum_{i=1}^{m}\alpha_i\delta\left(t-t_i\right).$$

式中，m 为所加 δ 函数的个数，在实际表现为 SSE 的个数；α_i 为第 i 个 δ 函数的强度，根据有关统计资料，每例 SSE 事件的平均感染人数为 20 人.

（3）控前阶段的传播模型

$$\begin{cases}\dfrac{\mathrm{d}S}{\mathrm{d}t}=-\lambda(t)IS-N\sum\limits_{i=1}^{m}\alpha_i\delta\left(t-t_i\right) \\ \dfrac{\mathrm{d}E}{\mathrm{d}t}=S\lambda(t)I-\varepsilon E+N\sum\limits_{i=1}^{m}\alpha_i\delta\left(t-t_i\right) \\ \dfrac{\mathrm{d}I}{\mathrm{d}t}=\varepsilon E-\omega I \\ \dfrac{\mathrm{d}Q}{\mathrm{d}t}=\omega I \\ S+E+I+Q=1 \\ S(0)=S_0,\ E(0)=E_0,\ I(0)=I_0,\ Q(0)=Q_0\end{cases} \tag{3.30}$$

其中 S_0,E_0,I_0,Q_0 为系统中各类的初始值.

3．控后阶段的传播模型

（1）疫情指标 $f(t)$ 的确定

影响疫情指标因素主要是每日新增死亡人数 $d(t)$、新增确诊人数 $b(t)$、新增疑似病例数 $v(t)$. 对这三个因素归一后求加权和得到：

$$f_0(t)=q_1\frac{d(t)}{\max\big(d(t)\big)}+q_2\frac{b(t)}{\max(b(t))}+q_3\frac{v(t)}{\max\big(v(t)\big)}.$$

其中q_1,q_2,q_3依次为$d(t)$, $b(t)$, $v(t)$对疫情指标的相对影响权重，考虑到人们对三类新增人数的敏感程度，不妨取$q_1=0.4,\ q_2=0.4,\ q_3=0.2$．由于实际统计数据知，$f(t)$的取值是离散的，为此，采用最小二乘法拟合方法，可以得到$f(t)$的近似表达式（见图 3.5）．

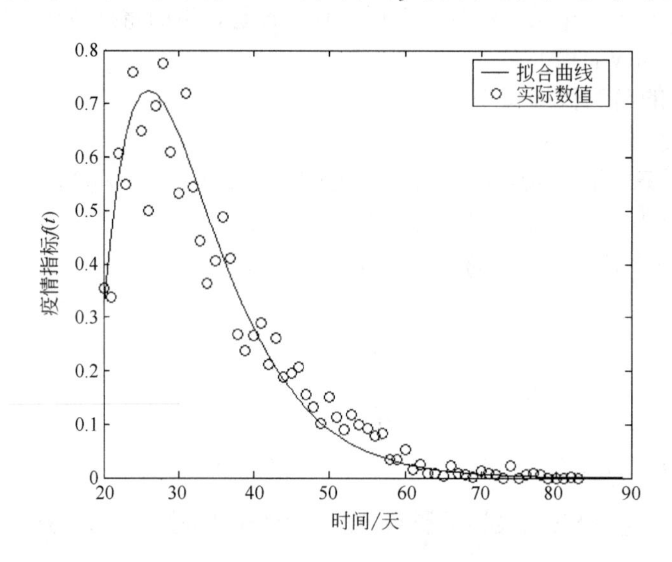

图 3.5　疫情指标的拟合曲线与实际数据比较

从离散的数据点看出，其规律大致呈韦伯分布，故可取韦伯分布密度函数

$$f(t)=\frac{m}{x_0}(t-v)^{m-1}\,\mathrm{e}^{-\frac{(t-v)^m}{x_0}}.$$

由参数估计可得

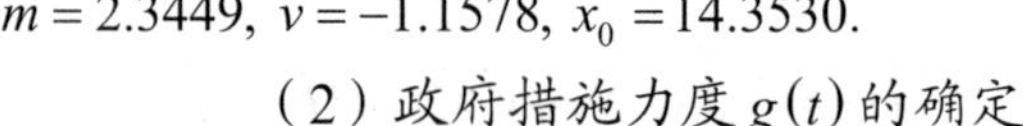

$$m=2.3449,\ v=-1.1578,\ x_0=14.3530.$$

（2）政府措施力度$g(t)$的确定

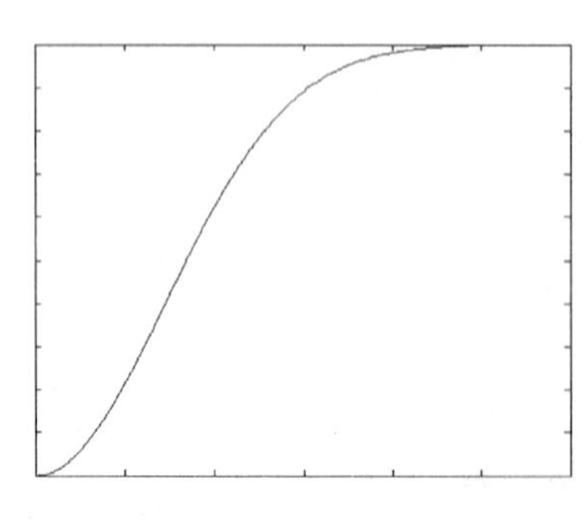

图 3.6　$g(t)$随$f(t)$的变化

在控后阶段，卫生部门的预防措施力度$g(t)$在控制疫情的过程中起到了重要的作用，与下列因素有关：

① 卫生部门关注的疫情来自于最近几天的疫情，不妨取近三天疫情的平均值$\overline{f(t)}$．

② 当$t=t_0$时，$g(t)$有一个初始值，即为潜在的政府力度k_0．

综上所述，可以给出$g(t)$随疫情变化的曲线，形态如图 3.6 所示[横坐标为疫情，纵坐标为$g(t)$]，其表达式为

$$g(t)=k_0+k_1\left(1-\mathrm{e}^{\frac{f(t)^2}{\sigma_1}}\right).$$

其中$k_0+k_1=1$．根据有关数据，令$k_0=0.2,\ k_1=0.8$，当$\overline{f(t_0)}=0.58$时，取$g(t_0)=0.7$，得参数估计$\sigma_1=0.1803$．

（3）人们的警惕性指标 $h(t)$ 的确定

人们对 SARS 的警惕性程度也随疫情的变化而变化. 在公布疫情初期，疫情的变化引起人们很大的关注，警惕程度随疫情的微小变动波动很大；到中后期，波动逐渐变缓，直至平稳. 可用 $h(t)=k_2-k_3\mathrm{e}^{-f(t)}$ 来定量刻画 $h(t)$ 与 $f(t)$ 的关系.

当 $f(t)=0$ 时，$h(t)=0.2$（即为人们固有的警惕指标）；当 $f(t)\to+\infty$ 时，$h(t)\to 1$，参数估计得 $k_2=1,\ k_3=0.8$.

（4）防范意识 $w(t)$ 的确定

由问题分析，人们的防范意识 $w(t)$ 受预防措施力度 $g(t)$ 和警惕性指标 $h(t)$ 的影响，$g(t)$，$h(t)$ 对 $w(t)$ 的影响作用大致相当，可取 $w(t)=0.5g(t)+0.5h(t)$.

（5）防范意识 $w(t)$ 与日传染率 $\lambda(t)$ 的关系

$\lambda(t)$ 表示发病者平均每天有效接触的人数，由问题的分析知，$\lambda(t)$ 是防范措施 $w(t)$ 的函数，且应满足

① 当防范措施 $w(t)$ 为零时，则 $\lambda(t)$ 取最大值——控前阶段的日接触率.

② 随 $w(t)$ 的增大，$\lambda(t)$ 减小. 当 $w(t)$ 不强时，对 $\lambda(t)$ 的变化所起的作用较小；当 $w(t)$ 超过一定的数值时，则对 $\lambda(t)$ 的影响效果较明显.

③ 当 $w(t)$ 趋近于 1（不可能为 1）时，则 $\lambda(t)$ 趋近于 0.

由上三点可以确定 $\lambda(t)$ 随 $w(t)$ 变化关系的曲线形态，采用函数

$$\lambda(t)=k_4\left(1-\mathrm{e}^{-\frac{(1-w(t))^2}{\sigma_2}}\right)$$

刻画此形态. 其中 σ_2 为待定常数.

（6）控后阶段的模型

综上所述，控后阶段的 SARS 疫情的传播模型为

$$\begin{cases}\dfrac{\mathrm{d}S}{\mathrm{d}t}=-\lambda(t)IS\\ \dfrac{\mathrm{d}E}{\mathrm{d}t}=S\lambda(t)I-\varepsilon E\\ \dfrac{\mathrm{d}I}{\mathrm{d}t}=\varepsilon E-\omega I\\ \dfrac{\mathrm{d}Q}{\mathrm{d}t}=\omega I\\ \lambda(t)=k_4(1-\mathrm{e}^{-\frac{(1-w(t))^2}{\sigma_2}})\\ S+E+I+Q=1\\ S(0)=S_0,E(0)=E_0\\ I(0)=I_0,Q(0)=Q_0\end{cases}\tag{3.31}$$

模型的求解

由于模型（3.30），模型（3.31）较为复杂，要求解析解是困难的，故将微分方程模型化为差分方程求解.

以 12 例 SARS 患者作为疫情初始值，即 $I(0)=12/N=0.12\times10^{-5}$，$E(0)=0$，$Q(0)=0$. 求解可得实际数据 $b(t)$ 与计算结果 $b'(t)$ 的比较，如图 3.7 所示.

由图 3.7 可以看出 $b(t)$ 与 $b'(t)$ 的走势大致相同，且值相差不大，其中开始的小高峰是 SSE

事件造成的. 由参数辨识可以得到模型中未确定的两个待定参数 $\lambda_0 = 0.374$， $\sigma_2 = 28.0891$.

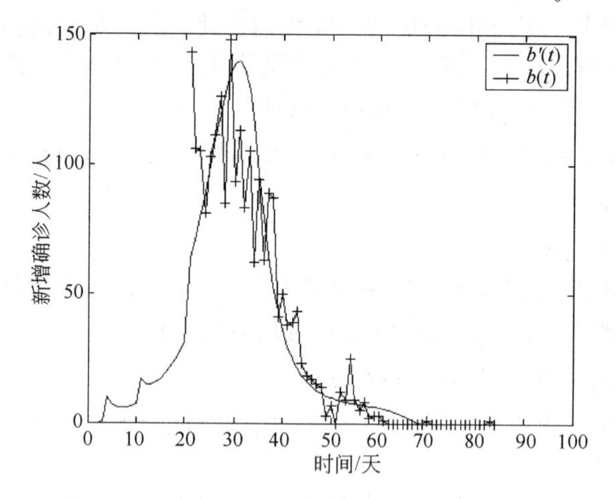

图 3.7　新增确诊人数的实际值与计算值的比较

模型结果的分析

① 采取严格隔离措施早晚的影响.

根据有关数据，对于提前 5 天或延后 5 天采取严格的预防措施的情况比较如图 3.8 所示.

如果卫生部门延后 5 天采取严格预防措施时，则日新增病例峰值为 376 例，如果提前 5 天，则日新增病例峰值为 55 例. 由此可见日新增病例的峰值对采取严格预防措施的早晚十分敏感，采取的措施越晚，疫情峰值越高，疫情周期越长. 这对于指导 SARS 工作具有重要意义，卫生部门应该在实际工作中“早发现早隔离”，采取有效的隔离预防措施.

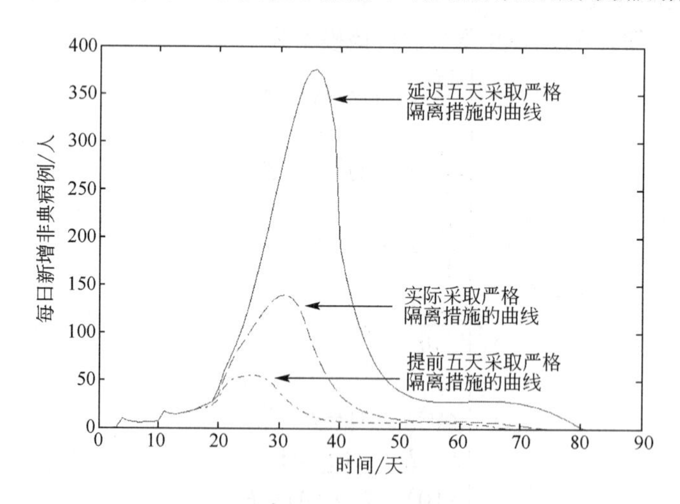

图 3.8　隔离措施早晚对疫情的影响

② 政府采取措施的力度对疫情的影响.

政府措施力度 $g(t)$ 反映了卫生部门针对疫情所采取干预的力度，在这里我们分别取 $g(t_0) = 0.9, 0.7, 0.5$，代入模型中，计算结果如图 3.9 所示.

从图 3.9 中可看出，预防措施力度越弱，曲线的拖尾越长，甚至会再次出现疫情小高峰的现象. 当 $g(t_0) = 0.5$ 时，曲线出现了第二次峰值，这表示如果在疫情刚有所下降时，就放松预防力度，疫情将会出现反弹，引起第二次疫情峰值. 因此预防措施力度一定要持续，不能看到疫情有所缓和就放松警惕.

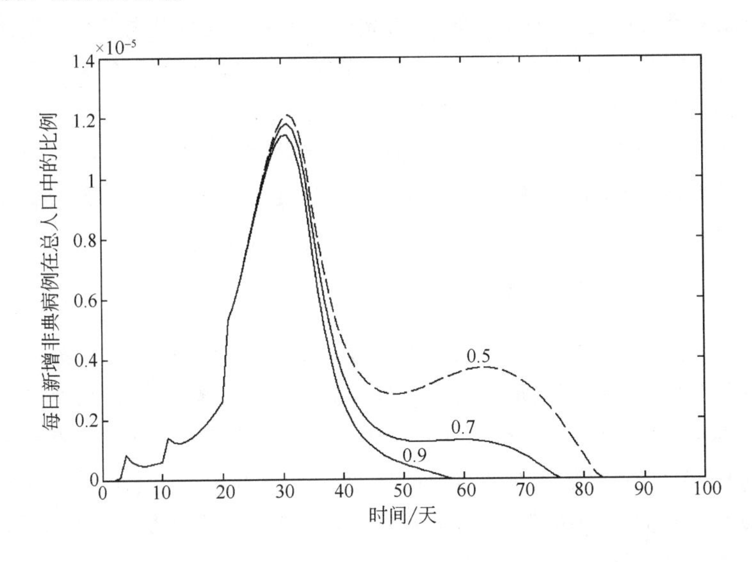

图 3.9　预防措施力度对疫情的影响

③ 人们警惕程度对疫情的影响.

对于突发性事件人们有个固有的警惕性程度，对该固有警惕程度取 $h(t)=0.1,0.2,0.3$ 代入模型求解计算得结果如图 3.10 所示. 从图中可看出，固有警惕性程度越小，疫情曲线拖尾越长，甚至会发生二次高峰现象，图中给出了当警惕程度为 0. 1 时，就出现了二次疫情高峰现象. 因此，卫生部门应号召群众戒除陋习，改变生活习惯，就是为了使固有警惕程度增加，这样不仅可以使疫情不出现二次峰值，而且可以使疫情周期缩短，这也说明卫生部门加强该项措施对减缓疫情是非常有效的.

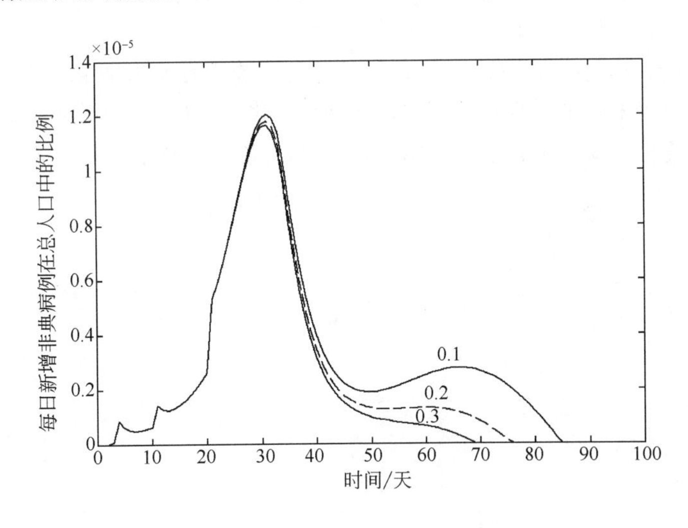

图 3.10　警惕性程度对疫情的影响

习题 3

1. 已知一个车间体积为 $V\,\mathrm{m}^3$，其中有一台机器每分钟能产生 $r\,\mathrm{m}^3$ 的二氧化碳（CO_2），为清洁车间里的空气，降低空气中的CO_2含量，用一台风量为$K\ m^3/min$的鼓风机通入含CO_2为$m\%$的新鲜空气来降低车间里空气中的CO_2含量. 假定通入的新鲜空气能与原空气迅速地均匀混合，并以相同的风量排出车间. 又设鼓风机开始工作时车间空气中含$x_0\%$的CO_2. 问经过t时刻后，车间空气中含百分之几的CO_2？最多能把车间空气中CO_2的百分比降到多少？

2. 位于坐标原点的我舰向位于x轴上$A(1,0)$点处的敌舰发射制导鱼雷，鱼雷始终对准敌舰，设敌舰以常数v_0沿平行于y轴的直线行驶，又设鱼雷的速度为$2v_0$，求鱼雷的航行曲线方程.

3. 根据经验可知，某产品的纯利润L与广告支出x有如下关系

$$\frac{dL}{dx}=k(A-L) \qquad (\text{其中} k>0, A>0),$$

若不做广告，即$x=0$时纯利润为L_0，且$0<L_0<A$，试求纯利润L与广告费x之间的函数关系.

4. 在宏观经济研究中，知道某地区的国民收入y，国民储蓄S和投资I均是时间t的函数，且在任一时刻t，储蓄$S(t)$为国民收入$y(t)$的$1/10$，投资额$I(t)$是国民收入增长率dy/dt的$1/3$. 设$t=0$时国民收入为5亿元，假定在时刻t的储蓄全部用于投资，试求国民收入函数.

5. 设质量为m的物体在高空中静止下落，空气对物体运动的阻力与速度成正比. 求物体下落的数率v与时间t的关系，再求物体下落距离与时间t的关系.

6. 某人的食量是10467 J/d，其中5038 J/d用于基本的新陈代谢（即自动消耗）.

在健身训练中，他所消耗的热量大约是69J/（kg · d）乘以他的体重（kg）. 假设以脂肪形式储藏的热量100%地有效，而1kg脂肪含热量41868J. 试研究此人的体重随时间的变化的规律.

7. 香烟过滤嘴的作用. 尽管科学家们对于吸烟的危害提出了许多的无可辩驳的证据，不少国家的政府和有关部门也一直致力于减少或禁止吸烟，但是仍有不少人不愿抛弃对香烟的嗜好. 香烟制造既要满足瘾君子的需要，又要顺应减少吸烟危害的潮流，还要获取丰厚的利润，于是普遍地在香烟上安装了过滤嘴. 过滤嘴的作用到底有多大，与使用的材料和过滤嘴的长度有什么关系，要从定量的角度回答这些问题就要建立一个描述吸烟过程的数学模型，分析人体吸入的毒物数量与哪些因素有关，以及它们之间的数学表达式.

8. 设Q是体积为V的某湖泊在t时的污染物总量，若污染源已排除. 当采取某治污措施后，污染物的减少率以与污染总量成正比与湖泊体积成反比化，设k为比例系数，且$Q(0)=Q_0$，求该湖泊的污染物的污染化规律，当$k/V=0.38$时，求99%污染物被清除的时间.

第4章 随机模型

现实世界的变化受着众多因素的影响，其中包括确定性的因素和随机性的因素. 如果从建模的背景、目的和手段看，主要因素是确定的，随机因素可以忽略，或者随机因素的影响可以简单地以平均值的作用出现，那么就能够建立确定性模型. 如果随机因素对研究对象的影响必须考虑，就应该建立随机模型. 本章讨论如何用随机变量和概率分布描述随机因素的影响，建立概率模型；以及当模型比较复杂或者没有求解析解的有效方法时，如何通过随机模型解决问题.

4.1 概率模型

在概率论中随机因素被称为随机变量，并且通过概率密度、分布律描述了随机变量的统计特征. 很多随机因素服从概率论中的常见分布，如正态分布、二项分布. 可以通过已知的分布规律描述这些随机因素，建立基于概率论的数学模型.

例1 身高问题

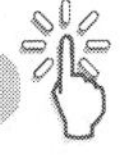

问题 在某一人群中，具有某种身高的人数会有多少呢？现在考虑我国大学生中男性的身高. 有关统计资料表明，该群体的平均身高约为 170cm，且该群体中约有 99.7%的人身高在 150cm 至 190cm 之间. 试问该群体身高的分布情况怎样？比如将[150，190]等分成 20 个区间，在每一高度区间，给出人数的分布情况. 特别地，身高中等（165cm 至 175cm 之间）的人占该群体的百分比超过 60%吗？

问题分析与建立模型

我国大学生人数众多，身高的分布不可能靠逐一测量得到. 将大学生中男性身高设为随机变量，如果知道其分布，就能给出各个高度区间人数的分布情况了. 由经验可知，大学生中男性身高大致服从正态分布. 因此可以建立正态概率密度函数模型.

假设我国大学生中男性身高为随机变量 $X \sim N(\mu,\sigma^2)$，根据已知数据不难确定该分布的均值与标准差分别为 $\mu=170$，$\sigma=20/3$. 此问题的数学模型即 $X \sim N(170,20/3)$.

模型求解

利用正态分布函数可以计算出各身高值的累积概率，从而求出各个区间的分布情况及中等身高的百分比. 手工计算太过繁琐，使用 Excel 可以很容易地解决计算问题.

表 4.1　身高累积概率表

平均身高	170cm	标准差	6.666667	165～175cm　累积概率	0.54675
身高/cm	累积概率	身高/cm	累积概率	身高/cm	累积概率
150	0.00135	164	0.184058	178	0.884933
151	0.002186	165	0.226625	179	0.911494
152	0.003467	166	0.274251	180	0.933195
153	0.005386	167	0.326354	181	0.95053
154	0.008197	168	0.382087	182	0.964071
155	0.012224	169	0.440382	183	0.974413
156	0.017863	170	0.5	184	0.982137
157	0.025587	171	0.559618	185	0.987776
158	0.035929	172	0.617913	186	0.991803
159	0.04947	173	0.673646	187	0.994614
160	0.066805	174	0.725749	188	0.996533
161	0.088506	175	0.773375	189	0.997814
162	0.115067	176	0.815942	190	0.99865
163	0.146857	177	0.853143		

计算步骤如下.

① 新建一个 Excel 工作表.

② 输入平均身高、标准差两个常数.

③ 建立身高、累积概率两列.

④ 建立身高数据列：输入起始值 150，向下填充序列（单击单元格右下角，出现十字向下拉），至 190.

⑤ 建立累积概率数据列：在身高 150 单元格右侧单元格内添加正态分布函数，=NORMDIST(A3，170，6. 6666，TRUE)并向下填充序列至 190.

⑥ 选择一个空白单元格计算身高 175 与身高 165 的累积概率差.

表格及计算结果如表 4.1（为排版方便已将两列数据分为三栏）. 另建 150～190 间隔 2 的各身高值累积概率表，相邻累积概率求差得表 4.2.

用区间概率表建立柱状图 4.1，步骤如下.

① 选择 20 个区间概率值，单击“图表向导”.

② 选择柱状图，单击“下一步”;

③ 选择“系列”选项卡，分类（X）轴标志中选择 152～190 这 20 个身高，单击“完成”按钮.

表 4.2　区间概率计算表

身高/cm	累积概率	区间概率	身高/cm	累积概率	区间概率
150	0.00135		172	0.617913	0.117913
152	0.003467	0.002117	174	0.725749	0.107836
154	0.008197	0.00473	176	0.815942	0.090193
156	0.017863	0.009666	178	0.884933	0.06899
158	0.035929	0.018065	180	0.933195	0.048262
160	0.066805	0.030876	182	0.964071	0.030876
162	0.115067	0.048262	184	0.982137	0.018065
164	0.184058	0.06899	186	0.991803	0.009666
166	0.274251	0.090193	188	0.996533	0.00473
168	0.382087	0.107836	190	0.99865	0.002117
170	0.5	0.117913			

评注　在概率及统计学的研究中人们发现，大量随机变量服从正态分布. 本例将我国大学生身高假设为服从正态分布的随机变量是合理的.

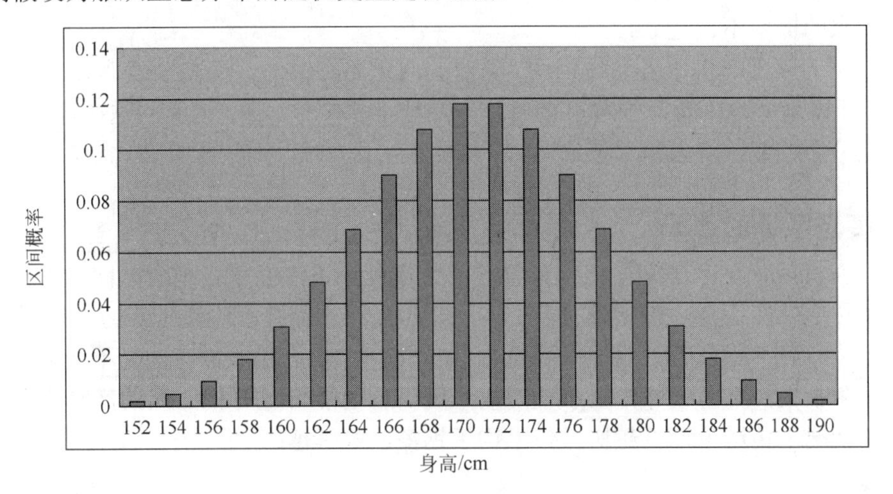

图 4.1　各身高区间人数分布情况

例 2　盥洗室问题

问题　宿舍楼共有 500 名学生，宿舍楼的盥洗室共有 50 个水龙头. 在用水高峰时总是人满为患，学生意见很大. 用水高峰约为 2h，每个学生用水时间平均 12min. 等待时间不长（最多 12min），但是经常等待让学生不满. 学生们提出，希望 10 次用水中，需要等待的次数不超过 1 次. 总务处想为学生解决这个问题，该增加多少个水龙头合适呢？

模型假设

① 用水高峰期间 500 个学生随机使用 50 个水龙头.

② 用水高峰期间一个学生在盥洗室（用水）的概率是 12/120=0. 1.

模型建立及求解

设 X 是用水高峰期间某时刻同时用水的学生数. 由于假设每个学生在盥洗室用水的概率为 0. 1，共 500 个学生. 所以 X 服从二项分布，$X \sim B(500, 0.1)$.

当同时用水人数大于 50 时需要有人等待. 有人等待的概率为

$$P(X > 50) = \sum_{k=51}^{500} C_{500}^{k} 0.1^{k} (1-0.1)^{500-k}.$$

用 Excel 中二项分布累积概率函数可以求出此概率，在 Excel 的单元格中输入：= 1–BINOMDIST(50，500，0.1，TRUE)，得到返回值为 0.462431. 可见有接近 50%的概率要等待，难怪学生有意见.

要想使 10 次用水中，需要等待的次数不超过 1 次，可以设水龙头个数为 x，使 $X>x$ 的概率不超过 0. 1. 即

$$P(X > x) = \sum_{k=x+1}^{500} C_{500}^{k} 0.1^{k} (1-0.1)^{500-k} \leqslant 0.1,$$

也就是

$$P(X \leqslant x) = \sum_{k=x+1}^{500} C_{500}^{k} 0.1^{k} (1-0.1)^{500-k} > 0.9.$$

可以使用 Excel 中的函数 CRITBINOM 求出 $X \leqslant x$ 的累积概率大于 0.9 的 x. 在 Excel 的单元格中输入：=CRITBINOM(500，0.1，0.9)，返回值为 59. 故增加 9 个水龙头就可以保证学生等待用水的概率不超过 0.1.

评注 本例属于随机服务系统问题. 类似的问题还有很多，例如理发店设几个理发师，邮局、银行开设几个窗口能使顾客不会因为等待时间过长而不满. 这类问题在顾客比较少时，常常用二项分布近似等待人数（或次数），当顾客数很大时，用泊松分布比较好.

例 3 传送系统的效率

问题 在机械化生产车间里，排列整齐的工作台旁工人们紧张地生产同一种产品. 工作台上放一条传送带在运转，带上设置若干钩子，工人将产品挂在经过他上方的钩子上带走，如图 4.2 所示. 当生产进入稳定状态后，每个工人生产一件产品所需时间是不变的，而他挂产品的时刻是随机的. 衡量这种传送系统的效率可以看他能否及时把工人的产品带走. 在工人数目不变的情况下传送带速度越快，带上钩子越多，效率越高.

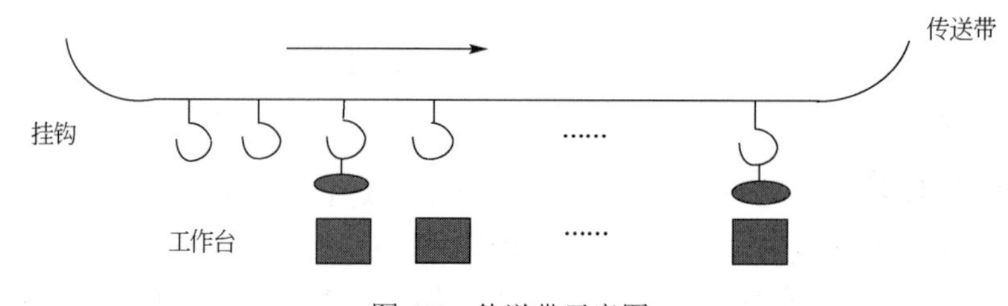

图 4.2 传送带示意图

要求构造衡量传送系统效率的指标，并在简化假设下建立模型描述这个指标与工人数目、钩子数量等参数的关系.

模型分析

为了用传送带及时带走的产品数量来表示传送系统的效率，在工人生产周期（即生产一件产品的时间）相同的情况下，需要假设工人生产出一件产品后，要么恰好有空钩子经过工作台，他可以将产品挂上带走，要么没有空钩子经过，他将产品放下并立即投入下一件产品的生产，以保证整个系统周期性的运转.

工人生产周期相同，但由于各种因素的影响，经过相当长的时间后，他们生产完一件产品的时刻会不一致，认为是随机的，并在一个生产周期内任一时刻的可能性一样.

由上述分析可知，传送系统长期运转的效率等价于一周期的效率，而一周期的效率可以用它在一周期内能带走的产品数与一周期内生产的全部产品数之比来描述.

模型假设

① 有 n 个工人，其生产是独立的，生产周期是常数，n 个工作台均匀排列.

② 生产已进入稳态，即每个工人生产出一件产品的时刻在一个周期内是等可能性的.

③ 在一周期内有 m 个钩子通过每一工作台上方，钩子均匀排列，到达第一个工作台上方的钩子都是空的.

④ 每个工人在任何时刻都能触到一只钩子，且只能触到一只，在他生产出一件产品的瞬间，如果他能触到的钩子是空的，则可将产品挂上带走；如果非空，则他只能将产品放下. 放下的产品就永远退出这个传送系统.

模型建立

将传送系统效率定义为一周期内带走的产品数与生产的全部产品数之比，记作 D，设带

走的产品数为 s，生产的全部产品数为 n，则 $D=s/n$. 只需求出 s.

如果从工人的角度考虑，分析每个工人能将自己的产品挂上钩子的概率，这与工人所在的位置有关（如第 1 个工人一定可挂上），这样会使问题复杂化. 我们从钩子角度考虑，在稳定状态下钩子没有次序，处于同等地位. 若能对一周期内的 m 只钩子求出每只钩子非空的概率 p，则 $s=mp$.

得到 p 的步骤如下（均对一周期而言）：

任一只钩子被一名工人触到的概率是 $1/m$.

任一只钩子不被一名工人触到的概率是 $1-1/m$.

由工人生产的独立性，任一只钩子不被所有 n 个工人挂上产品的概率，即任一只钩子为空钩的概率是$(1-1/m)^n$；

任一只钩子非空的概率是 $p=1-(1-1/m)^n$.

传送系统效率指标为

$$D=\frac{mp}{n}=\frac{m}{n}\left[1-\left(1-\frac{1}{m}\right)^n\right].$$

为了得到比较简单的结果，在钩子数 m 相对于工人数 n 较大，即 n/m 较小的情况下，将多项式$(1-1/m)^n$ 展开后只取前 3 项，则有

$$D\approx\frac{m}{n}\left[1-\left(1-\frac{n}{m}+\frac{n(n-1)}{2m^2}\right)\right]=1-\frac{n-1}{2m}.$$

如果将一周期内未带走的产品数与全部产品数之比记作 E，再假定 $n\gg 1$，则

$$D=1-E\text{，}\quad E\approx\frac{n}{2m}.$$

当 $n=10$，$m=40$ 时，结果为 $D=87.5\%$，精确结果为 $D=89.4\%$.

模型评价

这个模型是在理想情况下得到的，其中一些假设，如生产周期不变，挂不上钩子的产品退出系统等是不现实的. 但模型的意义在于，一方面利用基本合理的假设将问题简化到能够建模的程度，并用简单的方法得到结果；另一方面所得到的简化结果具有非常简单的意义：指标 $E=1-D$ 与 n 成正比，与 m 成反比. 通常工人数是固定的，一个周期内通过的钩子数增加 1 倍，可使效率 E 降低 1 倍.

例 4　报童的诀窍

问题　报童每天清晨从报社购进报纸零售，晚上将没有卖掉的报纸退回. 设报纸每份的购进价为 b，零售价为 a，退回价为 c，假设 $a>b>c$. 即报童售出一份报纸赚 $a-b$，退回一份赔 $b-c$. 报童每天购进报纸太多，卖不完会赔钱；购进太少，不够卖会少挣钱. 试为报童筹划一下每天购进报纸的数量，以获得最大收入.

模型分析

购进量由需求量确定，需求量是随机的. 假定报童已通过自己的经验或其他渠道掌握了需求量的随机规律，即在他的销售范围内每天报纸的需求量为 r 份的概率是 $f(r)$.

模型建立

每售一份报纸赚钱 $a-b$，每退回一份报纸赔钱 $b-c$. 报童面临的两种情况：

情况一："供过于求"，即 $0\leqslant r\leqslant n$ 时，供过于求的平均收入为：

$$\sum_{r=0}^{n}[(a-b)r-(b-c)(n-r)]f(r).$$

情况二："供不应求"，即 $r>n$ 时，供不应求的平均收入为：

$$\sum_{r=n+1}^{\infty}(a-b)nf(r).$$

在 n 和 r 为大数次的条件下，可将 r 视为连续型变量，此时概率 $f(r)$ 转化为分布密度 $p(r)$，报童的平均收入为

$$G(n)=\int_0^n[(a-b)r-(b-c)(n-r)]p(r)\mathrm{d}r+\int_n^{\infty}(a-b)np(r)\mathrm{d}r.$$

要使报童日平均收入最大，即求 $G(n)$ 取得最大值的 n.

模型求解

计算

$$\frac{\mathrm{d}G}{\mathrm{d}n}=(a-b)np(n)-\int_0^n(b-c)p(r)\mathrm{d}r-(a-b)np(n)+\int_n^{\infty}(a-b)p(r)\mathrm{d}r$$

$$=-\int_0^n(b-c)p(r)\mathrm{d}r+\int_n^{\infty}(a-b)p(r)\mathrm{d}r.$$

令 $\frac{\mathrm{d}G}{\mathrm{d}n}=0$，得到 $$\frac{\int_0^n p(r)\mathrm{d}r}{\int_n^{\infty}p(r)\mathrm{d}r}=\frac{a-b}{b-c}.$$

由于 $\int_0^{\infty}p(r)\mathrm{d}r=1$，将上式化简得 $\int_0^n p(r)\mathrm{d}r=\frac{a-b}{a-c}$.

根据需求量的密度函数可确定使报童日平均收入 $G(n)$ 取得最大值的最佳订报数量 n.

模型结果解释

$$P_1=P\{r\leqslant n\}=\int_0^n p(r)\mathrm{d}r \text{ 和 } P_2=P\{r>n\}=\int_n^{\infty}p(r)\mathrm{d}r$$

的直观意义?（卖不完和卖完的概率）

如何将数学结果给报童一个通俗的订报建议?

每售一份报纸赚钱 $a-b$ 与每退回一份报纸赔钱 $b-c$ 之比越大时，报童订报数量越多.

4.2　随机模拟模型

在随机因素较多时，建立基于概率论的模型会很复杂，而且难以求解. 计算机模拟能够通过大量的重复试验直观地揭示复杂随机问题背后隐藏的统计规律. 因此，计算机模拟是处理复杂随机问题的有力工具. 计算机模拟是建立在各个随机因素的分布规律上的，用随机数发生器模拟产生随机因素值，做大量重复试验，以大数定律为理论依据得出结论. 这种方法是一种基于计算机的统计抽样方法. 目前该方法已经广泛应用于计算机科学、统计物理学、生物信息学等很多领域.

例 1　及时接车问题

问题　甲在 12 点 50 分从长春车站打电话告知吉林的乙，他所坐的城际高速列车大约在

13 点至 13 点 5 分开出. 列车从长春到吉林的运行时间为均值 35min，标准差 2min 的随机变量. 乙接到电话在 10min 后开车到火车站接甲，到火车站的时间为均值 30min，标准差 10min 的随机变量. 请求出乙及时接到甲的概率.

模型建立

乙能及时接到甲，即要求乙在甲的火车到达之前到火车站. 设列车出发时间为 t_1，火车运行时间为 t_2，乙到达火车站的时间为 t_3. 要及时接到甲，必须满足

$$t_3 \leqslant t_1 + t_2 \tag{4.1}$$

假设 t_1 服从均匀分布；t_2, t_3 服从正态分布，即

$$t_1 \sim U(0,5)\text{，}\ t_2 \sim N(35,2)\text{，}\ t_3 \sim N(30,10)\ .$$

模型求解

可以在计算机上进行随机模拟，只需产生 t_1, t_2 和 t_3 的值，并检验式（4.1）是否成立. 以式（4.1）成立的频率作为乙及时接到甲的概率.

使用 Excel 数据分析工具中的随机数发生器，可以生成常见分布的随机数. 首先生成 t_1 随机数，步骤如下.

① 新建一个 Excel 工作表.

② 选择“工具”菜单中的“数据分析”（如果没有请加载宏，添加分析工具库），选择随机数发生器，单击“确定”弹出“随机数发生器”对话框.

③“随机数发生器”对话框设置如下：变量个数设为 1，随机数个数设为 50，分布的下拉列表中选择“均匀分布”，参数为介于 0 和 5，随机数基数设为 1，在“输出选项”栏选定“输出区域”，在其后面的文本框输入“A2：A51”，单击“确定”. t_1 的随机数生成完毕.

类似地在单元格“B2：B51” 生成正态分布随机数 t_2，在单元格“C2：C51”生成正态分布随机数 t_3. 注意，用正态分布产生随机数时，参数值有两个，分别为平均值和标准差. 随机数基数介于 1～32767 之间，其他数无效. 及时接车模拟计算见表 4.3.

模拟计算所得的及时接车的概率为 78%，也就是说，我们有 22%的可能不能及时赶到，为了提高这个概率，就必须提前几分钟出发，大家可以类似地算出其概率来进行比较.

评注 处理复杂的具有随机性的问题，依靠概率分布进行概率计算可能很困难. 用计算机做大量的模拟，实现起来简单. 只要模拟次数足够大，就可以用频率近似所求的概率了.

表 4.3 及时接车频率计算表

t_1	t_2	t_3	$t_1+t_2-t_3$	及时	t_1	t_2	t_3	$t_1+t_2-t_3$	及时
0.01	28.95	3.98	24.98	1	1.89	34.38	40.47	–4.20	0
2.82	35.32	35.71	2.42	1	2.66	35.16	33.62	4.20	1
0.97	33.27	36.10	–1.87	0	2.86	35.36	34.30	3.92	1
4.04	36.75	37.61	3.18	1	3.01	35.52	48.88	–10.35	0
2.93	35.43	24.39	13.96	1	3.04	35.54	37.02	1.56	1
2.40	34.90	31.36	5.94	1	0.83	33.06	24.17	9.72	1
1.75	34.23	32.01	3.97	1	3.32	35.84	32.39	6.77	1
4.48	37.52	40.74	1.26	1	2.25	34.75	43.14	–6.14	0
4.11	36.85	46.98	–6.01	0	1.76	34.24	12.28	23.72	1
3.73	36.33	26.61	13.45	1	0.29	31.84	28.84	3.29	1
0.87	33.12	9.59	24.40	1	3.04	35.55	22.73	15.86	1
4.29	37.15	43.08	–1.64	0	3.92	36.57	43.81	–3.33	0

续表

t_1	t_2	t_3	$t_1+t_2-t_3$	及时	t_1	t_2	t_3	$t_1+t_2-t_3$	及时
3.55	36.11	34.73	4.94	1	4.01	36.70	59.11	–18.40	0
2.57	35.07	34.73	2.90	1	2.60	35.10	23.90	13.80	1
1.52	33.97	25.62	9.88	1	1.51	33.96	34.35	1.12	1
0.07	30.66	4.20	26.53	1	4.38	37.31	8.41	33.28	1
0.46	32.34	43.90	–11.10	0	3.63	36.21	24.64	15.20	1
1.82	34.31	29.56	6.57	1	4.78	38.41	20.55	22.64	1
0.74	32.90	13.24	20.40	1	4.63	37.89	39.97	2.55	1
0.83	33.06	31.89	2.00	1	2.70	35.20	16.73	21.17	1
4.94	39.55	39.67	4.82	1	0.71	32.86	33.15	0.42	1
2.23	34.73	30.22	6.74	1	2.31	34.81	30.04	7.08	1
0.60	32.64	35.20	–1.96	0	1.18	33.56	47.01	–12.28	0
0.02	29.80	24.26	5.56	1	4.31	37.18	25.15	16.34	1
0.04	30.26	20.09	10.21	1	1.05	33.38	33.27	1.16	1
					及时次数	39	及时频率	0.78	

例 2　卖鱼的收入

问题　渔民老王有一艘渔船，每月可以捕鱼 3500kg. 每月捕鱼成本为 10000 元. 鱼的价格服从均值为 4.5 元，标准差为 0.5 元的正态分布. 需求量的经验分布如表 4.4. 求老王平均每月能够收入到多少钱？

表 4.4　需求量的经验分布

需求量	0	1000	2000	3000	4000	5000	6000
概率	0.02	0.03	0.05	0.08	0.33	0.29	0.20

模型建立

设月收入为 E，价格为 P，需求量为 D，则有

$$E = P \times \mathrm{Min}(3500,\ D) - 10000,$$

其中 $P \sim N(4.5, 0.5)$，D 分布律如表 4.4 所示.

模型求解

在 Excel 中建立卖鱼收入的模拟计算表，如表 4.5 所示. 首先，在 A 列建立月的编号；然后在 F 列、G 列用函数 RAND()建立两列均匀分布的随机数；在 B 列用公式建立第 1 月的需求量

=IF(G2<0.02，0，IF(G2<0.05，1000，IF(G2<0.1，2000，IF(G2<0.18，3000，IF(G2<0.51，4000，IF(G2<0.8，5000，6000))))))

并向下填充得到每个月的需求量；C 列为卖出量，用公式=IF(B2<3500，B2，3500)向下填充生成；D 列为每个月的价格，用公式=NORMINV(F2，4.5，0.5)向下填充生成；E 列为月收入，用公式=D2*C2–10000 生成；最后在单元格 E52 用=AVERAGE(E2：E51)生成 50 个月的月平均收入. 模拟计算结果为月平均收入为 4579.395 元.

表 4.5　卖鱼收入模拟计算表

月	需求量	卖出量	价格	月收入	均匀分布	均匀分布
1	5000	3500	4.23684	4828.938	0.299333	0.713684
2	5000	3500	4.069588	4243.557	0.194667	0.782935
…	…	…	…	…	…	…
49	0	0	4.283412	–10000	0.332443	0.019277
50	3000	3000	4.040458	2121.373	0.179026	0.13956
				4579.395		

评注　随机模拟的重要步骤是得到一串满足系统中随机变量分布规律的随机数，用以模拟系统的真实情况. 如何产生随机数是一个有趣也很复杂的问题，使用 Excel 的随机数生成函数或者随机数发生器可以避免构造随机数的麻烦. 本例中正态分布随机数的生成是采用间接方法生成的. 即首先生成在 0～1 之间均匀分布的随机数，以此数为累积概率用函数 NORMINV()找出正态分布函数的自变量，作为服从正态分布的随机数. 这种方法也适用于其他非均匀分布随机数的构造.

例 3　模拟排队问题

问题　某理发店只有一个理发师，顾客陆续来到，理发师逐个接待. 当到来的顾客较多时，顾客需要排队等待. 假设理发师为一个顾客服务的时间在 10min 到 20min 之间均匀分布. 顾客到来的间隔服从在 0min 到 30min 之间的均匀分布. 试求出理发师平均每天完成服务的个数及每天顾客的平均等待时间.

模型假设

① 顾客数量没有上限.

② 排队的人数没有上限.

③ 理发师一天接待顾客时间为 8h，即 480min，在 8h 结束之前到达理发店的顾客都必须完成理发服务.

④ 服务按顾客到达时间先后依次进行.

模型建立

设 c_i 为第 i 个顾客到达的时刻；b_i 为第 i 个顾客开始理发的时刻；e_i 为第 i 个顾客结束理发的时刻；x_i 为第 i–1 个顾客与第 i 个顾客之间到达的时刻的间隔时间；y_i 为理发师为第 i 个顾客服务的时间；当天顾客的总等待时间为 w. 则有，

$$c_i = c_{i-1} + x_i,$$

$$e_i = b_i + y_i,$$

$$b_i = \max\{c_i, e_{i-1}\}.$$

其中 $x_i \sim U(0,30)$，$y_i \sim U(10,20)$.

模型求解

根据上面模型无法通过解析方法求出每天完成服务的个数及顾客的平均等待时间. 我们通过计算机模拟来求解此问题.

首先，打开一个 Excel 新表格. 建立随机模拟计算表如表 4.6 所示.

表 **4.6** 理发排队模拟计算表

序号	x_i	y_i	c_i	b_i	e_i	d_w	n	w
1	25	16	25	25	41	0		0
2	15	14	40	41	55	1		1
…	…	…	…	…	…	…	…	…
49	18	14	686	763	777	77		
50	12	13	698	777	790	79		
							33	24.3
							31.6	24.5

在 A 列中填充序号 1～50. 在 B 列中用=RANDBETWEEN(0，30)建立顾客到达间隔 x_i 序列，在 C 列用=RANDBETWEEN(10，20)建立理发师为第 i 个顾客服务的时间 y_i 序列. 用=SUM(B2：B2)向下填充，在 D 列建立第 i 个顾客到达时间 c_i 序列. 开始时间 b_i 位于 E 列，序列中第一个顾客=B2，其余的用=MAX(D3，F2)向下填充生成. 结束时间 e_i 位于 F 列，用=E2+C2 向下填充生成. 等待时间在 G 列，用=E2–D2 向下填充生成. H 列用来确定当天完成服务人数，用

=IF(D2<=480，IF(D3>480，A2，"")，"")

向下填充找出完成服务人数. I 列用来确定当天 8h 结束前到理发店的顾客等待的时间，用=IF(D2<=480，G2，"")从 I2 单元格开始向下填充. H52 单元格用=SUM(H2：H51)来确定当天完成服务的人数，I52 单元格用=SUM(I2：I51)/H52 求出当天完成服务的顾客平均等待时间.

建立如下宏 Macro1 来实现重复模拟 1000 次.

```
Sub Macro1()
    Dim n As Integer
    Dim w As Integer
    Dim i As Integer
    Dim nxi As Integer
    Dim wxi As Integer
    Dim k As Integer

    k = 1000
    nxi = 0
    wxi = 0
    For i = 1 To k
        Range("B2：C2").Select
        Selection.AutoFill Destination：=Range("B2：C51"),Type：=xlFillDefault
        n = Range("h52").Value
        w = Range("i53").Value
        nxi = nxi + n
        wxi = wxi + w
    Next

    Range("h54").Select
    Range("h54").Value = nxi / k
    Range("i54").Value = wxi / k
End Sub
```

结果显示，理发师平均每天完成 32 个理发任务，每个顾客平均等待时间是 24min.

评注 利用 Excel 的宏进行 VBA 编程可以极大地扩展 Excel 的功能. 本例就是利用宏完成重复进行 1000 次随机模拟，从而计算出随机变量的数学期望.

例 4 模拟存储系统

问题 考察某网店的货物的存储系统. 顾客对这种货物的每周需求量是随机的，概率分布见表 4.7. 订货 1 周后到达.

表 4.7 需求量及其概率

需求量	0	1	2	3	4	5	6
概率	0.02	0.08	0.22	0.34	0.18	0.09	0.07

现在考虑订货、存储、缺货损失三项费用：订货费每次 25 元，订货量每次 5 单位，存储量低于 15 单位时订货. 存储费每件每周 10 元，缺货损失费每件每周 500 元. 对于缺货，货到后不补. 设开始时存货为 20 单位. 试模拟此随机存储系统，求出周平均费用. 进一步分析每次订货量多少单位合适？

模型建立

设第 i 周需求量为随机变量 X_i，第 i 周存储量为 q_i，第 i 周是否缺货用 0-1 型变量 z_i 表示，第 i 周交第 i–1 周的存储费，第 i 周订货与否用 0-1 型变量 y_i 表示. 则第 i 周费用为：

$$F_i=25y_i+10q_{i-1}+500(X_i-q_i)z_i$$

其中周存储量

$$q_i=q_{i-1}-X_{i-1}+5y_{i-1},$$

第 i 周是否订货

$$y_i=\begin{cases}1,\ q_i<15\\0,\ q_i\geqslant 15\end{cases},\quad z_i=\begin{cases}1,\ x_i>q_i\\0,\ x_i\leqslant q_i\end{cases}.$$

模型求解

新建一个 Excel 表格. 建立随机模拟计算表如表 4.8 所示. 具体步骤为：在 A 列中填充周序号 0～50；在 G 列中用=RANDBETWEEN(0, 100)生成均匀分布在 0～100 之间的随机数序列；在 B 列用=IF(G3<2，0，IF(G3<10，1，IF(G3<32，2，IF(G3<66，3，IF(G3<84，4，IF(G3<93，5, 6))))))生成每周的需求量序列；C 列为到货量，第 0 周填 20，在第 1 周填=IF(E2=1，C53，0)，然后向下填充，C53 即单元格 C53 存放的是每次订货量；D 列为存储量，第 0 周填 20，第 1 周填=D2–B3+C3，然后向下填充；E 列为是否订货，在第 1 周对应的单元格内填充公式=IF(D3<15，IF(E2=1, 0, 1)，0)，向下填充；F 列为缺货量，在第 1 周对应的单元格内填充公式=IF(B3–D3>0，B3–D3，0)并向下填充；H 列为每周费用，用=D2*10+E3*25+F3*500 从第 1 周向下填充至第 50 周. 单元格 H53 填公式=SUM(H3：H52)/50 计算 50 周的周平均费用. 当每次订货量为 5 时，周平均费用为 3000 左右.

表 4.8 存储系统的随机模拟计算表

周数	需求量	到货量	存储量	是否订货	缺货量	随机数	费用
0		20	20				
1	5	0	15	0	0	90	200
2	3	0	12	1	0	34	175
…	…	…	…	…	…	…	…

续表

周数	需求量	到货量	存储量	是否订货	缺货量	随机数	费用
49	4	0	13	1	0	69	195
50	6	10	17	0	0	93	130
一次订货量=		10					170.4
3283	571.275	152.006	161.058	167.13	171.859		

为进一步分析每次订货量多少单位合适，建立如下宏：

```
Sub Macro1()
    Dim i As Integer
    Dim j As Integer
    Dim q As Double
    Dim p As Double
    For j = 5 To 10
        q = 0
        For i = 1 To 100
            Range("c53").Select
            ActiveCell.FormulaR1C1 = j
            q = q + Range("h53").Value
        Next
        p = q / 100
        Cells(54,j - 4).Value = p
    Next
End Sub
```

运行这个宏，在A54～F54得到一次订货量分别为5～10单位对应的50周平均费用. 从结果可以看出每次订货7单位可以使周平均费用最小.

习题4

1. 试在区间[150, 190]上产生10000个服从正态分布N（170, 400/9）的随机整数，统计其频数，画出直方图，并与男性大学生身高问题中的结果对照.

2. 一商店拟出售某商品，已知该商品单位数量成本为50元，售价70元，若卖不出去，每单位损失10元. 已知该商品销售量服从参数为6的泊松分布，问订购量为多少时平均收益最大?

3. 在100个人的团体中，如果不考虑年龄的差异，研究是否有两个以上的人生日相同. 假设每人的生日在一年365天中的任意一天是等可能的，那么随机找n个人（不超过365人），求这n个人生日各不相同的概率是多少？从而求这n个人中至少有两人生日相同这一随机事件发生的概率是多少?

4. 在及时接车问题中，若甲到站只等2min，2min内等不到乙则甲自行离开，问乙能接到甲的概率是多少?

5. 某理发店只有一个理发师，顾客陆续来到，理发师逐个接待. 当到来的顾客较多时，顾客需要排队等待. 假设理发师为一个顾客服务的时间在10min到20min之间均匀分布. 顾客到来的间隔服从参数为0.1的指数分布. 试求出理发师平均每天完成服务的个数及每天顾客的平均等待时间.

6. 某商店顾客到达的时间间隔均匀分布在1～10min之间，而每一个顾客所需要的服务时间

均匀分布在 1 ~ 6min 之间. 求顾客在商店所花费的平均时间和售货员空闲时间占全部工作时间的百分比.

7. 某仓库前有一个卸货场，货车一般是夜间到达，白天卸货. 每天只能完成卸货 3 车. 若一天内到达的货车超过3辆，则超出的必须推迟到次日卸货. 表4.9给出了货车到达数量的经验分布，求每天推迟卸货的平均车数.

表 4.9　货车到达数量的经验分布

车数	0	1	2	3	4	5
概率	0.05	0.30	0.30	0.20	0.10	0.05

第5章 数据处理与统计模型

由于客观事物内部规律的复杂性及人们认识程度的限制，有很多问题无法分析实际对象内在的因果关系，建立合乎机理规律的模型. 因此通常要搜集大量的数据，通过对数据进行处理找出数据之间的关系，或者基于对数据的统计分析建立模型.

5.1 插值与拟合

在某些问题中，需要处理由实验或测量得到的大批量的数据，处理这些数据的目的是为进一步研究该问题提供数学手段. 这些数据有时是某一类已知规律的测试数据，有时是某个未知函数的离散数据，插值与数据拟合就是通过这些已知数据去确定某类函数的参数或寻找某个近似函数.

引例 1 用函数表求任意点的函数值. 正弦函数表每 10 分给出一个函数值，已知 $\sin 35°10'=0.5760$，$\sin 35°20'=0.5783$，求 $\sin 35°16'$.

问题分析 在 10 分这样的小范围内，正弦函数可以近似为线性函数，于是有

$$\sin 35°16'=\sin 35°10'+(\sin 35°20'-\sin 35°10')\times 0.6=0.5774.$$

这种方法就是插值方法.

插值问题：

已知 $n+1$ 个节点 (x_i, y_i)，$i=0,1,2,\cdots,n$. 其中 x_i 互不相同，不妨设 $a=x_0<x_1<\ldots<x_n=b$，求任意插值点 x^* $(x^*\neq x_i, i=0,1,2,\cdots,n)$ 处插值 y^*.

求解思路：

构造一个相对简单的函数 $y=f(x)$，使 f 通过全部节点，即 $f(x_i)=y_i$，$i=0,1,2,\cdots,n$，再用 $f(x)$ 计算插值，即 $y^*=f(x^*)$. 常用的插值函数有分段线性插值、三次样条插值等.

引例 2 温度与电阻. 用表 5.1 的实验数据求出电阻 R 与温度 t 的函数关系.

表 5.1 电阻与温度实验数据

t/℃	20.5	32.7	51.0	73.0	95.7
R/Ω	765	826	873	942	1032

问题分析 画出 5 个点可以看到 R 与 t 大致呈线性关系，物理学中也有电阻与温度成正比这个结论. 但是5个点并不在同一条直线上. 原因是存在测量误差. 可以找一条尽量靠近所

有点的直线. 这就是拟合问题.

曲线拟合：已知一组（二维）数据，即平面上的 n 个点 (x_i, y_i)，$i=1,2,\cdots,n$，x_i 互不相同. 寻求一个函数 $y=f(x)$，使之在某种准则下与所有数据点最为接近. 最常用的准则是最小二乘准则.

比较两个引例可以看出插值、拟合两种方法的相同点和不同点. 插值与拟合都是利用已知的一组数据生成一个函数. 不同的是，插值函数要求过所有已知点，而拟合函数不要求过所有已知点. 插值强调已知数据，拟合强调的是拟合函数形式. 用数学软件 MATLAB 能够解决插值、拟合问题，还能做出散点图、曲线图、曲面图等直观图形.

例 1　推测温度

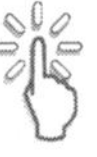

问题　在一天 24h 内，从零点开始每间隔 2h 测得环境温度数据分别为（℃）：

12 9 9 10 18 24 28 27 25 20 18 15 13.

推测中午 1 点（即 13 点）时的温度？

问题分析与模型建立

由于环境温度与时间一般并不具有特定的函数关系，因此不应该用拟合，而应该采用插值方法. 构造一个温度 y 与时间 x 的函数 $y=f(x)$，使 f 通过全部测量数据点，即

$$f(x_i)=y_i,\quad i=0,1,2,\cdots,12,$$

推测 $x^*=13$ 的温度即用 $f(x)$ 计算插值，$y^*=f(x^*)$.

模型求解

首先使用 MATLAB 6.0 生成已知数据的散点图（图 5.1）：

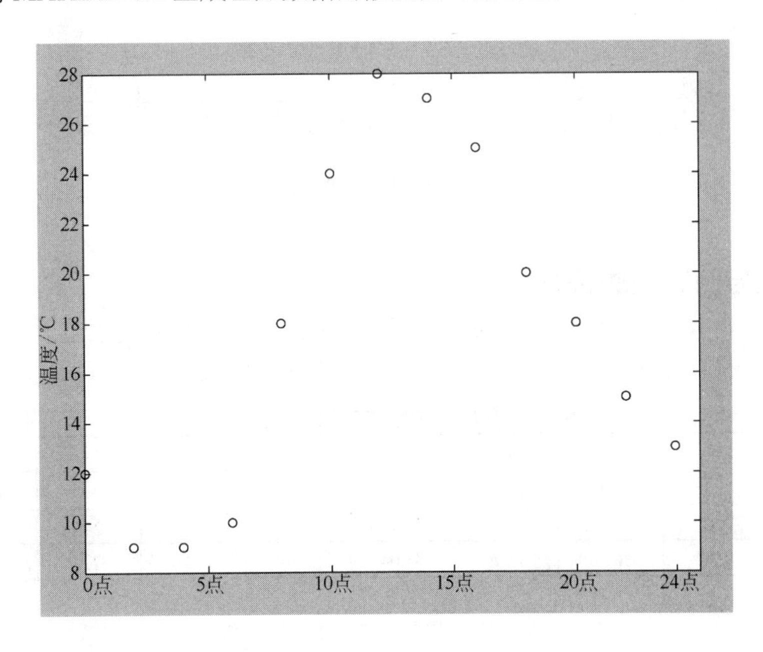

图 5.1　24h 环境温度散点图

```
x = 0：2：24;
y =[12 9 9 10 18 24 28 27 25 20 18 15 13];
plot(x，y，'o')
```

然后用三次样条插值函数求出插值：

```
x1=13；
y1=interp1(x，y，x1，'spline')
y1 =27. 8725
```

若要得到一天 24h 的温度曲线可以插值出更多的点，画出近似于连续曲线的散点图（图 5.2）：

```
xi=0：1/60：24；
yi=interp1(x，y，xi，'spline')；
plot(x，y，'o'，xi，yi)
```

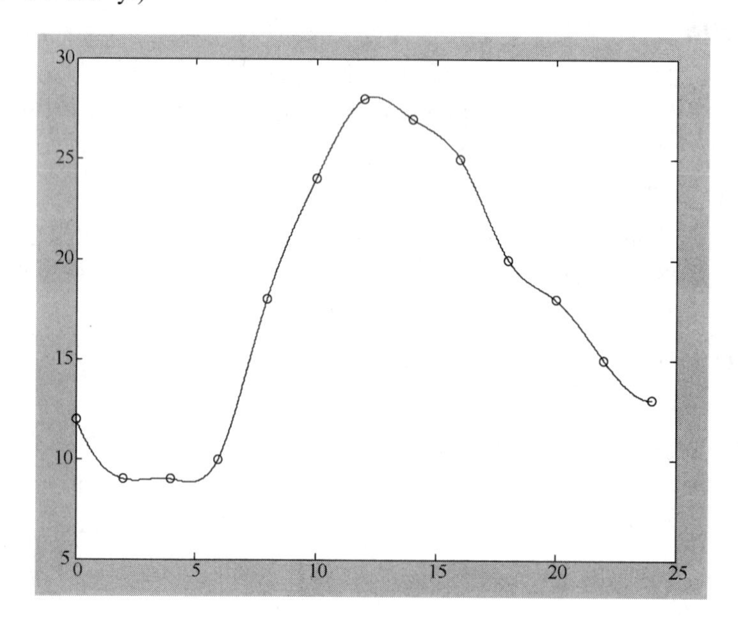

图 5.2　24h 环境温度曲线图

例 2　产量与施肥量的关系

问题　在农业生产试验研究中，对某地区土豆的产量与化肥的关系做了一系列实验，得到了氮肥、磷肥的施肥量与土豆产量的对应关系如表 5.2 所示.

表 5.2　氮肥、磷肥的施肥量与土豆产量　　单位：kg/hm²

氮肥	0	34	67	101	135	202	259	336	404	471
产量	15.18	21.36	25.72	32.29	34.03	39.45	43.15	43.46	40.83	30.75
磷肥	0	24	49	73	98	147	196	245	294	342
产量	33.46	32.47	36.06	37.96	41.04	40.09	41.26	42.17	40.36	42.73

根据表 5.2 数据分别给出土豆产量与氮、磷肥的关系式.

问题分析

使用 MATLAB 6. 0 首先画出土豆产量与氮施肥量的散点图，从图可看出土豆产量与氮肥量的关系是二次函数关系，因此可选取拟合函数为：

$$y = ax^2 + bx + c,$$

式中，x 和 y 分别为氮肥量和土豆产量；a, b 和 c 为待定系数. 再画出磷肥量与土豆产量的散点图，从图可看出从 0 到 98、从 98 到 342 之间分别呈明显的线性关系. 由此可选取所求拟合函数为一分段的线性函数，换言之，用前 5 点作一线性拟合函数，再用后 6 个点也作一个线性拟合函数，最后用两个线性函数求出其分界点即可得分段线性函数.

模型建立

对氮肥的拟合函数为：

$$y = ax^2 + bx + c,$$

对磷肥的拟合函数为：

$$y = \begin{cases} a_1 x + b_1, \ 0 \leqslant x \leqslant x^* \\ a_2 x + b_2, \ x^* \leqslant x \leqslant 342 \end{cases}.$$

模型求解

用 MATLAB 6.0 求解，语句如下：

```
x1=[0,34,67,101,135,202,259,336,404,471];
y1=[15.18,21.36,25.72,32.29,34.03,39.45,43.15,43.46,40.83,30.75];
plot(x1,y1,'r+')
aa=polyfit(x1,y1,2)
xx=0：471；
yy=aa(1)*xx.*xx+aa(2)*xx+aa(3)；
plot(xx,yy,x1,y1,'r+')

x2=[0,24,49,73,98,147,196,245,294,342];
y2=[33.46,32.47,36.06,37.96,41.04,40.09,41.26,42.17,40.36,42.73];
plot(x2,y2,'r+')
a1=polyfit(x2(1：5),y2(1：5),1)
a2=polyfit(x2(5：10),y2(5：10),1)
x0=(a2(2)-a1(2))/(a1(1)-a2(1))
xx1=0：x0；yy1=a1(1)*xx1+a1(2)；
xx2=x0：342；yy2=a2(1)*xx2+a2(2)；
plot(x2,y2,'r+',xx1,yy1,xx2,yy2)
```

计算出两个函数的参数，得到

对氮肥的拟合函数为：

$$y = -0.000339532x^2 + 0.197150x + 14.7416,$$

对磷肥的拟合函数为：

$$y = \begin{cases} 0.0844453x + 32.0771, \quad 0 \leqslant x \leqslant 100.507 \\ 0.00592986x + 39.9685, \ 100.507 \leqslant x \leqslant 342 \end{cases}.$$

5.2 统计回归模型

变量之间的关系可以分为两类：函数关系和统计关系. 函数关系是确定性关系，而统计关系则是非确定性关系. 例如农作物的产量受到施肥量的影响，但是由于还有许多影响产量的因素（温度、雨量等），所以产量与施肥量之间是非确定性关系. 回归分析是在进行了大量的观察和试验之后建立这种非确定性关系的经验模型.

回归分析中，自变量 x 不是随机变量，它被假定为一般变量，在事先选好的已知值中取值. 变量 Y 是随机变量，在变量 x 的给定取值处有相应的观测值. 回归分析利用最小二乘法来建立 Y 和 x 的回归模型. 当 x 是一个变量时，称为一元线性回归模型；当 x 是多个变量时，称为多元线性回归模型. 回归模型可以用来分析自变量对 Y 影响的大小，给定自变量情况下估计、预测因变量.

回归分析是现代统计学中非常重要的内容，它在自然科学、管理科学和社会经济领域有着十分广泛的应用.

例 1　消费水平与 GDP 的关系

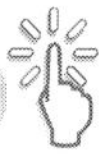

问题　在研究我国人均消费水平的问题时，把全国人均消费记为 y，把人均国内生产总值（人均 GDP）记为 x. 根据数据集 01 摘录样本数据 (x_i, y_i)，$i=1, 2,\cdots, 9$，如表 5.3 所示，问两者之间存在什么样的相关关系.

表 5.3　我国人均国内生产总值与人均消费金额数据　　单位：元

年份/年	人均国内生产总值	人均消费金额
1995	4854	2236
1996	5576	2641
1997	6054	2834
1998	6308	2972
1999	6551	3138
2000	7086	3397
2001	7651	3609
2002	8214	3818
2003	9101	4089

问题分析及模型建立

根据表 5.3，画出（x_i, y_i），i=1, 2,$\cdots$, n 的散点图，见图 5.3.

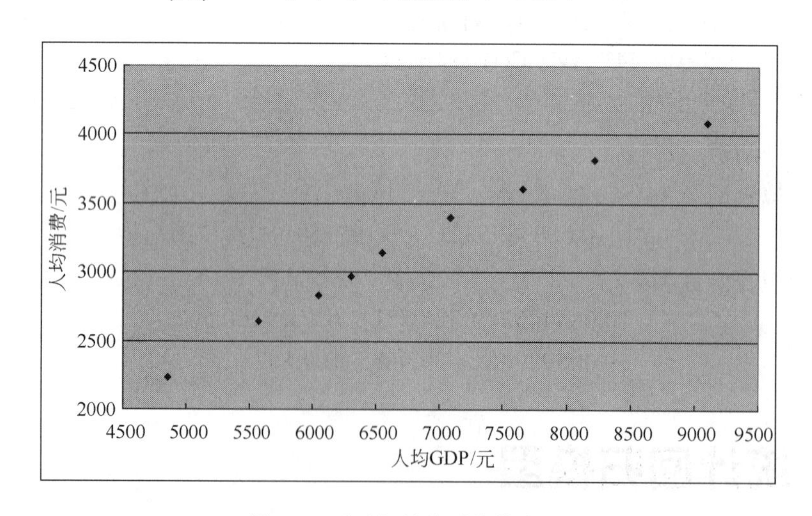

图 5.3　反映相关关系的散点图

从图 5.3 中我们看到本例的样本数据 (x_i, y_i) 大致分别落在一条直线附近，这说明变量 x 与 y 之间具有明显的线性相关关系. 另外，所绘制的散点图呈现出从左至右的上升趋势，它表明 x 与 y 之间存在着一定的正相关关系，即随着人均 GDP 的上升，人均消费金额也会增加.

因此可以建立本问题的线性回归模型：

$$y = a + bx + \varepsilon.$$

模型求解

利用 Excel 散点图添加趋势线的功能，为图 5.3 添加趋势线并显示回归方程得到图 5.4. 从图 5.4 可见线性回归系数 $a = 181.63$，$b = 0.4414$.

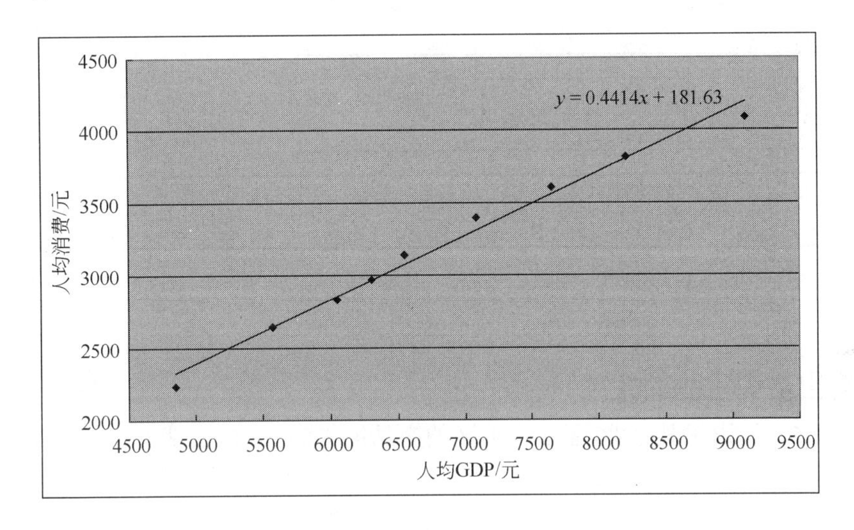

图 5.4　添加趋势线的散点图

模型检验

利用 Excel 对回归方程进行检验（α=0. 05）. 具体步骤如下：

① 将数据输入工作表中.

② 选择菜单“工具”→“数据分析”，打开“数据分析”对话框（图 5.5）.

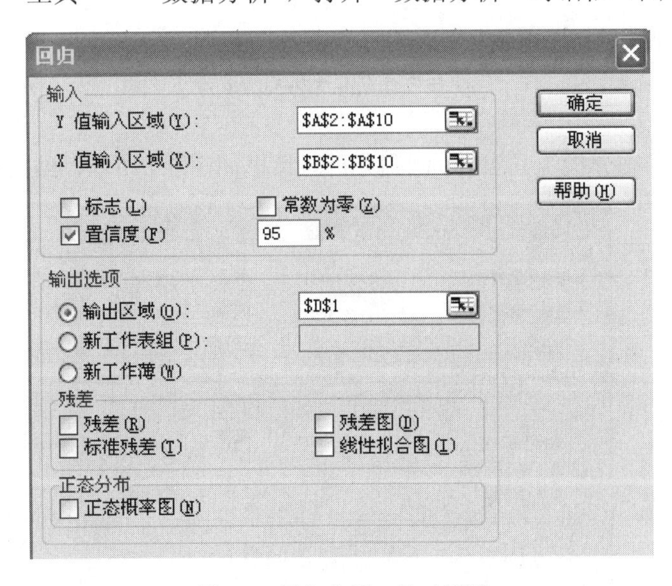

图 5.5　回归分析工具对话框

③ 选择其中的“回归”，打开对话框.

④ 正确填写相关信息后，单击“确定”，结果显示如图 5.6 所示.

D	E	F	G	H	I	J	K	L
SUMMARY OUTPUT								
回归统计								
Multiple	0.993792							
R Square	0.987622							
Adjusted	0.985854							
标准误差	158.6924							
观测值	9							
方差分析								
	df	SS	MS	F	gnificance F			
回归分析	1	14065159	14065159	558.5122	6.17E-08			
残差	7	176282.8	25183.26					
总计	8	14241442						
	Coefficien	标准误差	t Stat	P-value	Lower 95%	Upper 95%	下限 95.0%	上限 95.0%
Intercept	-321.951	306.8683	-1.04915	0.328976	-1047.58	403.6775	-1047.58	403.6775
X Variabl	2.237508	0.094678	23.63286	6.17E-08	2.013631	2.461386	2.013631	2.461386

图 5.6　回归分析结果截图

例 2　支出与销售额的关系

问题　表 5.4 给出了某企业在 12 个地区的产品销售额 y、广告费支出 x_1、支付给销售人员的报酬 x_2（单位：千元）. 试建立 y 关于 x_1, x_2 的多元线性回归模型，并预测当新市场投入广告费 20 千元、支付销售人员报酬 16 千元时销售额大致多少千元.

表 5.4　销售额与支出的统计表

Y/千元	132	148	112	160	100	178	161	128	139	144	159	138
x_1/千元	18	25	19	24	15	26	25	16	17	23	22	15
x_2/千元	10	11	6	16	7	17	14	12	12	12	14	15

模型建立

建立多元线性回归模型：

$$y = b_0 + b_1 x_1 + b_2 x_2 + \varepsilon .$$

模型求解

利用 Excel 的回归分析工具求解. 回归分析对话框如图 5.7 所示，结果如图 5.8 所示.

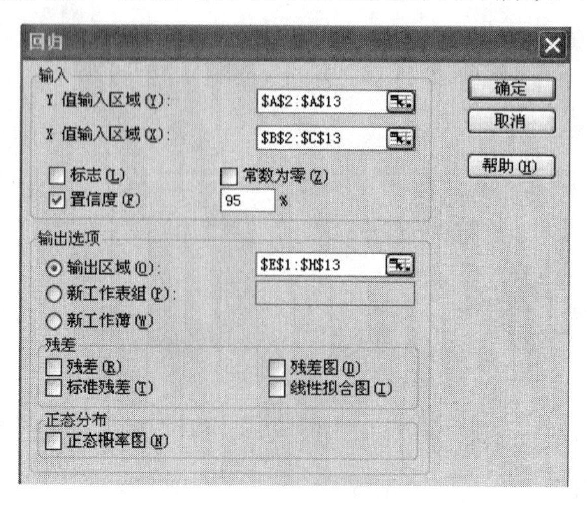

图 5.7　回归分析工具对话框

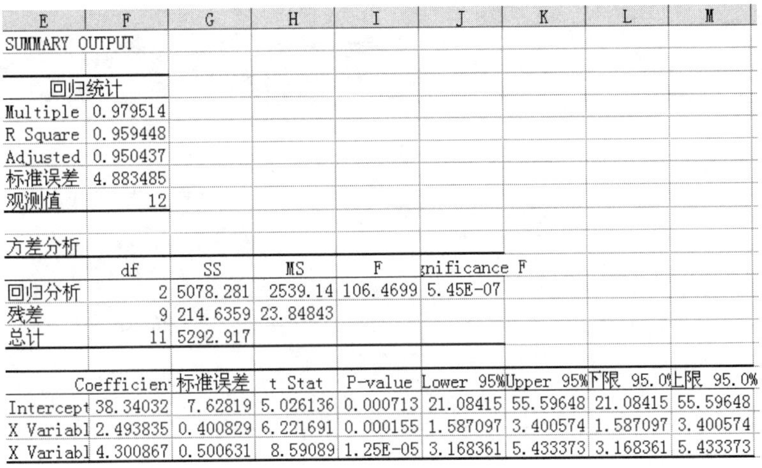

E	F	G	H	I	J	K	L	M
SUMMARY OUTPUT								
回归统计								
Multiple	0.979514							
R Square	0.959448							
Adjusted	0.950437							
标准误差	4.883485							
观测值	12							
方差分析								
	df	SS	MS	F	gnificance F			
回归分析	2	5078.281	2539.14	106.4699	5.45E-07			
残差	9	214.6359	23.84843					
总计	11	5292.917						
	Coefficien	标准误差	t Stat	P-value	Lower 95%	Upper 95%	下限 95.0%	上限 95.0%
Intercept	38.34032	7.62819	5.026136	0.000713	21.08415	55.59648	21.08415	55.59648
X Variabl	2.493835	0.400829	6.221691	0.000155	1.587097	3.400574	1.587097	3.400574
X Variabl	4.300867	0.500631	8.59089	1.25E-05	3.168361	5.433373	3.168361	5.433373

图 5.8　回归分析结果截图

由 Excel 回归分析得到回归方程为：

$$y = 38.34032 + 2.493835x_1 + 4.300867x_2 .$$

将 $x_1 = 20$， $x_2 = 16$ 代入回归方程，得到新市场销售额的预测值为 157. 0309 千元.

例 3　火箭电泳实验

问题　用已知浓度 x 的免疫球蛋白 A（IgA，μg/mL）做火箭电泳（又称免疫扩散法，用于测免疫球蛋白含量），测得火箭高度 y 如表 5.5 所示. 试求 y 关于 x 的非线性回归方程.

表 5.5　火箭电泳实验数据

x/(μg/mL)	0.2	0.4	0.6	0.8	1.0	1.2	1.4	1.6
y/mm	7.6	12.3	15.7	18.2	18.7	21.4	22.6	23.8

模型建立及求解

用 Excel 中 A 列输入 x 值，B 列输入 y 值，然后建立火箭电泳实验的散点图. 从散点图可以看出 x 与 y 比较接近对数函数关系. 使用添加趋势线功能，选择对数曲线，生成趋势线. 单击趋势线选择“趋势线格式”，打开对话框（见图 5.9），单击“选项”标签，选中“显示公式”和“显示 r 平方值”得到图 5.10.

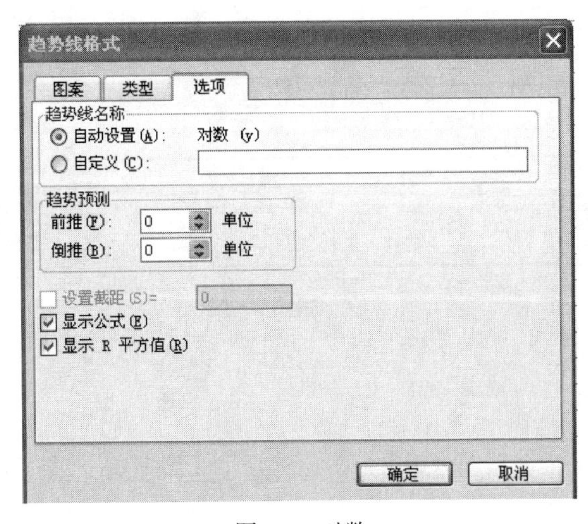

图 5.9　对数

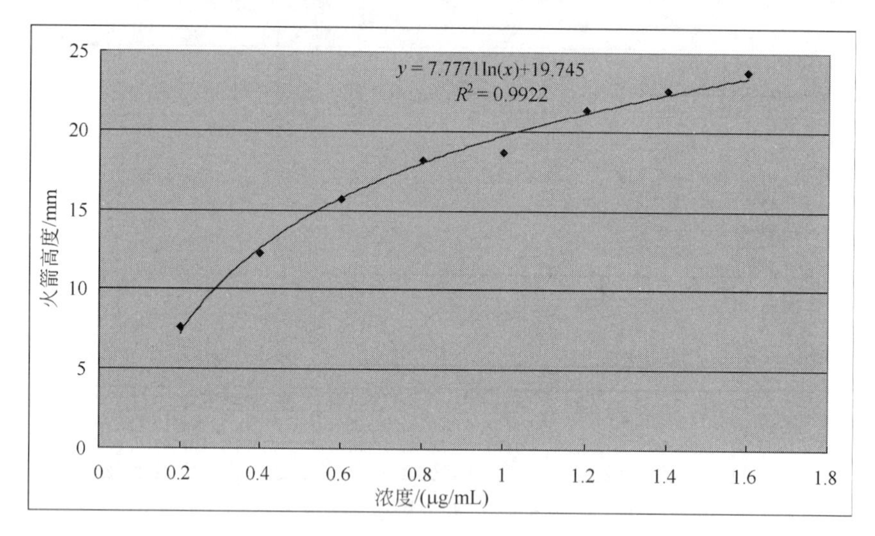

图 5.10　对数趋势线

得到非线性回归模型：$y = 7.7771\ln(x) + 19.745$，$R^2 = 0.9922$.

模型检验

使用 Excel 的回归分析工具：

① 在 C 列中输入公式=ln(A2)，将原始数据的 X 做对数变换，即计算 ln(X)，将公式向下拖放填充至 C9.

② 单击菜单中的“工具”->“数据分析”->“回归”，在对话框中 Y 值区选择“B2：B9”，X 值区选择“C2：C9”，即用 C 列和 B 列数据分别当作 X 和 Y 进行线性回归分析. 输出到单元格 E1，得到分析结果如图 5.11 所示.

E	F	G	H	I	J	K	L	M
SUMMARY OUTPUT								
回归统计								
Multiple	0.996094							
R Square	0.992203							
Adjusted	0.990903							
标准误差	0.523793							
观测值	8							
方差分析								
	df	SS	MS	F	gnificance F			
回归分析	1	209.4726	209.4726	763.4989	1.49E-07			
残差	6	1.646152	0.274359					
总计	7	211.1188						
	Coefficien	标准误差	t Stat	P-value	Lower 95%	Upper 95%	下限 95.0	上限 95.0%
Intercept	19.74512	0.201688	97.89932	7.65E-11	19.2516	20.23863	19.2516	20.23863
X Variabl	7.77706	0.281456	27.63148	1.49E-07	7.088361	8.465759	7.088361	8.465759

图 5.11　回归分析结果

1. 数据拟合 Malthus 人口指数增长模型中参数从 1790 ~ 1980 年间美国每隔 10 年的人口记录如表 5.6 所示.

表 5.6　1790～1980 年间美国每隔 10 年的人口记录

年　份	1790	1800	1810	1820	1830	1840	1850
人口($\times10^6$)	3.9	5.3	7.2	9.6	12.9	17.1	23.2
年　份	1860	1870	1880	1890	1900	1910	1920
人口($\times10^6$)	31.4	38.6	50.2	62.9	76	92	106.5
年　份	1930	1940	1950	1960	1970	1980	
人口($\times10^6$)	123.2	131.7	150.7	179.3	204	226.5	

用以上数据检验马尔萨斯(Malthus)人口指数增长模型，根据检验结果进一步讨论马尔萨斯人口模型的改进.

2. 某种细菌在繁殖过程中的数据如表 5.7 所示.

表 5.7　某种细菌在繁殖过程中的数据

天数	3	5	7	8	10	12
个数	671	937	1316	1559	2186	3085

请估计:

（1）开始时细菌个数是多少？

（2）如果细菌继续以过去的速度增长，60 天后细菌个数是多少？

3. 某次试验数据的测量值如表 5.8 所示.

表 5.8　某次试验数据的测量值

x	1	2	3	4	5	6	7	8	9
y	0	0.33	0.50	0.62	0.75	0.80	0.82	0.93	1.00

请给出上述数据最佳的曲线拟合形式.

4. 旧车价格预测. 某年美国旧车价格的调查资料如表 5.9 所示，其中 x_i 表示轿车的使用年数，y_i 表示相应的平均价格. 试分析用什么形式的曲线来拟合上述的数据（用二次多项式和三次多项式），并预测使用 4. 5 年后轿车的平均价格大致为多少？

表 5.9　旧车价格的调查资料

x_i	1	2	3	4	5
y_i	2615	1943	1494	1087	765
x_i	6	7	8	9	10
y_i	538	484	290	226	204

5. 某种书每册的成本费 y（元）与印刷册数 x（千册）有关，经统计得到数据如表 5.10 所示.

表 5.10　某种书每册的成本费（y）与印刷册数（x）的关系

x	1	2	3	4	5
y	10.15	5.52	4.08	2.85	2.11
x	6	7	8	9	10
y	1.62	1.41	1.30	1.21	1.15

① 画出散点图.

② 求成本费 y（元）与印刷册数 x（千册）的回归方程.

6. 某公司 8 个所属企业的产品销售资料如表 5.11 所示.

表 5.11　某公司 8 个所属企业的产品销售资料

企业编号	产品销售额/万元	销售利润/万元
1	170	8.1
2	220	12.5
3	390	18.0
4	430	22.0
5	480	26.5
6	650	40.0
7	850	64.0
8	1000	69.0

要求:

① 画出相关图，并判断销售额与销售利润之间的相关方向.

② 计算相关系数，指出产品销售额和利润之间的相关方向和相关程度.

③ 确定自变量和因变量，求出直线回归方程.

④ 计算估计标准误差 S_{yx}.

⑤ 对方程中回归系数的经济意义作出解释.

⑥ 在 95%的概率保证下，求当销售额为 1200 万元时利润额的置信区间.

第6章 图论模型

图论是广泛应用在物理学、化学、控制论、信息论、科学管理、电力通信、编码理论、可靠性理论、电子计算机等各个领域的离散数学重要分支，在生产、科学实践中，图论的理论和方法可以提供给我们很多简便可行的解决问题的方法，例如：在组织生产中，各工序怎样衔接，才能使生产任务完成得既快又好，一个邮递员送信，要走完他所负责的全部街道，完成任务后回到邮局，应该按照怎样的线路走，所走的路程最短?再如：各种通信网络的合理架设，交通网络的合理分布等，都可以用图论的方法求解.

6.1 渡河问题

在电器网络、信息传递以及工作分配等客观实际问题中，可以用点表示要研究的离散对象，用边表示对象之间的关系组成图来建立模型，并根据图的性质和算法求解.

问题提出

某人带狗、羊以及蔬菜渡河，一小船除需人划外，每次只能载一物过河. 而人不在场时，狗要吃羊，羊要吃菜，问此人应如何过河？

模型建立

这是图论知识的一个简单应用，此问题可化为状态转移问题，用四维向量来表示状态，当一物在此岸时相应分量取为 1，而在彼岸时则取为 0，第一分量代表人，第二分量代表狗，第三分量代表羊，第四分量代表菜.

根据题意，并不是所有状态都是可取的. 通过穷举法列出来，可取状态是：

人在此岸	人在彼岸
(1, 1, 1, 1)	(0, 0, 0, 0)
(1, 1, 1, 0)	(0, 0, 0, 1)
(1, 1, 0, 1)	(0, 0, 1, 0)
(1, 0, 1, 1)	(0, 1, 0, 0)
(1, 0, 1, 0)	(0, 1, 0, 1)

总共有 10 个可取状态.

模型求解

现在用状态运算来完成状态转移. 由于摆一次渡即可改变现有状态，为此再引入一个四维转移向量，用它来反映摆渡情况. 用 1 表示过河，0 表示未过河. 例如（1, 1, 0, 0）表示人带狗过河. 此状态只有四个允许转移向量：(1, 0, 0, 0)，(1, 1, 0, 0)，(1, 0, 1, 0)，(1, 0, 0, 1) .

现在规定状态向量与转移向量之间的运算为

$$0+0=1，1+0=1，0+1=1，1+1=0.$$

通过上面的定义，问题化为，由初始状态（1, 1, 1, 1）出发，经过奇数次上述运算转移为状态（0, 0, 0, 0）的转移过程. 用图 6.1 表示.

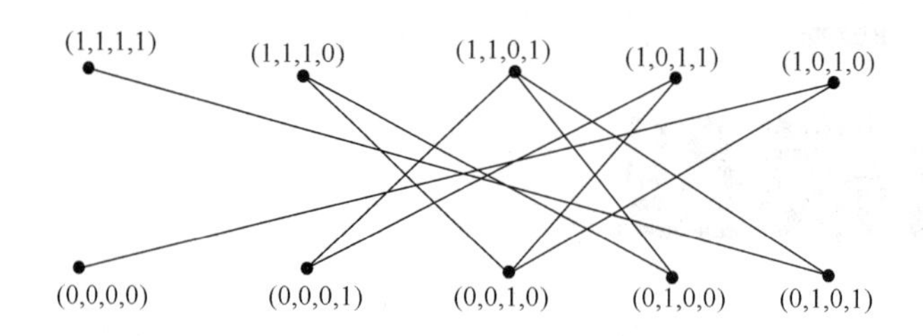

图 6.1　转移过程

若各边赋权为 1，则可得两种等优方案（图 6.2）.

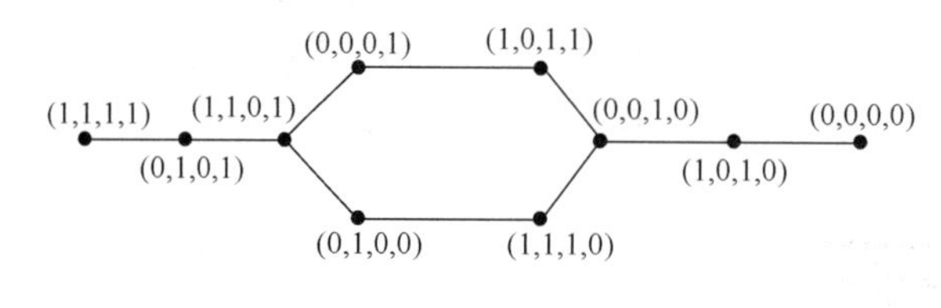

图 6.2　等优方案

图 6.2 很清晰地反映了人过河的各个状态转移过程，这种利用点边来模拟实际问题的图论方法具有逻辑清晰、过程直观的特性，因此，广泛用于各种问题中.

6.2　最短路问题

6.2.1　交通费用问题

问题提出

设有一城市间的飞机飞行网络，由第 P_i 个城市到第 P_j 个城市所需费用为 c_{ij}，令 $c_{ij}=\infty$ 表示第 P_i 个城市与第 P_j 个城市不直接通航，c_{ij} 的值如表 6.1 所示，设所有城市中只有 P_i 通外面的航线，因此乘客须先到 P_1，然后从 P_1 出发到各地，求 P_1 到 P_8 的最少费用.

表 6.1　城市间通航费用

城市	1	2	3	4	5	6	7
2	28						
3	2	∞					
4	∞	9	∞				
5	1	8	∞	∞			
6	∞	∞	24	∞	26		
7	∞	∞	∞	8	∞	8	
8	∞	∞	27	7	∞	∞	7

模型建立

该问题属于图论中的最短路问题. 画出网络图 6.3.

显然，从 P_1 走到 P_8 有若干种走法，每种线路的花费不同. 一种简单的想法是，从某一城市 P_1 出发时，皆选花费最小的城市作为下一站. 这种办法当然可以使当前走一站的花费最小，但未必使整个线路花费最小. 举一个简单的例子，如图 6.4，边上的值为相邻点之间的花费. 显然，若按上面的想法，使每一步都花费最小，则从 A 点直接走到 C 的最短路线为 $A \to B \to C$，其总花费为 4. 而从 A 点直接走到 C 的花费仅为 3. 因此，在考虑这类问题时，每次寻找下一站时不是去考虑局部花费，而应以考虑总体花费最少为原则.

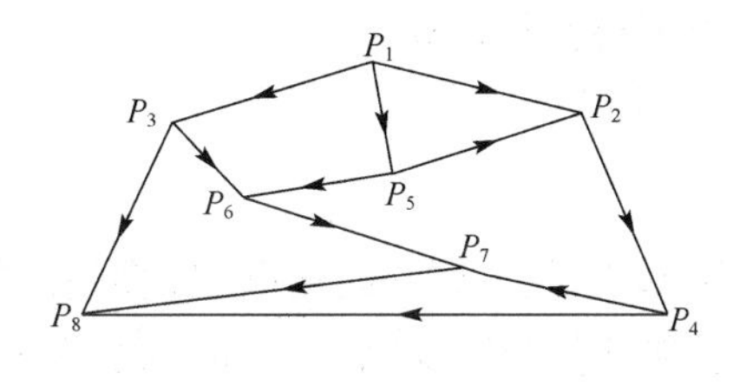

图 6.3　网络图

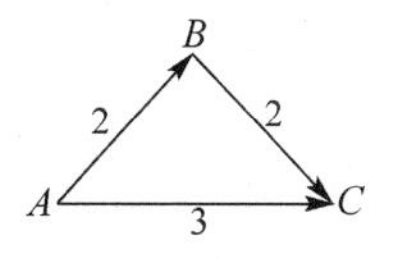

图 6.4　加权图

先把顶点集分成两个集合，集合 A 包含所有的出发点（包括始发点 P_1），集合 B 包括其他点. 显然，初始时，

$$A=\{P_1\}，B=\{P_2, P_3, P_4, P_5, P_6, P_7, P_8\},$$

为了保证整体路线花费最少的原则，每一次开始走时将找出当前从 P_1 出发的所有的可能线路，即从所有可能的出发点分别走(亦即从集合 A 中的所有点开始往前走)，然后再算出各种线路的费用. 具体地，用 $d(i)$表示由 P_1 到 P_i 的最少费用（$d(1)=0$），每一次出发时我们都试图找出 B 中距 P_1 最近的点，即需求出

$$d(j)=\min_{j\in B}\{d(i)+c_{ij}\} \qquad (i\in A, j\in B),$$

$d(j)$就是当前向下一站出发所选取的最少费用值. 显然，我们最终的目的便是求出 $d(8)$.

模型求解

① 第一步

$$\min_{j\in B}\{d(1)+c_{ij}\}=\min\{d(1)+c_{13}, d(1)+c_{15}, d(1)+c_{12}\}$$
$$=d(1)+c_{15}=1,$$

此时，求得 B 中点 P_5，$d(5)=1$，把 P_5 放入 A 中：

$$A=\{P_1, P_5\}，B=\{P_2, P_3, P_4, P_5, P_6, P_7, P_8\},$$

② 继续求解

$$\min_{i\in A, j\in B}\{d(i)+c_{ij}\}=\min_{j\in B}\{d(1)+c_{1j}, d(5)+c_{5j}\}$$
$$=d(1)+c_{13}=2=d(3),$$

仍重复上述过程，将 P_3 放入 A 中，即

$$A=\{P_1, P_5, P_3\}, B=\{P_2, P_4, P_6, P_7, P_8\},$$

③ $\min_{i\in A, j\in B}\{d(i)+c_{ij}\}=\min_{j\in B}\{d(1)+c_{1j}, d(3)+c_{3j}, d(5)+c_{5j}\}$
$$=d(5)+c_{52}=9=d(2),$$

此时

$$A=\{P_1, P_5, P_3, P_2\}, B=\{P_4, P_6, P_7, P_8\},$$

④ $$\min_{i\in A, j\in B}\{d(i)+c_{ij}\}=\min_{j\in B}\{d(2)+c_{2j}, d(3)+c_{3j}, d(5)+c_{5j}\}$$
$$=d(2)+c_{24}=18=d(4),$$

此时

$$A=\{P_1, P_5, P_3, P_2, P_4\}, B=\{P_6, P_7, P_8\},$$

由于 P_1 的下一站可能的点 P_2, P_3, P_5 已全部在 A 中，这样 $d(1)+c_{1j}$ 已全部隐含在 $d(2)$、$d(3)$或 $d(5)$中，故 P_1 已不用参与计算. 同理 P_2 也不需再参与计算.

⑤ $$\min_{i\in A, j\in B}\{d(i)+c_{ij}\}=\min_{j\in B}\{d(3)+c_{3j}, d(4)+c_{4j}, d(5)+c_{5j}\}$$
$$=d(4)+c_{48}=25=d(8).$$

计算到此时 P_8 已在 A 中. 由于 P_8 是线路的终点，因此计算到此结束. 需要指出的是，虽然 A 中有 6 个点 $P_1, P_5, P_3, P_2, P_4, P_8$，但并非每个点都是花费最少($d(8)=25$)的线路所经过的点. 要想算出最少费用的线路，我们必须根据上述计算从终点反向去找真正花费为 $d(8)=25$ 的路线. 注意到

$$d(8)=d(4)+C_{48}=d(2)+C_{24}+C_{48}=d(5)+C_{52}+C_{24}+C_{48}$$
$$=d(1)+C_{15}+C_{52}+C_{24}+C_{48}=25.$$

由此得到花费最少的路线：$P_1\to P_5\to P_2\to P_4\to P_8$.

交通费用问题是典型的最短路问题. 解决最短路问题的 Dijkstra 算法是图论的重要算法，也是解决最优化问题的重要工具之一.

最短路有一个重要而明显的性质：最短路是一条路径，且最短路的任一段也是最短路. 假设在 u_0-v_0 的最短路中只取一条，则从 u_0 到其余顶点的最短路将构成一棵以 u_0 为根的树. 因此可以采用树生长的过程来求指定顶点到其余顶点的最短路. 实现这一过程的方法是 Dijkstra 算法.

设 G 为赋权有向图或无向图，G 边上的权均非负.

Dijkstra 算法：求 G 中从顶点 u_0 到其余顶点的最短路.

S：具有永久标号的顶点集

对每个顶点，定义两个标记（$l(v)$，$z(v)$），其中：

$l(v)$：表从顶点 u_0 到 v 的一条路的权.

$z(v)$：v 的父亲点，用以确定最短路的路线

算法的过程就是在每一步改进这两个标记，使最终 $l(v)$ 为从顶点 u_0 到 v 的最短路的权.

输入为带权邻接矩阵 W.

① 赋初值：令 $S=\{u_0\}$，$l(u_0)=0$. $\forall v\in\overline{S}=V\setminus S, l(v)=W(u_0,v), z(v)=u_0, u\leftarrow u_0$；

② 更新 $l(v), z(v)$：$\forall v\in\overline{S}=V\setminus S$，若 $l(v)>l(u)+W(u,v)$ 则

$$l(v)=l(u)+W(u,v),\quad z(v)=u;$$

③ 设 v^* 是使 $l(v)$ 取最小值的 $\overline{S}$ 中的顶点，则令 $S=S\cup\{v^*\}$，$u\leftarrow v^*$；

④ 若 $\overline{S} \neq \varphi$，转②，否则，停止.

用上述算法求出的 $l(v)$ 就是 u_0 到 v 的最短路的权，从 v 的父亲标记 $z(v)$ 追溯到 u_0，就得到 u_0 到 v 的最短路的路线.

Floyd 算法：求每对顶点之间的最短路.

（1）算法的基本思想

直接在图的带权邻接矩阵中用插入顶点的方法依次构造出 v 个矩阵 $\boldsymbol{D}^{(1)}, \boldsymbol{D}^{(2)}, \ldots, \boldsymbol{D}^{(v)}$，使最后得到的矩阵 $\boldsymbol{D}^{(v)}$ 成为图的距离矩阵，同时也求出插入点矩阵以便得到两点间的最短路径.

（2）算法原理

① 求距离矩阵的方法.

把带权邻接矩阵 $\boldsymbol{W}$ 作为距离矩阵的初值，即 $\boldsymbol{D}^{(0)}=(d_{ij}^{(0)})_{v\times v}=\boldsymbol{W}$.

$\boldsymbol{D}^{(1)}=(d_{ij}^{(1)})_{v\times v}$，其中 $d_{ij}^{(1)}=\min\{d_{ij}^{(0)}, d_{i1}^{(0)}+d_{1j}^{(0)}\}$，$d_{ij}^{(1)}$ 是从 v_i 到 v_j 的只允许以 v_1 作为中间点的路径中最短路的长度.

$\boldsymbol{D}^{(2)}=(d_{ij}^{(2)})_{v\times v}$，其中 $d_{ij}^{(2)}=\min\{d_{ij}^{(1)}, d_{i2}^{(1)}+d_{2j}^{(1)}\}$ $d_{ij}^{(2)}$ 是从 v_i 到 v_j 的只允许以 v_1, v_2 作为中间点的路径中最短路的长度.

…

$\boldsymbol{D}^{(v)}=(d_{ij}^{(v)})_{v\times v}$，其中 $d_{ij}^{(v)}=\min\{d_{ij}^{(v-1)}, d_{iv}^{(v-1)}+d_{vj}^{(v-1)}\}$$d_{ij}^{(v)}$ 是从 v_i 到 v_j 的只允许以 $v_1, v_2, \ldots, v_v$ 作为中间点的路径中最短路的长度．即是从 v_i 到 v_j 中间可插入任何顶点的路径中最短路的长，因此 $\boldsymbol{D}^{(v)}$即是距离矩阵.

② 求路径矩阵的方法.

在建立距离矩阵的同时可建立路径矩阵 $\boldsymbol{R}$. $\boldsymbol{R}=(r_{ij})_{v\times v}$，$r_{ij}$ 的含义是从 v_i 到 v_j 的最短路要经过点号为 r_{ij} 的点.

$$\boldsymbol{R}^{(0)}=(r_{ij}^{(0)})_{v\times v}, \quad r_{ij}^{(0)}=j,$$

每求得一个 $\boldsymbol{D}^{(k)}$时，按下列方式产生相应的新的 $\boldsymbol{R}^{(k)}$

$$r_{ij}^{(k)}=\begin{cases} k, & \text{若} d_{ij}^{(k-1)}>d_{ik}^{(k-1)}+d_{kj}^{(k-1)}, \\ r_{ij}^{(k-1)}, & \text{否则} \end{cases}$$

即当 v_k 被插入任何两点间的最短路径时，被记录在 $\boldsymbol{R}^{(k)}$中，依次求 $D^{(k)}$时求得 $R^{(v)}$，可由 $R^{(v)}$来查找任何点对之间最短路的路径.

③ 查找最短路径的方法.

若 $r_{ij}^{(v)}=p_1$，则点 p_1 是点 i 到点 j 的最短路的中间点.

然后用同样的方法再分头查找．若：

向点 i 追溯得：$r_{ip}^{(v)}=p_2$，$r_{ip2}^{(v)}=p_3$，…，$r_{ipk}^{(v)}=p_k$，

向点 j 追溯得：$r_{p_1j}^{(v)}=q_1$，$r_{q_1j}^{(v)}=q_2$，…，$r_{q_mj}^{(v)}=j$，

则由点 i 到 j 的最短路的路径为：$i, p_k, \cdots, p_2, p_1, q_1, q_2, \cdots, q_m, j$.

（3）算法步骤

Floyd 算法：求任意两点间的最短路.

$D(i,j)$：i 到 j 的距离.

$R(i,j)$：i 到 j 之间的插入点.

输入：带权邻接矩阵 $\boldsymbol{W}$

① 赋初值：对所有 i, j, $d(i,j) \leftarrow w(i,j)$, $r(i,j) \leftarrow j$, $k \leftarrow 1$;

② 更新 $d(i,j)$,$r(i,j)$：对所有 i, j，若 $d(i,k)+d(k,j)<d(i,j)$,

则 $$d(i,j) \leftarrow d(i,k)+d(k,j),\ r(i,j) \leftarrow k;$$

③ 若 $k=v$，停止. 否则 $k \leftarrow k+1$，转②.

6.2.2 选址问题

选址问题是指为一个或几个服务设施在一定区域内选定它的位置，使某一指标达到最优值. 选址问题的数学模型依赖于设施可能的区域和评判位置优劣的标准，有许多不同类型的选址问题. 在此只简单介绍服务设施与服务对象都位于一个图的顶点上的单服务设施问题.

1．中心问题

有些公共服务设施（例如一些紧急服务型设施如急救中心、消防站等）的选址，要求网络中最远的被服务点离服务设施的距离尽可能小.

例 1　某城市要建立一个消防站. 为该市所属的 7 个区服务（见图 6.5）. 问应设在哪个区，才能使它至最远区的路径最短.

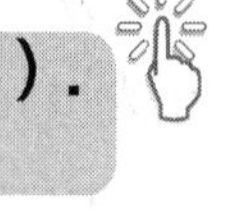

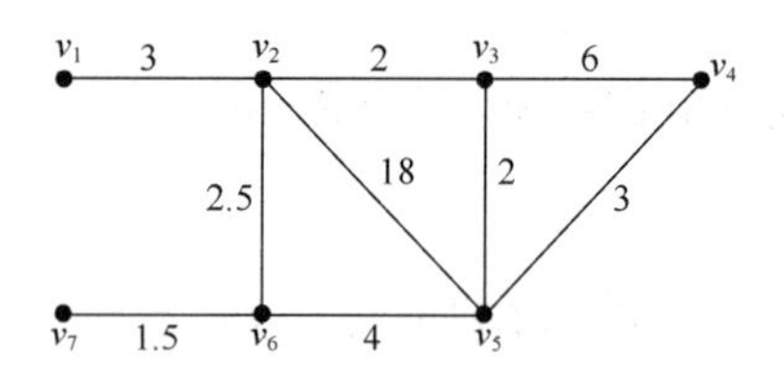

图 6.5　城市消防点

算法：

① 用 Floyd 算法求出距离矩阵 $\boldsymbol{D}=(d_{ij})_{v\times v}$.

② 计算在各点 v_i 设立服务设施的最大服务距离 $S(v_i)$.

$$S(v_i)=\max_{1\leqslant j\leqslant v}\{d_{ij}\}, \qquad i=1,2,\cdots,v,$$

③ 求出顶点 v_k, 使 $S(v_k)=\max_{1\leqslant j\leqslant v}\{S(v_i)\}$. 则 v_k 就是要求的建立消防站的地点. 此点称为图的中心点.

2．重心问题

有些设施(例如一些非紧急型的公共服务设施，如邮局、学校等)的选址，要求设施到所有服务对象点的距离总和最小. 一般要考虑人口密度问题，要使全体被服务对象来往的平均路程最短.

例 2　某矿区有 7 个矿点，如图 6.6 所示．已知各矿点每天的产矿量为 $q(v_j)$（标在图 6.6 的各顶点上）．现要从这 7 个矿点选一个来建造矿厂．问应选在哪个矿点，才能使各矿点所产的矿运到选矿厂所在地的总运力（千吨千米）最小．

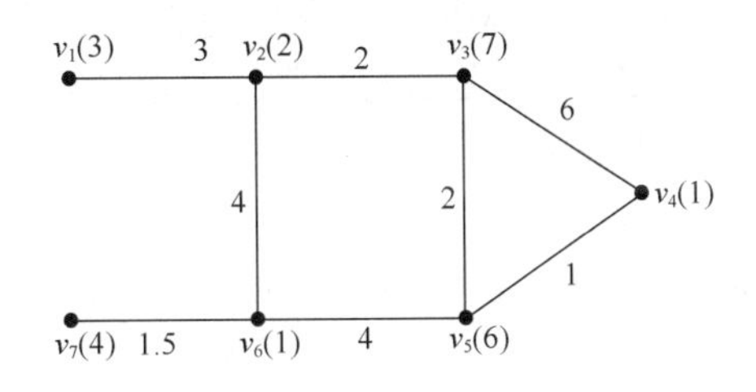

图 6.6　矿点

（1）求距离阵 $\boldsymbol{D}=(d_{ij})_{v\times v}$；

（2）计算各顶点作为选矿厂的总运力 $m(v_i)$，

$$m(v_i)=\sum_{j=1}^{v}q(v_j)\times d_{ij},\qquad i=1,2,\cdots,v;$$

（3）求 v_k 使 $m(v_k)=\min\limits_{1\leqslant i\leqslant v}\{m(v_i)\}$，则 v_k 就是选矿厂应选的矿点．此点称为图 G 的重心或中位点．

6.3　中国邮递员问题

问题提出

邮递员发送邮件时，要从邮局出发，经过他投递范围内的每条街道至少一次，然后返回邮局，但邮递员希望选择一条行程最短的路线这就是中国邮递员问题．

若将投递区的街道用边表示，街道的长度用边权表示，邮局、街道交叉口用点表示，则一个投递区构成一个赋权连通无向图．中国邮递员问题转化为：在一个非负加权连通图中，寻求一个权最小的巡回．这样的巡回称为最佳巡回．

下面分两种情况讨论．

1．*G* 是欧拉图

此时 G 的任何一个欧拉巡回便是最佳巡回．问题归结为在欧拉图中确定一个欧拉巡回．Fleury 算法便解决了这一问题．

Fleury 算法的基本思想：从任一点出发，每当访问一条边时，先要进行检查．如果可供访问的边不止一条，则应选一条不是未访问的边集的导出子图的割边作为访问边，直到没有边可选择为止．注：割边的定义：设 G 连通，$e\in E\{G\}$，若从 G 中删除边 e 后，图 G-$\{e\}$不连通，则称边 e 为图 G 的割边．

G 的边 e 是割边的充要条件是 e 不含在 G 的圈中．

Fleury 算法：求欧拉图的欧拉巡回：

① 任选一个顶点 v_0，令道路 $w_0=v_0$；

② 假定道路 $w_i = v_0e_1v_1e_2\cdots e_iv_i$ 已经选好，则从 $E\setminus\{e_1,e_2,\cdots e_i\}$ 中选一条边 e_{i+1}，使：

a. e_{i+1} 与 v_i 相关联.

b. 除非不能选择，否则一定要使 e_{i+1} 不是 $G_i = G[E-\{e_1,e_2,\cdots,e_i\}]$ 的割边.

③第②步不能进行时就停止.

2．G 不是欧拉图

若 G 不是欧拉图，则 G 的任何一个巡回经过某些边必定多于一次. 解决这类问题的一般方法是，在一些点对之间引入重复边（重复边与它平行的边具有相同的权），使原图成为欧拉图，但希望所有添加的重复边的权的总和为最小.

情形 1　G 正好有两个奇次顶点.

设 G 正好有两个奇次顶点 u 和 v，求 G 的最佳巡回的算法如下：

① 用 Dijkstra 算法求出奇次顶点 u 与 v 之间的最短路径 P.

② 令 $G^* = G\cup P$，则 G^* 为欧拉图.

③ 用 Fleury 算法求出 G^* 的欧拉巡回，这就是 G 的最佳巡回.

情形 2　G 正有 $2n$ 个奇次顶点 $(n\geqslant 2)$.

Edmonds 于 1965 年提出的最小对集算法很好地解决了这一类问题.

Edmonds 算法的基本思想：先将奇次顶点配对，要求最佳配对，即点对之间距离总和最小. 再沿点对之间的最短路径添加重复边得欧拉图 G^*，G^* 的欧拉巡回便是原图的最佳巡回.

Edmonds 最小对集算法：

① 用 Floyd 算法求出的所有奇次顶点之间的最短路径和距离.

② 以 G 的所有奇次顶点为顶点集（个数为偶数），作一完备图，边上的权为两端点在原图 G 中的最短距离，将此完备加权图记为 G_1.

③ 用 Edmonds 算法求出 G_1 的最小权理想匹配 M，得到奇次顶点的最佳配对.

④ 在 G 中沿配对顶点之间的最短路径添加重复边得欧拉图 G^*.

⑤ 用 Fleury 算法求出 G^* 的欧拉巡回，这就是 G 的最佳巡回.

例　求图 6.7 所示投递区的一条最佳邮递路线.

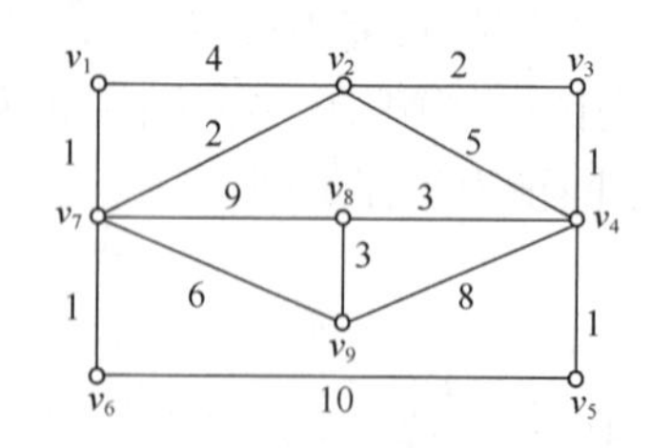

图 6.7　投递区

模型建立和求解

图中有 v_4, v_7, v_8, v_9 四个奇次顶点. 用 Floyd 算法求出它们之间的最短路径和距离如下：

$$P_{v_4v_7} = v_4v_3v_2v_7,\ d(v_4,v_7)=5,$$

$$P_{v_4v_8} = v_4v_8,\ d(v_4,v_8)=3,$$

$$P_{v_4v_9} = v_4v_8v_9,\ d(v_4,v_9)=6,$$

$$P_{v_7v_8} = v_7v_8,\ d(v_7,v_8)=9,$$

$$P_{v_7v_9} = v_7v_9, d(v_7, v_9) = 6,$$

$$P_{v_8v_9} = v_8v_9, d(v_8, v_9) = 3,$$

以 v_4, v_7, v_8, v_9 为顶点，它们之间的距离为边权构造完备图 G_1，如图 6.8 所示.

求出 G_1 的最小权完美匹配 $M = \{(v_4, v_7), (v_8, v_9)\}$.

在 G 中沿 v_4 到 v_7 的最短路径添加重复边，沿 v_8 到 v_9 的最短路径 v_8v_9 添加重复边，得欧拉图 G_2，如图 6.9 所示.

G_2 中一条欧拉巡回就是 G 的一条最佳巡回. 其权值为 64.

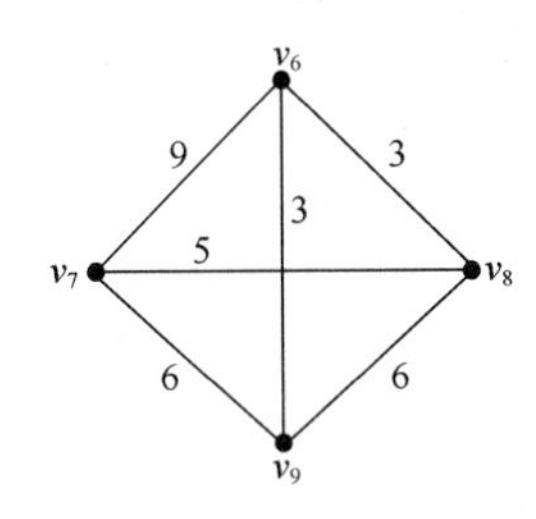

图 6.8　完备图 G_1

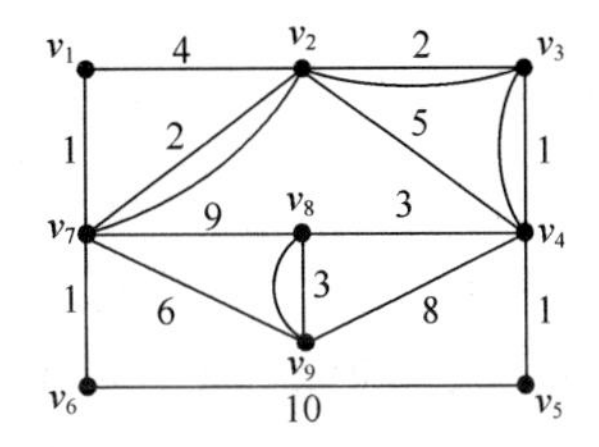

图 6.9　欧拉图 G_2

6.4　最大流问题

问题提出

由城 P_1 运油经城 P_2, P_3, P_4 到达 P_5，建立一条输送石油的管道网，假设 P_1 的油可不间断地运出，且 P_2, P_3, P_4 不抽取油，图 6.10 上的数字为每小时运送以 10 桶为单位的运量. 问如何决定运输路线，使得由 P_1 到 P_5 的输油量最大.

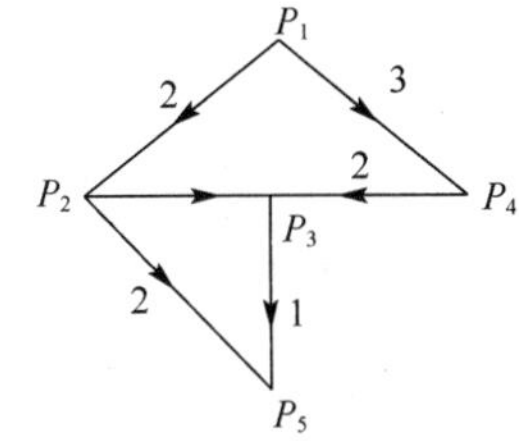

图 6.10　输油管道网

该问题属于图论中的最大流问题. 所谓求网络的最大流，是指在满足一定条件下，使得网络中的流量值最大. 具体内容请看有关图论书籍.

模型假设

设 c_{ij} 为连接城市 P_i 与 P_j 的管道（即棱(P_i, P_j)）的每小时容量. f_{ij} 为由城市 P_i 直接运到城市 P_j 的以 10 捅为单位的每小时输油量.

模型建立

此问题可通过图论中的 Ford-Fulkerson 算法去求解. 为此，我们引入几个定义、解释和规定.

① 当棱(P_i, P_j)上有流 f_{ij} 时，定义它的过剩容量 l_{ij} 为

$$l_{ij}=c_{ij}-f_{ij};$$

② 设棱(P_i, P_j)上有流 f_{ij}，若增加一个流 f'_{ij}，规定：

$$l_{ij} \text{变为} l_{ij} - f'_{ij}；\ l_{ji} \text{变为} l_{ij} + f'_{ij}；$$

分配给具有剩余容量 $l_{ij}>0$ 的棱(P_i, P_j)一个额外的流 f'_{ij} 称为向前流；分配给其反方向的额外流称为反向流.

对网络中不是始发点 P_1 点 P_i 规定一个标号（a_i, b_j），b_j 表示从 P_1 输送到 P_i 的超过现行流

的额外流量，它满足棱的容量条件，a_i表示P_i在所求路线中的顺序数，取$b_1=\infty$，其余的点随着算法的进行，逐渐标上它们的b_j，最初取f_{ij}=0，$l_{ij}=c_{ij}$（对每条棱(P_i, P_j)），在每次迭代中，针对已标号的点P_i，任意挑选出一条过剩容量l_{ij}>0的棱(P_i, P_j)，对每一个与P_i相邻的未标号的点P_j，取$b_j=\min\{l_{ij}, b_i\}$，给P_j以标号（a_i, b_j）.

模型求解

最大流算法基本思想：

判别网络中当前给定的流（初始取各边流量为 0）是否存在增流链（使发点到收点的流增加的路），若没有，则该流为最大流；否则，求出改进流，作为当前流，再进行判断和计算，直到找到最大流为止.

最大流算法：

① 取$b_1=\infty$，且

$$f_{ij}=0，对所有的 i, j，$$

则$l_{12}=2, l_{14}=3$．对于P_2的标号（a_2, b_2），有

$$b_2=\min\{l_{12}, b_1\}=l_{12}=2, a_2=1，$$

所以，P_2的标号为(1, 2).

与P_2相邻的有P_3, P_5，其标号分别为（a_3, b_3），（a_5, b_5），其中

$$b_3=\min\{b_2, l_{23}\}=1,\ a_3=2，$$

故而选择P_3，下一个点为P_5：

$$b_5=\min\{b_3, l_{35}\}=1,\ a_5=3，$$

P_5为穿透点(即迭代最终点)，可知由P_1经P_2 、P_3可输送给P_5一个单位流. 整条路为(P_1, P_2, P_3, P_5). 由b_5 =1 知道，能从P_1流到P_5的额外流总量为 1，由此，在上述这些棱上增加流量 1，得

$$f_{12}=f_{23}=f_{35}=1，$$

这样

$$l_{12}=2-1=1,\ l_{23}=1-1=0,\ l_{35}=1-1=0，$$

相反方向的棱的剩余容量为

$$l_{21}=0+1=1，$$

$$l_{32}=0+1=1，$$

$$l_{53}=0+1=1.$$

到此完成了第一次迭代流分配和剩余容量，如图 6.11 所示.

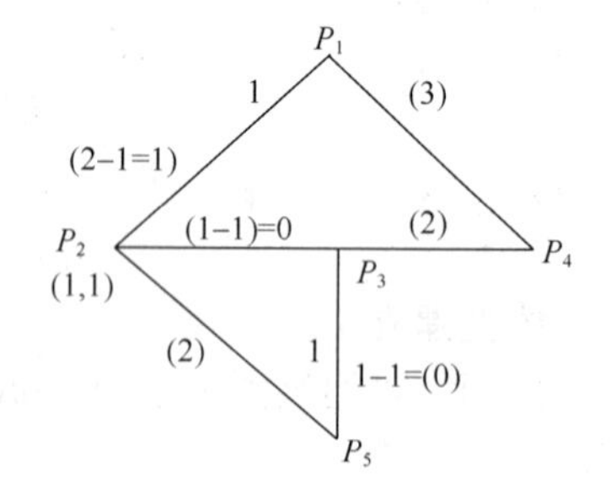

图 6.11　第一次迭代流分配和剩余容量

② 同理进行第二次迭代

$$b_1=\infty,\ l_{12}=1>0，$$

经过计算得到流分配和剩余容量如图 6.12 所示. 通道为(P_1, P_2, P_5)，此时$f_{12}=2$.

③ 进行第三次迭代

$$l_{12}=0.$$

经过计算，得到一条通道$(P_1, P_4. P_3, P_2, P_5)$，它能增加一个单位流，最后得到流图（图 6.13）.

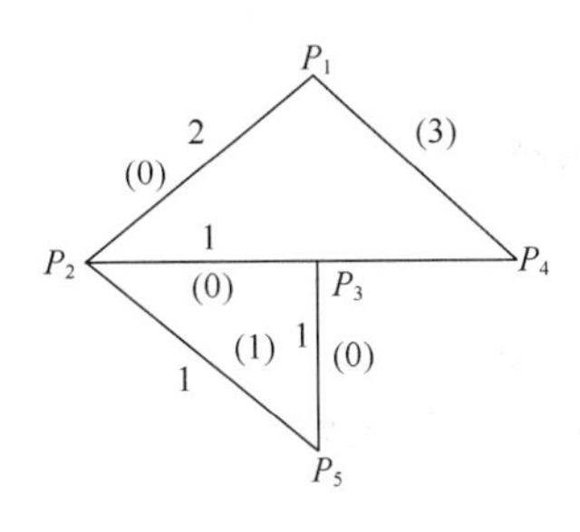

图 6.12　第二次迭代流分配和剩余容量

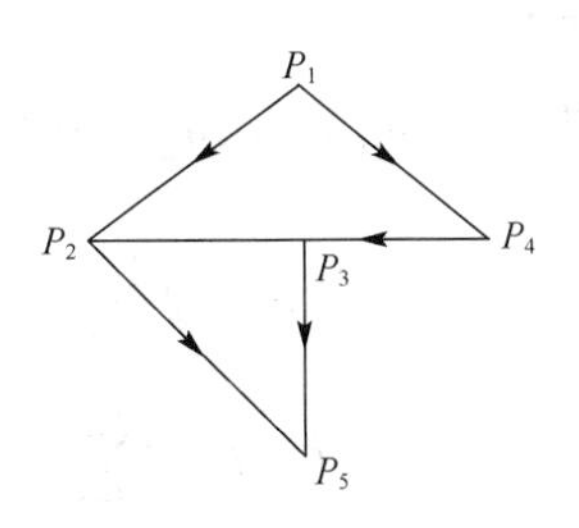

图 6.13　流图

6.5　计算机中的编码问题

问题提出

现有一计算机系统，存有一网络图（见图 6.14），现在要求赋给该图一组编码，使得系统对于该网络图中的任一部分加以识别.

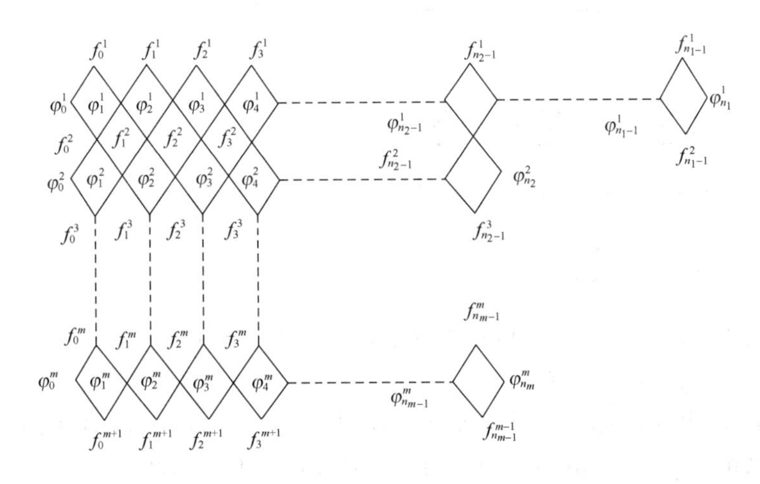

图 6.14　网络图

这里简单介绍一下优美图的概念. 优美图是图论中标号图的一种，它在编码理论等方面有着广泛的应用. 若给定图的每个顶点都被赋一数值，这些数值两两互异，且数值的最大值为图的边数，另外，将两个相邻顶点的数值差的绝对值赋予这两个顶点的边，若这些值也是互异的，则称该图为优美图. 例如，在图 6.15 中，顶点 V_1 被赋值 0，顶点 V_2 被赋值 3，顶点 V_3 被赋值 1，则易验证，该图为优美图.

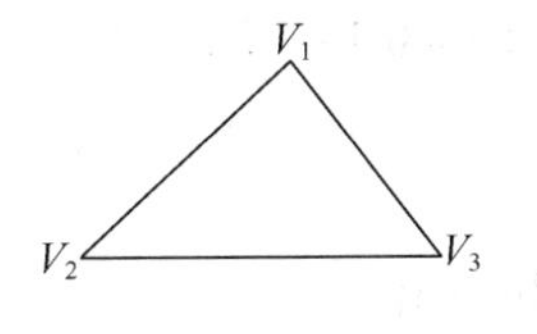

图 6.15　网图记法

下面，我们证明网图 $F(m;n_1,n_2,\cdots,n_m)$ 是优美的.

模型假设

① 将图 6.14 定义为网图 $F(m;n_1,n_2,\cdots,n_m)$，它上面的点的记法如图 6.15 所示.

② 由图示所得，$n_1>n_2>\cdots n_m$.

通过分析知道，所要解决的问题即是给网图一优美标号，使之成为优美图.

模型求解

设 P 为 $F(m;n_1,n_2,\cdots,n_m)$ 的边数，则 $P=4\sum_{i=1}^{m}n_i$ ，再令

$$\left.\begin{array}{lll}\varphi_i^j=i+2\sum\limits_{i=j+1}^{m+1}n_i & j=1,2,\cdots,m; & i=0,1,2,\cdots,n_j\\ f_i^j=P-2\sum\limits_{i=j}^{m+1}n_j-i & j=1,2,\cdots,m+1; & i=0,1,2,\cdots,n_j-1\end{array}\right\} \quad (6.1)$$

规定 $n_{m+!}=0,\ n_0=n_1$.

显然上式给出了 $F(m;n_1,n_2,\cdots,n_m)$ 的所有点的标号，下面证明这些标号是优美的.

设

$$V_1=\{\varphi_i^j\mid j=1,2,\cdots,m;\ i=0,1,2,\cdots,n_j\},$$

$$V_2=\{f_i^j\mid j=1,2,\cdots,m+1;\ i=0,1,2,\cdots,n_j-1\},$$

则 $V_1\cup V_2$ 为 $F(m;n_1,n_2,\cdots,n_m)$ 的点标号集，如果存在 $\varphi_{i_1}^{j_1},\varphi_{i_2}^{j_2}\in V_1$ ， $\varphi_{i_1}^{j_1}=\varphi_{i_2}^{j_2}$ ，则

$$i_1=i+2\sum_{i=j_1+1}^{m+1}n_i=i_2+2\sum_{i=j_2+1}^{m+1}n_i,$$

设 $j_2>j_1$ ，则有

$$2\sum_{i=j_1+1}^{m+1}n_i-2\sum_{i=j_2+1}^{m+1}n_i=2\sum_{i=j_1+1}^{j_2}n_i=i_2-i_1,$$

而 $i_2-i_1\leqslant n_{j_2}$ ，而由 $j_2>j_1=n_{j2}\leqslant n_{j1}$ ，所以

$$2n_{j_2}\leqslant 2\sum_{i=j_2+1}^{m-1}n_i\leqslant n_{j_2},$$

所以有 $2n_{j2}\leqslant n_{j2}$ ，矛盾. 同理可知 $j_2<j_1$ 也不成立，故有

$$j_2=j_1=i_2=i_1,$$

即 V_1 中没有相同的标号. 同理可证，在 V_2 中，$V_1\cup V_2$ 中没有相同的标号，且，$\max V_1\cup V_2=P,\min V_1\cup V_2=\min V_1=0$ ，所以，$V_1\cup V_2=\{0,1,\cdots,P\}$.

$F(m;n_1,n_2,\cdots,n_m)$ 的边集为. 所以 $F(m;n_1,n_2,\cdots,n_m)$ 的边标号集

$$\{f_i^j\varphi_i^j;f_i^j\varphi_{i+1}^j;f_i^{j+1}\varphi_i^j;f_i^{j+1}\varphi_{i+1}^j\mid j=1,2,\cdots,m;\ i=0,1,2,\cdots,n_j-1\},$$

$$E=\{P-2i-4\sum_{i=j+1}^{m+1}n_i-2n_j;\ P-2i-1-4\sum_{i=j+1}^{m+1}n_i-2n_j;\ P-2i-\sum_{i=j+1}^{m+1}n_i;$$

$$P-2i-1-4\sum_{i=j+1}^{m+1}n_i\mid j=1,2,\cdots,m;\ i=0,1,\cdots,n_j-1\}$$

$$=\{P-i-4\sum_{i=j+1}^{m+1}n_i-2n_j,\ P-i-4\sum_{i=j+1}^{m+1}n_i\mid j=1,2,\cdots,m;\ i=0,1,\cdots,2n_j-1\}.$$

设

$$E_1=\{P-2i-4\sum_{i=j+1}^{m+1}n_i-2n_j\mid j=1,2,\cdots,m;\ i=0,1,\cdots,2n_j-1\},$$

$$E_2=\{P-i-4\sum_{i=j+1}^{m+1}n_i\mid j=1,2,\cdots,m;\ i=0,1,\cdots,2n_j-1\},$$

则 $E = E_1 \cup E_2$.

下面证明 E 中无相同的标号.

如果存在 $i_1, i_2 \in \{0,1,2,3,\cdots,2n_j - 1\}$，$j_1, j_2 \in \{1,2,\cdots,m\}$ 使得

$$P - i_1 - 4\sum_{i=j_1+1}^{m+1} n_i - 2n_{j_1} = P - i_2 - 4\sum_{i=j_2+1}^{m+1} n_i - 2n_{j_2}，$$

则有

$$i_1 - i_2 = 4\sum_{i=j_2+1}^{m+1} n_i - 4\sum_{i=j_1+1}^{m+1} n_i + 2(n_{j_2} - n_{j_1})，$$

假设 $j_1 > j_2$，由已知得 $n_{j_1} \leqslant n_{j2}$，所以有

$$i_1 - i_2 = 4\sum_{i=j_2+1}^{m+1} n_i + 2(n_{j_2} - n_{j_1}) \geqslant 4n_{j_1}，$$

而 $i_1 - i_2 \geqslant 2n_j - 1$.

故有 $2n_{j_1} \geqslant 4n_{j_1} + 1$ 与 $n_{j_1} \geqslant 1$ 矛盾.

同理可证，$j_1 < j_2$ 也不成立，故 $j_1 = j_2 = i_1 = i_2$，所以 E_1 中无相同的标号，同理可证 E_2 中也无相同的标号.

因为 $F(m; n_1, n_2, \cdots, n_m)$ 有 P 条边，每条边均有一个标号，且标号没有相同的，而 $\min E = \min E_1 = 1$，$\max E = \max E_1 = P$，故 $E = \{1,2,\cdots,P\}$，所以式（6.1）为 $F(m; n_1, n_2, \cdots, n_m)$ 的优美标号.

模型优缺点分析

用图论中的优美标号不但证明了 $F(m; n_1, n_2, \cdots, n_m)$ $(n_1 > n_2 > \cdots > n_m)$ 的优美性，而且可证当 $n_1 = n_2 = \cdots = n_m$ 时，$F(m; n_1, n_2, \cdots, n_m)$ 也是优美的. 此方法简单易懂，下面举例说明.

例如 $F(3, 3, 2, 1)$，如图 6.16 定义.

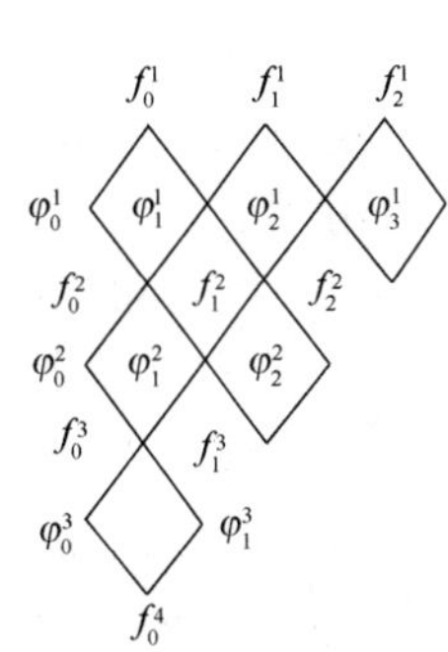

图 6.16　网图 1

$$\begin{aligned}
&\varphi_i^1 = i + 6, && i = 0,1,2,3;\\
&\varphi_i^2 = i + 2, && i = 0,1,2;\\
&\varphi_i^3 = i, && i = 0,1;\\
&f_i^1 = 12 - i, && i = 0,1,2;\\
&f_i^2 = 18 - i, && i = 0,1,2;\\
&f_i^3 = 22 - i, && i = 0,1;\\
&f_0^4 = 24.
\end{aligned}$$

又例如 $F(2, 3, 3)$，如图 6.17 定义.

$$\begin{aligned}
&\varphi_i^1 = i + 6, && i = 0,1,2,3.\\
&\varphi_i^2 = i, && i = 0,1,2,3.\\
&f_i^1 = 12 - i, && i = 0,1,2,3.\\
&f_i^2 = 18 - i, && i = 0,1,2,3.\\
&f_i^3 = 24 - i, && i = 0,1,2,3.
\end{aligned}$$

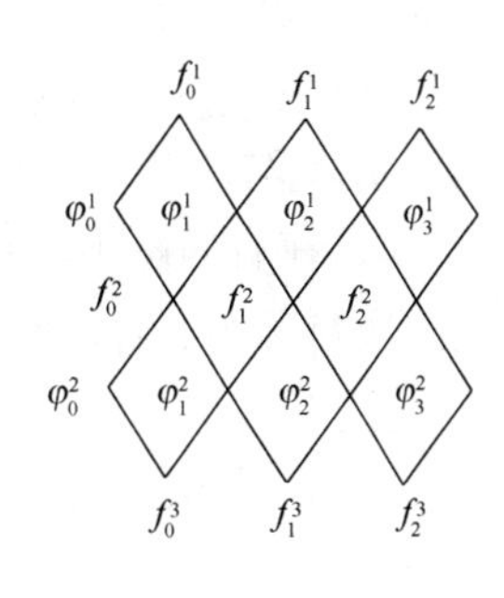

图 6.17　网图 2

不足之处在于网图稍微变一下形（见图 6.18）. 那么此种定义的标号就可能发生变化，有可能变化很大，还有可能无优美标号.

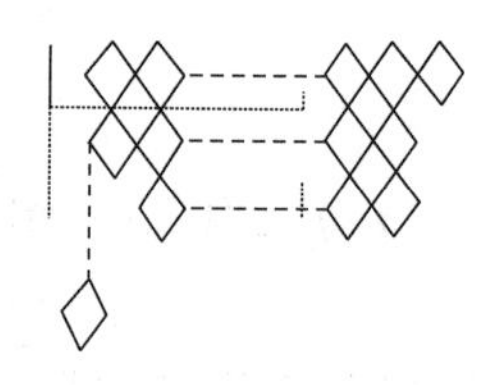

图 6.18　网图 3

6.6　图论知识简介

6.6.1　图的概念

定义 1　① 有序三元组 $G=(V, E, \Psi)$称为一个图. 其中：

a) $V=\{v_1,v_2,\cdots,v_n\}$是有限非空集，V称为顶点集，其中的元素叫图 G 的顶点.

b) E 称为边集，其中的元素叫图 G 的边.

c) Ψ 是从边集 E 到顶点集 V 中的有序或无序的元素偶对构成集合的映射，称为关联函数.

② 在图 G 中，与 V 中的有序偶(v_i, v_j)对应的边 e，称为有向边(或弧)，而与 V 中顶点的无序偶 v_iv_j 相对应的边 e，称为图的无向边. 每一条边都是无向边的图，叫无向图；每一条边都是有向边的图，称为有向图；既有无向边又有有向边的图称为混合图.

③ 若将图 G 的每一条边 e 都对应一个实数 $w(e)$，则称 $w(e)$为边的权，并称图 G 为赋权图.

规定用记号 ν 和 ε 分别表示图的顶点数和边数.

常用术语：

① 端点相同的边称为环.

② 若一对顶点之间有两条以上的边连接，则这些边称为重边.

③ 有边连接的两个顶点称为相邻的顶点，有一个公共端点的边称为相邻的边.

④ 边和它的端点称为互相关联的.

⑤ 既没有环也没有平行边的图，称为简单图.

⑥ 任意两顶点都相邻的简单图，称为完备图，记为 K_n，其中 n 为顶点的数目.

⑦ 若 $V=X\cup Y$，$X\cap Y=\varnothing$，且 X 中任两顶点不相邻，Y 中任两顶点不相邻，则称 G 为二元图；若 X 中每一顶点皆与 Y 中一切顶点相邻，则 G 称为完备二元图，记为 $K_{m,n}$，其中 m，n 分别为 X 与 Y 的顶点数目.

定义 2　① 在无向图中，与顶点 v 关联的边的数目(环算两次)称为 v 的次数，记为 $d(v)$.

② 在有向图中，从顶点 v 引出的边的数目称为 v 的出度，记为 $d^+(v)$，从顶点 v 引入的边的数目称为 v 的入度，记为 $d^-(v)$，$d(v)=d^+(v)+d^-(v)$ 称为 v 的次数.

定义 3　设图 $G=(V, E, \Psi)$，$G_1=(V_1, E_1, \Psi_1)$

① 若 $V_1\subseteq V$，$E_1\subseteq E$，且当 $e\in E_1$ 时，$\Psi_1(e)=\Psi(e)$，则称 G_1 是 G 的子图. 特别地，若 $V_1=V$，则 G_1 称为 G 的生成子图.

设 $V_1\subseteq V$，且 $V_1\neq\varnothing$，以 V_1 为顶点集、两个端点都在 V_1 中的图 G 的边为边集的图 G 的子图，称为 G 的由 V_1 导出的子图，记为 $G[V_1]$.

② 设 $E_1\subseteq E$，且 $E_1\neq\varnothing$，以 E_1 为边集，E_1 的端点集为顶点集的图 G 的子图，称为 G

的由 E_1 导出的子图，记为 $G[E_1]$.

定义 4 关联矩阵

对无向图 G，其关联矩阵 $\boldsymbol{M}=(m_{ij})_{v\times\varepsilon}$，其中：

$$m_{ij}=\begin{cases}1, & 若v_i与e_j相邻\\ 0, & 若v_i与e_j不相邻\end{cases},$$

对有向图 G，其关联矩阵 $\boldsymbol{M}=(m_{ij})_{v\times\varepsilon}$，其中：

$$m_{ij}=\begin{cases}1, & 若v_i是e_j的起邻\\ -1, & 若v_i是e_j的终点\\ 0, & 若v_i与e_j不关联\end{cases}.$$

定义 5 邻接矩阵

对无向图 G，其邻接矩阵 $\boldsymbol{A}=(a_{ij})_{v\times v}$，其中：

$$a_{ij}=\begin{cases}1, & 若v_i与v_j相邻\\ 0, & 若v_i与v_j不相邻\end{cases},$$

对有向图 $G=(V, E)$，其邻接矩阵 $\boldsymbol{A}=(a_{ij})_{v\times v}$，其中：

$$a_{ij}=\begin{cases}1, & 若（v_i, v_j）\in E\\ 0, & 若（v_i, v_j）\notin E\end{cases},$$

对有向赋权图 G，其邻接矩阵 $\boldsymbol{A}=(a_{ij})_{v\times v}$，其中：

$$a_{ij}=\begin{cases}w_{ij}, & 若(v_i,v_j)\in E,且w_{ij}为其权\\ 0, & 若i=j\\ \infty, & 若(v_i,v_j)\notin E\end{cases}.$$

无向赋权图的邻接矩阵可类似定义.

6.6.2 相关概念

1. 最短路问题

定义 1 在无向图 $G=(V,E,\Psi)$ 中：

① 顶点与边相互交错且 $\Psi(e_i)=v_{i-1}v_i\ (i=1,2,\cdots,k)$ 的有限非空序列 $w=(v_0e_1v_1e_2\cdots v_{k-1}e_kv_k)$ 称为一条从 v_0 到 v_k 的通路，记为 $W_{v_0v_k}$.

② 边不重复但顶点可重复的通路称为道路，记为 $T_{v_0v_k}$.

③ 边与顶点都不重复的通路称为路径，记为 $P_{v_0v_k}$.

定义 2 ① 任意两点均有路经的图称为连通图.

② 起点与终点重合的路径称为圈.

③ 连通而无圈的图称为树.

定义 3 ① 设 $P(u,v)$ 是加权图 G 中从 u 到 v 的路径，则称 $w(P)=\sum\limits_{e\in E(P)}w(e)$ 为路径 P 的权.

② 在加权图中，从 u 到 v 的具有最小权的路径 $P^*(u,v)$，称为从 u 到 v 的最短路，称 $w(P^*)$ 为从 u 到 v 的距离.

2．中国邮路问题

定义 1 没有奇次顶点的图称为欧拉图.

定义 2 设 G 是连通无向图：

① 经过 G 的每条边至少一次的闭通路称为巡回.

② 经过 G 的每条边恰好一次的巡回称为欧拉巡回.

定义 3 设图 $G=(V,E)$，$M\subseteq E$，若 M 的边互不相邻，则称 M 是 G 的一个匹配. 若顶点 v 与 M 的某一条边相关联，则称 v 被 M 分配了. 若 G 的每个顶点都被 M 分配了，则 M 称是 G 的理想匹配.

3．网络流问题

定义 1 有向加权图 G，指定两个顶点 s 和 t，分别称为发点和收点. 边 e 上的权 $c(e)$ 称为边 e 的容量，则称这个有向加权图是一个网络.

定义 2 设 N 是一个网络，f 是 E 上的非负函数，如果

① $0\leqslant f(e)\leqslant c(e),\ e\in E$；

② $\sum\limits_{e\in N^+(v)} f(e)=\sum\limits_{e\in N^-(v)} f(e),\ v\in I.$

其中 $N^+(v)$ 表示所有以 v 为出发点的边的集合，$N^-(v)$ 表示所有以 v 为终点的边的集合. 则称 f 是网络 N 的一个流，$f(e)$ 是边 e 的流量. 条件①称为容量约束，表示通过边的流量不能超过该边的容量；条件②称为守恒条件，表示中间点流入和流出的流量相等，即中间点的流量保持平衡.

定义 3 设 f 是网络 N 的一个流，则称发点流出的流量（或收点流入的流量）为 f 的流量，记为 $\mathrm{val}\,f$.

定义 4 设 f 是网络 N 的一个流，若不存在流 f'，使 $\mathrm{val}\,f'>\mathrm{val}\,f$，则称 f 是网络 N 的最大流.

习题 6

1. 某公司在 6 个城市 C_1,C_2,C_3,C_4,C_5,C_6 中都有分公司，从 C_i 到 C_j 的直达航班票价由下述矩阵的第 i 行、第 j 列元素给出（∞ 表示无直达航班），该公司想算出一张任意两个城市之间最廉价路线表，试作出这样的表来.

$$\begin{pmatrix} 0 & 50 & \infty & 40 & 25 & 10 \\ 50 & 0 & 15 & 20 & \infty & 25 \\ \infty & 15 & 0 & 10 & 20 & \infty \\ 40 & 20 & 10 & 0 & 10 & 25 \\ 25 & \infty & 20 & 10 & 0 & 55 \\ 10 & 25 & \infty & 25 & 55 & 0 \end{pmatrix}$$

2. 求图 6.19 中每一结点到其他结点的最短路.

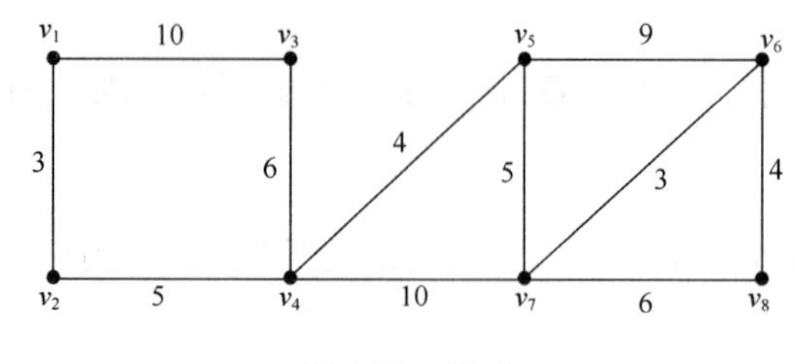

图 6.19 图 G

3. 一次舞会，共有 n 位男士和 n 位女士参加，已知每位男士至少认识 2 位女士，而每位女士最多认识 2 位男士，问能否把男士和女士正好分成 n 对，使每一对男女都彼此认识.

4. 已知用 x_1, x_2, x_3, x_4 四种原料制造 y_1, y_2, y_3, y_4 四种产品的成本如下面的矩阵所示，问采用哪种方案可使成本最低(假定用原料制作某种产品就不能用来制作其他产品)?

$$\boldsymbol{E}=\begin{matrix} \\ x_1 \\ x_2 \\ x_3 \\ x_4 \end{matrix}\begin{pmatrix} x_1 & x_2 & x_3 & x_4 \\ 99 & 6 & 59 & 73 \\ 79 & 15 & 93 & 87 \\ 67 & 93 & 13 & 81 \\ 16 & 79 & 86 & 26 \end{pmatrix}$$

5. 求图 6.20 所示图的欧拉巡回.

6. 求图 6.21 所示网络的最佳巡回.

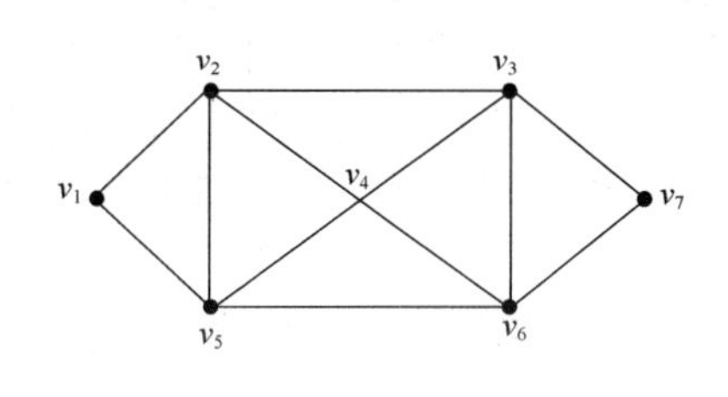

图 6.20　图 G

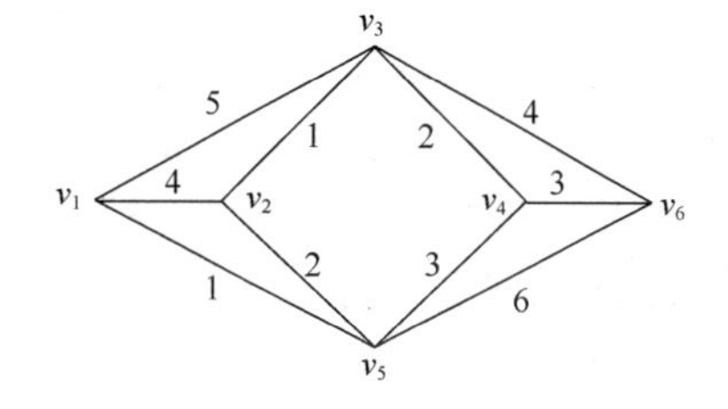

图 6.21　网络图

7. 设有王二、张三、李四、赵五四人及小提琴、大提琴、钢琴和吉他四种乐器，已知四人的特长如下：

王二擅长拉大提琴和弹钢琴；

张三擅长拉小提琴、大提琴和吉他；

李四擅长拉小提琴和大提琴；

赵五只会弹吉他.

今假设四人同台演出，每人奏一种乐器，问四人同时各演奏一种乐器时所有可能的方案，试把此问题化为最大流问题.

8. 某厂有两个车间——部件车间与组装车间，先由部件车间生产部件，再由组装车间组装成成品. 部件车间每月最多生产 10 个部件，其产品送入库房，每月初组装车间到库房领取部件，预见今后 5 个月对部件的需求量与生产每个部件所耗工时如表 6.2 所示. 假定开始和第 5 个月月末的库存数都是零，试用网络方法求解下列问题.

① 列出工时最少的部件生产计划；

② 若库房容量为 9 个部件，试列出工时最少的部件生产计划.

表 6.2　需求量及生产每个部件所耗工时

月	1	2	3	4	5
需求量/件	—	8	5	7	4
工时/（件/小时）	11	16	13	17	—

第7章 模糊数学模型

任何新生事物的产生和发展，都要经过一个由弱到强，逐步成长壮大的过程，一种新理论、新学科的问世，往往一开始会受到许多人的怀疑甚至否定. 模糊数学自 1965 年由 L.A. Zadeh 教授开创以来所走过的道路，充分证实了这一点. 然而实践是检验真理的标准，模糊数学在理论和实际应用两方面同时取得了巨大成果，不仅消除了人们的疑虑，而且使模糊数学在科学领域中占有了自己的一席之地.

模糊技术方法不是对精确的摒弃，而是对精确更圆满的刻画. 它通过模糊控制规划，利用人类常识和智慧，理解词语的模糊内涵和外延，将各方面专家的思维互相补充. 虽然，目前要使模糊技术接近于人的思维尚难以做到，但一个普遍应用模糊技术的时代不久将会到来.

7.1 模式识别

7.1.1 模式识别及识别的直接方法

在日常生活中，经常需要进行各种判断、预测. 如图像文字识别、故障（疾病）的诊断、矿藏情况的判断等，其特点就是在已知各种标准类型前提下，判断识别对象属于哪个类型的问题. 这样的问题就是模式识别.

1. 模糊模式识别的一般步骤

模式识别的问题，在模糊数学形成之前就已经存在，传统的做法主要用统计方法或语言的方法进行识别. 但在多数情况下，标准类型常可用模糊集表示，用模糊数学的方法进行识别是更为合理可行的，以模糊数学为基础的模式识别方法称为模糊模式识别.

模式识别主要包括 3 个步骤：

① 提取特征，首先需要从识别对象中提取与识别有关的特征，并度量这些特征，设 $x_1, x_2, \cdots, x_n$ 分别为每个特征的度量值，于是每个识别对象 x 就对应一个向量$(x_1,x_2,\cdots,x_n)$，这一步是识别的关键，特征提取不合理，会影响识别效果.

② 建立标准类型的隶属函数，标准类型通常是论域 $U=\{(x_1,x_2,\cdots,x_n)\}$的模糊集，$x_i$ 是识别对象的第 i 个特征.

③ 建立识别判决准则，确定某些归属原则，以判定识别对象属于哪一个标准类型. 常用的判决准则有最大隶属度原则（直接法）和择近原则（间接法）两种.

2. 最大的隶属度原则

若标准类型是一些表示模糊概念的模糊集，待识别对象是论域中的某一元素（个体）时，

往往由于识别对象不绝对地属于某类标准类型，因而隶属度不为 1，这类问题人们常常是采用称为“最大隶属度原则”的方法加以识别的，这种方法（以及下面的“阈值原则”）是处理个体识别问题的，称为直接法.

最大隶属度原则：设 $A_1, A_2, \cdots, A_n \in F(U)$ 是 n 个标准类型，$x_0 \in U$，若

$$A_i(x_0) = \max\left\{ A_k(x_0) \middle| \ 1 \leqslant k \leqslant n \right\}$$

则认为 x_0 相对隶属于 A_i 所代表的类型.

例 1　通货膨胀识别问题

通货膨胀状态可分成 5 个类型：通货稳定;轻度通货膨胀;中度通货膨胀;重度通货膨胀;恶性通货膨胀. 以上 5 个类型依次用 R^+（非负实数域，下同）上的模糊集 A_1，A_2，A_3，A_4，A_5 表示，其隶属函数分别为：

$$A_1(x) = \begin{cases} 1, & 0 \leqslant x < 5 \\ \exp\left(-\left(\dfrac{x-5}{3}\right)^2\right), & x \geqslant 5 \end{cases}$$

即
$$A_2(x) = \exp\left(-\left(\frac{x-10}{5}\right)^2\right)$$

即
$$A_3(x) = \exp\left(-\left(\frac{x-20}{7}\right)^2\right)$$

即
$$A_4(x) = \exp\left(-\left(\frac{x-30}{9}\right)^2\right)$$

即
$$A_5(x) = \begin{cases} \exp\left(-\left(\dfrac{x-50}{15}\right)^2\right), & 0 \leqslant x < 50 \\ 1, & x \geqslant 50 \end{cases}$$

其中对 $x \geqslant 0$，表示物价上涨 $x\%$. 问 $x = 8, 40$ 时，分别相对隶属于哪种类型？

解
$$A_1(8) = 0.3679, \quad A_2(8) = 0.8521$$
$$A_3(8) = 0.0529, A_4(8) = 0.0032$$
$$A_5(8) = 0.0000$$
$$A_1(40) = 0.0000, A_2(40) = 0.0000$$
$$A_3(40) = 0.0003, A_4(40) = 0.1299$$
$$A_5(40) = 0.6412$$

由最大隶属原则，$x = 8$ 应相对隶属于 A_2，即当物价上涨 8%时，应视为轻度通货膨胀；$x = 40$，应相对隶属于 A_5，即当物价上涨 40%时，应视为恶性通货膨胀.

3．阈值原则

在使用最大隶属度原则进行识别中，还会出现以下两种情况，其一是有时待识别对象 x_0 关于模糊集 $A_1, A_2, \cdots, A_n$ 中每一个隶属程度都相对较低，这时说明模糊集合 $A_1, A_2, \cdots, A_n$ 对元素 x 不能识别；其二是有时待识别对象 x 关于模糊集 $A_1, A_2, \cdots, A_n$ 中若干个的隶属程度都相对较高，这时还可以缩小 x 的识别范围，关于这两种情况有如下阈值原则.

阈值原则：$A_1,A_2,\cdots,A_n\in F(U)$ 是 n 个标准类型，$x_0\in U,d\in(0,1]$ 为一阈值（置信水平）令 $\alpha=\max\{A_k(x_0)\,|\,1\leqslant k\leqslant n\}$.

若 $\alpha<d$ 则不能识别，应查找原因另作分析.

若 $\alpha\geqslant d$ 且有 $A_{i_1}(x_0)\geqslant d$，$A_{i_2}(x_0)\geqslant d$，…，$A_{i_m}(x_0)\geqslant d$，则判决 x_0 相对地属于 $A_{i_1}\cap A_{i_2}\cap\cdots A_{i_m}$.

例 2　三角形识别问题

我们把三角形分成等腰三角形 I，直角三角形 R，正三角形 E，非典型三角形 T，四个标准类型，取定论域

$$X=\{\,x\,|\,x=(A,B,C),A+B+C=180,A\geqslant B\geqslant C\,\}$$

这里 A,B,C 是三角形三个内角的度数，通过分析建立这四类三角形的隶属函数为：

$$I(x)=1-\frac{1}{60}[(A-B)\wedge(B-C)]$$

$$R(x)=1-\frac{1}{90}|\,A-90\,|$$

$$E(x)=1-\frac{1}{180}(A-C)$$

$$T(x)=\frac{1}{180}\min[\,3(A-B),3(B-C),A-C,2\,|\,A-90\,|\,]$$

现给定，$x_0=(A,B,C)=(85,50,45)$，x_0 对上述四个标准类型的隶属度为：

$$I(x_0)=0.916,\ R(x_0)=0.94,\ E(x_0)=0.7,T(x_0)=0.06.$$

由于 x_0 关于 I,R 的隶属程度都相对高，故采用阈值原则，取 $d=0.8$，因 $I(x_0)=0.916\geqslant0.8$，$R(x_0)=0.94\geqslant0.8$，按阈值原则，x_0 相对属于 $I\cap R$，即 x_0 可识别为等腰直角三角形.

例 3　冬季降雪量预报

内蒙古丰镇地区流行三条谚语：①夏热冬雪大，②秋霜晚冬雪大，③秋分刮西北风冬雪大，现在根据三条谚语来预报丰镇地区冬季降雪量.

为描述“夏热”(A_1)、秋霜晚(A_2)、秋分刮西北风(A_3)等概念，在气象现象中提取以下特征：

x_1：当年 6、7 月平均气温.

x_2：当年秋季初霜日期.

x_3：当年秋分日的风向与正西方向的夹角.

于是模糊集 A_1（夏热），A_2（秋霜晚）、A_3（秋分刮西北风）的隶属函数可分别定义为：

$$A_1(x_1)=\begin{cases}1, & x_1\geqslant\overline{x_1}\\ 1-\dfrac{1}{2\sigma_1^2}(x_1-\overline{x_1})^2, & x_1-\sqrt{2}\sigma_1<x_1<\overline{x_1}\\ 0, & x_1\leqslant\overline{x_1}-\sqrt{2}\sigma_1\end{cases}$$

其中 $\overline{x_1}$ 是丰镇地区若干年 6、7 月份气温的平均值，σ_1 为方差，实际预报时取 $\overline{x}$ =19℃，$2\sigma_1^2$=0.98.

$$A_2(x_2)=\begin{cases}1, & x_2 \geqslant \overline{x}_2 \\ \dfrac{x_2-a_2}{\overline{x}_2-a_2}, & a_2<x_2<\overline{x}_2 \\ 0, & x_2 \leqslant a_2\end{cases}$$

其中 $\overline{x}_2$ 是若干年秋季初霜日的平均值，a_2 是经验参数，实际预报时取 $\overline{x}_2$=17（即 9 月 17 日），a_2=10（即 9 月 10 日）.

$$A_3(x_3)=\begin{cases}1, & 270° \leqslant x_3 \leqslant 360° \\ -\sin x_3, & 180°<x_3<270° \\ 0, & 90° \leqslant x_3 \leqslant 180° \\ \cos x_3, & 0°<x_3<90°\end{cases}$$

取论域 $X=\{x \mid x=(x_1,x_2,x_3)\}$，“冬雪大”可以表示为论域 X 上的模糊集 C，其隶属函数为：

$$C(x)=A_1(x_1)\wedge(A_2(x_2)\vee A_3(x_3)).$$

采用阈值原则，取阈值 $d=0.8$，测定当年气候因子 $x=(x_1,x_2,x_3)$.计算 $C(x)$，若 $C(x)\geqslant 0.8$ 则预报当年冬季“多雪”，否则预报“少雪”.

用这一方法对丰镇 1959～1970 年间隔 12 年作了预报，除 1965 年以外均预报正确，历史拟合率为 11/12.

7.1.2 贴近度与模式识别的间接方法

1．贴近度

表示两个模糊集接近程度的数量指标，称为贴近度，其严格的数学定义如下：

定义 设映射

$$N:\quad F(U)\times F(U)\to[0,1]$$

满足下列条件：

① $\forall A\in F(U)$，$N(A,A)=1$;

② $\forall A,B\in F(U)$，$N(A,B)=N(B,A)$;

③ 若 $A,B,C\in F(U)$ 满足

$$|A(x)-C(x)|\geqslant|A(x)-B(x)| \qquad (\forall x\in U)$$

有 $N(A,C)\leqslant N(A,B)$.

则称映射 N 为 $F(U)$ 上的贴近度，称 $N(A,B)$ 为 A 与 B 的贴近度.

贴近度的具体形式较多，以下介绍几种常见的贴近度公式.

（1）Hamming 贴近度

$$N_H(A,B)=1-\frac{1}{n}\sum_{i=1}^{n}|A(x_i)-B(x_i)|$$

或 $$N_H(A,B)=1-\frac{1}{(b-a)}\int_a^b\left|A(x)-B(x)\right|\mathrm{d}x.$$

（2）Euclid 贴近度

$$N_E(A,B)=1-\frac{1}{\sqrt{n}}\sqrt{\sum_{i=1}^{n}(A(x_i)-B(x_i))^2}$$

或 $$N_E(A,B)=1-\frac{1}{\sqrt{b-a}}\sqrt{\int_a^b(A(x_i)-B(x_i))^2\,\mathrm{d}x}.$$

（3）格贴近度

$N_g:F(U)\times F(U)\to[0,1]$

$$(A,B)\Big|\!\to N_g(A,B)=(A\circ B)\wedge(A\odot B)^c \qquad (\text{或}=\frac{1}{2}[A\circ B+(A\odot B)^c])$$

称为格贴近度，称 $N_g(A,B)$ 为 A 与 B 格贴近度. 其中，

$$A\circ B=\vee\left\{A(x)\wedge B(x)\middle| x\in U\right\} \qquad (\text{称为 } A \text{ 与 } B \text{ 的内积}),$$

$$A\odot B=\wedge\left\{A(x)\vee B(x)\middle| x\in U\right\} \qquad (\text{称为 } A \text{ 与 } B \text{ 的外积}).$$

若 $U=\{x_1,x_2,\cdots,x_n\}$，则

$$A\circ B=\mathop{\vee}_{i=1}^{n}\left\{A(x_i\wedge B(x_i)\right\},$$

$$A\odot B=\mathop{\wedge}_{i=1}^{n}\left\{A(x_i\vee B(x_i)\right\}.$$

值得注意的是，这里的格贴近度是通过定义来规定的，事实上，格贴近度不满足定义 1 中①，即 $N_g(A,A)\neq 1$，但是，当 $\forall A\in F(U)$，$A_1=\varnothing,\sup A\neq U$ 时，格贴近度满足定义 1 的①～③. 另外格贴近度的计算很方便，且用于表示相同类型模糊度的贴近度比较有效，所以在实际应用中也常选用格贴近度来反映模糊集接近程度.

还有许多贴近度，这里不再一一介绍.

贴近度主要用于模糊识别等具体问题，以上介绍的贴近度表示式各有优劣，具体应用时，应根据问题的实际情况选用合适的贴近度.

2．模式识别的间接方法——择近原则

在模式识别问题中，各标准类型（模式）一般是某个论域 X 上的模糊集，用模式识别的直接方法（最大隶属度原则、阈值原则）解决问题时，其识别对象是论域 X 中的元素. 另有一类识别问题，其识别对象也是 X 上的模糊集，这类问题可以用下面的择近原则来识别判决.

择近原则：已知 n 个标准类型 $A_1,A_2,\cdots,A_n\in F(X)$，$B\in F(X)$ 为待识别的对象，N为$F(X)$ 上的贴近度，若

$$N(A_i,B)=\max\left\{N(A_k,B)\mid k=1,2,\cdots,n\right\}$$

则认为 B 与 A_i 最贴近，判定 B 属于 A_i 一类.

例 4　岩石类型识别

岩石按抗压强度可以分成 5 个标准类型：很差（A_1）、差（A_2）、较好（A_3）、好（A_4）、很好（A_5）.它们都是 $X=[0,+\infty)$ 上的模糊集，其隶属函数如图 7.1 所示.

$$A_1(x)=\begin{cases}1, & 0\leqslant x\leqslant 100\\ -\dfrac{1}{100}(x-200), & 100<x<200\\ 0, & x\geqslant 200\end{cases}$$

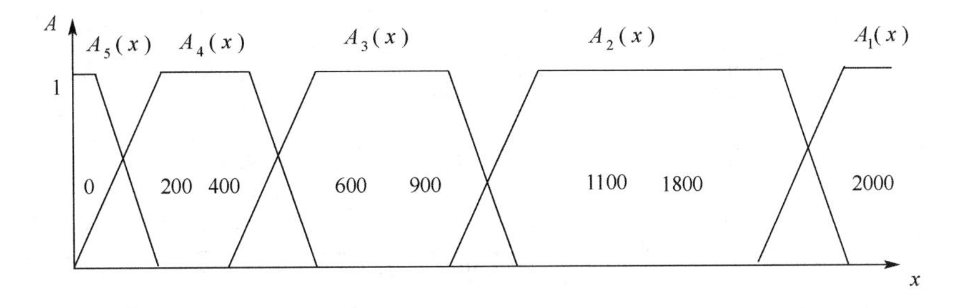

图 7.1　岩石抗压强度隶属函数

$$A_2(x)=\begin{cases}\dfrac{x}{200}, & 0\leqslant x\leqslant 200\\ 1, & 200<x\leqslant 400\\ -\dfrac{1}{200}(x-600), & 400<x\leqslant 600\\ 0, & 600<x\end{cases}$$

$$A_3(x)=\begin{cases}\dfrac{1}{200}(x-400), & 400\leqslant x\leqslant 600\\ 1, & 600<x\leqslant 900\\ -\dfrac{1}{200}(x-1100), & 900<x\leqslant 1100\\ 0, & \text{其他}\end{cases}$$

$$A_4(x)=\begin{cases}\dfrac{1}{200}(x-900), & 900\leqslant x\leqslant 1100\\ 1, & 1100<x\leqslant 1800\\ -\dfrac{1}{400}(x-2200), & 1800<x\leqslant 2200\\ 0, & \text{其他}\end{cases}$$

$$A_5(x)=\begin{cases}0, & x<1800\\ \dfrac{1}{400}(x-1800), & 1800<x\leqslant 2200\\ 1, & 2200<x\end{cases}$$

今有某种岩体，经实测得出其抗压强度为 X 上的模糊集 B，隶属函数如图 7.2 所示.

$$B(x)=\begin{cases}\dfrac{1}{88}(x-712), & 712\leqslant x\leqslant 800\\ 1, & 800<x\leqslant 1000\\ -\dfrac{1}{120}(x-1120), & 1000<x\leqslant 1120\\ 0, & \text{其他}\end{cases}$$

试问岩体 B 应属于哪一类?

计算 B 与 $A_i(i=1\sim 5)$ 的格贴近度，得：

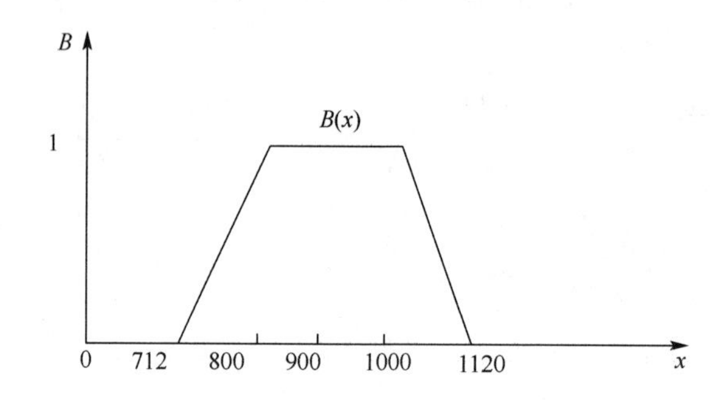

图 7.2　某种岩石抗压强度隶属函数

$$N_g(A_1,B)=0,\quad N_g(A_2,B)=0,\quad N_g(A_3,B)=1,$$
$$N_g(A_4,B)=0.68,\quad N_g(A_5,B)=0.$$

按择近原则，B 应属于 A_3 类，即 B 属于“较好”类（A_3 类）的岩石.

7.2　模糊综合评价

7.2.1　理论基础

1．两类特殊模糊关系

① 模糊等价关系：设 $\underset{\sim}{R}\in F(U\times U)$，若 $\underset{\sim}{R}$ 是自反、对称、传递的模糊关系，则 $\underset{\sim}{R}$ 称为 U 上的一个模糊等价关系.

② 模糊相似关系：设 $\underset{\sim}{R}\in F(U\times U)$，若 $\underset{\sim}{R}$ 是自反、对称的模糊关系，则 $\underset{\sim}{R}$ 称为 U 上的一个模糊相似关系.

2．模糊矩阵的乘积

设 $U=\{u_1,u_2,\cdots,u_n\}$，$V=\{v_1,v_2,\cdots,v_m\}$，$W=\{w_1,w_2,\cdots,w_l\}$，

$\boldsymbol{Q}=(q_{ik})_{n\times m}$，$\boldsymbol{R}=(r_{kj})_{m\times l}$，定义

$$\boldsymbol{Q}\circ\boldsymbol{R}=\boldsymbol{S}=(s_{ij})_{n\times l},$$

其中 $s_{ij}=\bigvee_{k=1}^{m}(q_{ik}\wedge r_{kj})$. $\boldsymbol{S}$ 称为 $\boldsymbol{Q}$ 对 $\boldsymbol{R}$ 的模糊乘积.

3．模糊映射与模糊变换

模糊映射：设 U, V 为非空集合，若存在一个法则 $\underset{\sim}{f}$，通过它对于 U 中的任意元素 u，都有 V 中的唯一确定的模糊子集 $\underset{\sim}{B}$ 与之对应，则 $\underset{\sim}{f}$ 称为从 U 到 V 的模糊映射，记为

$$\underset{\sim}{f}:U\mapsto F(V),$$
$$u\mapsto f(u)=\underset{\sim}{B}.$$

定理：若给定模糊映射 $\underset{\sim}{f}:U\mapsto F(V)$，则唯一确定一个模糊关系 $R\in F(U\times V)$，使对任意的 $u\in U$，都有

$$\underset{\sim}{R}\big|_u=\underset{\sim}{f}(u).$$

反之，若给定模糊关系 $\underset{\sim}{R}\in F(U\times V)$，则唯一确定一个模糊映射 $\underset{\sim}{f}:U\mapsto F(V)$，使对任意的 $u\in U$，都有

$$\underset{\sim}{f}(u)=\underset{\sim}{R}\big|_u .$$

上述定理表明，模糊映射 $\underset{\sim}{f}:U\mapsto F(V)$ 与模糊关系 $\underset{\sim}{R}\in F(U\times V)$ 是等价的.

模糊变换：设 U, V 为非空集合，若存在一个法则 $\underset{\sim}{T}$，通过它，对于 U 中任意一个模糊子集 $\underset{\sim}{A}$，都有 V 中的唯一确定的模糊子集 $\underset{\sim}{B}$ 与之对应，则 $\underset{\sim}{T}$ 称为从 U 到 V 的模糊映射，记为

$$\underset{\sim}{T}:F(U)\to F(V).$$

定理：任给模糊关系 $\underset{\sim}{R}\in F(U\times V)$，都唯一确定一个从 U 到 V 的模糊变换 $\underset{\sim}{T}$，使得对任意 $A\in F(U)$，都有

$$\underset{\sim}{T}(\underset{\sim}{A})=\underset{\sim}{A}\circ\underset{\sim}{R}\in F(V),$$

其隶属函数为

$$\underset{\sim}{T}(\underset{\sim}{A})(v)=\underset{u\in U}{\vee}(\underset{\sim}{A}(u)\wedge\underset{\sim}{R}(u,v)).$$

$\underset{\sim}{T}$ 称为 $\underset{\sim}{R}$ 所诱导出的模糊变换.

4．单层综合评价

假定某类事物由 n 个因素决定，构成因素集

$$U=\{u_1,u_2,\cdots,u_n\}.$$

又设所有可能出现的评语为 m 个，构成评语集

$$V=\{v_1,v_2,\cdots,v_m\}.$$

单层综合评价模型为

$$B=A\circ R.$$

其中 $B=(b_1,b_2,\cdots,b_m)$ 是 V 上的模糊集，它是对事物的一个总体评价；$A=(a_1,a_2,\cdots,a_n)$ 是 U 上的模糊集，称为权重分配阵，它是对因素的一个统一的权衡，满足

$$\sum_{i=1}^{n}a_i=1.$$

$R=(r_{ij})_{n\times m}$ 称为综合评判变换矩阵.

综合评判的步骤如下：

① 单因素评判　给出模糊映射

$$\underset{\sim}{f}:U\to F(V),$$
$$u_i\mapsto\underset{\sim}{f}(u_i)(r_{i1},r_{i2},\cdots,r_{im}).$$

其中 $\underset{\sim}{f}(u_i)$ 是关于因素 u_i 的评语模糊向量，它是对 u_i 的一个评价. r_{ij} 表示关于 u_i 具有评语 v_j 的程度 $(i=1,2,\cdots,n; j=1,2,\cdots,m)$.

② 求综合评价变换矩阵　由 $\underset{\sim}{f}$ 导出 U 到 V 的模糊关系矩阵

$$\boldsymbol{R}=\boldsymbol{R}_{\underset{\sim}{f}}=(r_{ij})n\times m.$$

即为综合评判变换矩阵.

③ 综合评判　对于因素集 U 上的模糊集 $A=(a_1,a_2,\cdots,a_n)$，通过 R 变换为评语集 V 上的模糊集

$$B=A\circ R=(b_1,b_2,\cdots,b_m).$$

其中 $b_j=\overset{n}{\underset{k=1}{\vee}}(a_k\wedge r_{ij})(j=1,2,\cdots,m)$. 再将 B 归一化，即令

$$B' = (b_1', b_2', \cdots, b_m'),$$

$$b_j' = \frac{b_j}{\sum_{i=1}^{m} b_i} \qquad (j = 1, 2, \cdots, m).$$

根据总体评价 B' 及最大隶属度原则，就可对该事物作出评价.

若要找出多个事物的最优者，可进行下一步.

④ 计算综合评价值

$$\boldsymbol{N} = \boldsymbol{B}' \boldsymbol{\cdot} \boldsymbol{C}^{\mathrm{T}}.$$

这里 $\boldsymbol{C} = (c_1, c_2, \cdots, c_m)$ 是评语集的一个权重分配，$\boldsymbol{C}^{\mathrm{T}}$ 是 $\boldsymbol{C}$ 的转置矩阵. 按普通矩阵的乘法，就可以得到综合决策值，然后根据其值的大小，便可找出该类事物的最优者.

5. 多层综合评判

有时一个问题的诸因素往往又是由若干个因素决定的，低一层次的单因素，也可以是由更低一层次的多因素所决定. 对于这样的多层次问题，可以把高层次的诸因素看作子问题，先对诸子问题分别进行综合评判，然后再对总体进行综合评判，即先对低层次因素进行综合，再对高一层的因素进行综合.

7.2.2 应用：某大学校园环境质量的模糊综合评价

1. 确定评价因素集

$u = \{u_1, u_2, \cdots, u_6\}$

={总体环境品质，绿化与景观，交通体系，建筑品质，照明设施，科研园区和大型公共设施}

2. 确定评语集

$$v = \{v_1, v_2, v_3, v_4\} = \{\text{优}, \text{良}, \text{中}, \text{差}\}$$

3. 确定各级指标的权重

通过层次分析法计算出各一级指标的权重向量

$$A = (0.202,\ 0.156,\ 0.165,\ 0.202,\ 0.109,\ 0.166)$$

各二级指标及其权重见表 7.1.

表 7.1 校园环境质量二级评价指标及其权重

综合指标	评价指标	权重
u_1 校园总体环境品质（0.202）	校园的环境气氛	0.183
	校园的总体布局和分区	0.128
	校园环境的吸引力	0.210
	校园的安静程度	0.174
	校园的大气质量	0.199
	校园的卫生状况	0.106
u_2 绿化和景观（0.156）	校园中的景观度	0.213
	校园绿化的总体印象	0.321
	校园的标志物建筑及广场区域的印象等	0.285
	校园的周边环境	0.181
u_3 校园内的交通体系（0.165）	校内交通体系的总体情况评价	1

续表

综合指标	评价指标	权重
u_4 建筑品质（0.202）	教学建筑的美观度	0.217
	教学建筑的使用性	0.285
	食堂、宿舍的适用性	0.246
	文娱活动场所的适用性	0.252
u_5 照明设施的评价（0.109）	路灯布局的美观度和实用性、灯具配置的合理性	0.474
	校园大型建筑物的照明用电情况及能源消耗	0.526
u_6 科研园区和大型公共设施（0.166）	读书公园的基本建设的合理性	0.429
	农场科研园区的布局安排的合理性及实用性	0.571

4．各一级指标的综合评价向量计算

采用加权平均模糊合成综合评价.

利用加权平均M(•,⊕)模糊合成算子将A与R组合得到模糊综合评价结果向量$\boldsymbol{B}$. 模糊综合评价中常用的取大取小算法，在因素较多时，每一因素所分得的权重常常很小. 在模糊合成运算中，信息丢失很多，常导致结果不易分辨和不合理（即模型失效）的情况. 所以，针对上述问题，这里采用加权平均型的模糊合成算子. 计算公式为：

$$b_j=\sum_{i=1}^{p}(a_i\cdot r_{ij})=\min\left(1,\sum_{i=1}^{p}a_i\cdot r_{ij}\right),\ j=1,2,\cdots,m,$$

式中，b_j，a_i，r_{ij}分别为隶属于第j等级的隶属度、第i个评价指标的权重和第i个评价指标隶属于第j等级的隶属度.

综合评判矩阵可通过模糊统计法或专家评定得到.

（1）校园总体环境品质u_1

综合评判变换矩阵

$$\boldsymbol{R}_1'=\begin{pmatrix}0.154 & 0.404 & 0.410 & 0.032\\ 0.006 & 0.272 & 0.500 & 0.223\\ 0.053 & 0.756 & 0.191 & 0.000\\ 0.107 & 0.368 & 0.354 & 0.170\\ 0.373 & 0.408 & 0.189 & 0.030\\ 0.164 & 0.436 & 0.313 & 0.087\end{pmatrix},$$

$$\boldsymbol{V}_{10}=\boldsymbol{A}_1\circ\boldsymbol{R}_1'=(0.150309,\ 0.458948,\ 0.311525,\ 0.079172).$$

归一化后可得

$$\boldsymbol{V}_1=(0.150,\ 0.459,\ 0.312,\ 0.079).$$

（2）绿化和景观u_2

$$\boldsymbol{V}_2=(0.084,\ 0.226,\ 0.499,\ 0.197).$$

（3）校园内的交通体系u_3

$$\boldsymbol{V}_3=(0.035,\ 0.370,\ 0.511,\ 0.084).$$

（4）建筑品质u_4

$$\boldsymbol{V}_4=(0.032,\ 0.279,\ 0.501,\ 0.188).$$

（5）照明设施u_5

$$\boldsymbol{V}_5=(0.027,\ 0.300,\ 0.496,\ 0.177).$$

（6）科研园区和大型公共设施 u_6

$$V_6=(0.020,\ 0.231,\ 0.457,\ 0.292).$$

5．综合评价向量

$$V_0=A\circ\begin{pmatrix}V_1\\V_2\\V_3\\V_4\\V_5\\V_6\end{pmatrix}$$

$$=(0.202,\ 0.156,\ 0.165,\ 0.202,\ 0.109,\ 0.166)\circ\begin{pmatrix}0.150 & 0.459 & 0.312 & 0.079\\0.048 & 0.226 & 0.499 & 0.197\\0.035 & 0.370 & 0.511 & 0.084\\0.032 & 0.279 & 0.501 & 0.188\\0.027 & 0.300 & 0.496 & 0.177\\0.020 & 0.231 & 0.457 & 0.292\end{pmatrix}$$

$$=(0.05629,\ 0.316428,\ 0.456311,\ 0.166291).$$

归一化得

$$V=\left(0.057,\ 0.318,\ 0.458,\ 0.167\right).$$

6．对综合评分值进行等级评定

为了便于计算，将评价集的 4 个等级进行量化，并依次赋值为 4, 3, 2 及 1.

$$v_1=4\times0.150+3\times0.459+2\times0.312+1\times0.079=2.68,$$

$$v_2=4\times0.084+3\times0.226+2\times0.499+1\times0.197=2.09,$$

$$v_3=4\times0.035+3\times0.370+2\times0.511+1\times0.084=2.356,$$

$$v_4=4\times0.032+3\times0.279+2\times0.501+1\times0.188=2.155,$$

$$v_5=4\times0.027+3\times0.300+2\times0.496+1\times0.177=2.177,$$

$$v_6=4\times0.020+3\times0.231+2\times0.457+1\times0.292=1.979.$$

按照各个指标的评分等级的大小可以对其排序，其中“绿化和景观”、“科研园区和大型公共设施”的评价要比其他指标低一点. 而对总体的综合评判分值为：

$$v=4\times0.057+3\times0.318+2\times0.458+1\times0.167=2.65\,.$$

习题 7

1. 通货膨胀问题 设论域 $R^+=\{x\in\mathbf{R}:x\geqslant0\}$，它表示价格指数的集合. 将通货状态分为 5 个类型：A_1=“通货稳定”，A_2=“轻度通货膨胀”，A_3=“中度通货膨胀”，A_4=“重度通货膨胀”，A_5=“恶性通货膨胀”．对 $x\in R^+$，x 表示物价上涨 x%. $A_i(i=1, 2, 3, 4, 5)$的隶属函数为

$$A_1(x)=\begin{cases}1, & 0\leqslant x<5\\ \exp\left[-\left(\dfrac{x-5}{3}\right)^2\right], & x\geqslant5\end{cases}\ ;$$

$$A_2(x)=\exp\left[-\left(\frac{x-10}{5}\right)^2\right],\quad x\in\mathbf{R}^+;$$

$$A_3(x)=\exp\left[-\left(\frac{x-20}{7}\right)^2\right],\quad x\in\mathbf{R}^+;$$

$$A_4(x)=\exp\left[-\left(\frac{x-30}{7}\right)^2\right],\quad x\in\mathbf{R}^+;$$

$$A_5(x)=\begin{cases}\exp\left[-\left(\frac{x-50}{15}\right)^2\right], & 0\leqslant x\leqslant 50\\ 1, & x>50\end{cases}.$$

试按最大隶属原则判断：$x_1=6, x_2=21.7$ 相对属于通货膨胀的哪一种类型？

2. 设论域 $U=\{x_1,x_2,x_3,x_4\}$，且

$$A_1=\frac{0.2}{x_1}+\frac{0.4}{x_2}+\frac{0.5}{x_3}+\frac{0.1}{x_4},\qquad A_2=\frac{0.2}{x_1}+\frac{0.5}{x_2}+\frac{0.3}{x_3}+\frac{0.1}{x_4},$$

$$A_3=\frac{0.2}{x_1}+\frac{0.3}{x_2}+\frac{0.4}{x_3}+\frac{0.1}{x_4},\qquad B=\frac{0.2}{x_1}+\frac{0.3}{x_2}+\frac{0.5}{x_3}.$$

试用格贴近度判别 B 与哪个 A 最贴近.

3. 服装评判 人们对服装的评价（喜欢程度）是受花色、样式等多个因素影响，且往往又受人主观因素影响．在衣服的综合评判中取 $U=\{$花色,样式,耐穿程序,价格$\}$，$V=\{$很欢迎,较欢迎,不太欢迎,不欢迎$\}$，根据调查得到单因素评判：

$$u_1=(0.2,\ 0.5,\ 0.2,\ 0.1),\quad u_2=(0.7,\ 0.2,\ 0.1,\ 0),$$

$$u_3=(0,\ 0.4,\ 0.5,\ 0.1),\quad u_4=(0.2,\ 0.3,\ 0.5,\ 0),$$

如果有一类顾客对各个因素所持的权重分别为 $A=(0.1,\ 0.2,\ 0.3,\ 0.4)$，那么试对这类顾客作综合评判.

第8章
层次分析模型

人们在日常生活中常常碰到许多决策问题：假期旅游，是去风光绮丽的苏杭，还是去迷人的北戴河海滨，或者去山水甲天下的桂林. 如果以为这些日常小事不必作为决策问题认真对待的话，那么当你面临报考学校、挑选专业，或者选择工作岗位的时候，就要慎重考虑、反复比较，尽可能地作出满意的决策了.

人们在处理决策问题的时候，要考虑的因素有多有少，有大有小，但是一个共同的特点是它们通常都涉及经济、社会、人文等方面的因素. 在作比较、判断、评价、决策时，这些因素的重要性、影响力或者优先程度往往难以量化，人的主观选择会起着相当大的作用，这就给用一般的数学方法解决问题带来本质上的困难.

美国运筹学家托马斯·塞蒂（T.L.Saaty）等在 20 世纪 70 年代提出了一种能有效地处理这样一类问题的实用方法称为层次分析法（Analytic Hierarchy Process，简称 AHP），这是一种定性和定量相结合的、系统化、层次化的分析方法.

1. 层次分析法的基本步骤

层次分析法的基本思路与人对一个复杂的决策问题的思维、判断过程大体是一样的. 不妨以假期旅游为例，假如有 P_1, P_2, P_3 3 个旅游胜地供你选择，你会根据诸如景色、费用和居住、饮食、旅途条件等一些准则去反复比较那 3 个候选地点. 首先，你会确定这些准则在你的心目中各占多大比重，如果你经济宽绰、醉心旅游，自然特别看重景色条件，而平素俭朴或手头拮据的人则会优先考虑费用，中老年旅游者还会对居住、饮食等条件寄以较大关注. 其次，你会就每一个准则将 3 个地点进行对比，譬如 P_1 景色最好，P_2 次之；P_2 费用最低，P_3 次之；P_3 居住等条件较好等. 最后，你要将这两个层次的比较判断进行综合，在 P_1, P_2, P_3 中确定哪个作为最佳地点. 上面的思维过程可以加工整理成以下几个步骤：

① 将决策问题分解为 3 个层次，最上层为目标层，即选择旅游地，最下层为方案层，有 P_1, P_2, P_3 3 个供选择地点，中间层为准则层，有景色、费用、居住、饮食、旅途 5 个准则，各层间的联系用相连的直线表示（见图 8.1）.

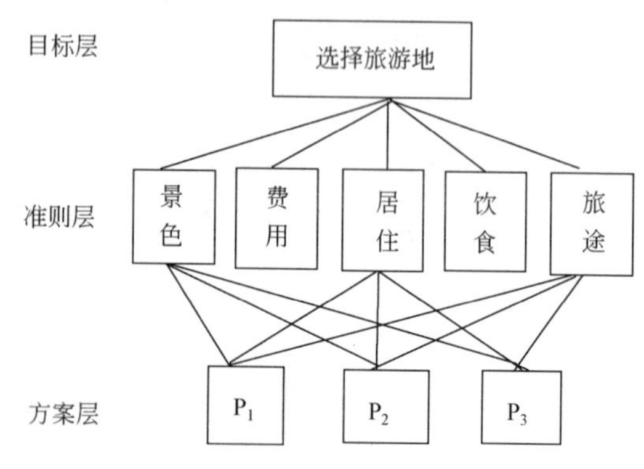

图 8.1 选择旅游地的层次结构

② 通过相互比较确定各准则对于目标的权重，及各方案对于每一准则的权重. 这些权重在人的思维过程中通常是定性的，而在层次分析法中则要给出

得到权重的定量方法.

③ 将方案层对准则层的权重及准则层对目标层的权重进行综合，最终确定方案层对目标层的权重. 在层次分析法中要给出综合的计算方法.

层次分析法将定性分析与定量计算结合起来完成上述步骤，给出决策结果. 下面我们来说明如何比较同一层各因素对上层因素的影响，从而确定它们在上层因素中占的权重.

成对比较矩阵和权向量 涉及社会、经济、人文等因素的决策问题的主要困难在于，这些因素通常不易定量地量测. 人们凭自己的经验和知识进行判断，当因素较多时给出的结果往往是不全面和不准确的，如果只是定性的结果，则常常不容易被别人接受. Saaty 等的作法，一是不把所有因素放在一起比较，而是两两相互对比；二是对比时采用相对尺度，以尽可能地减少性质不同的诸因素相互比较的困难，提高准确度.

假设要比较某一层 n 个因素 $C_1, C_2, \cdots, C_n$ 对上层一个因素 O 的影响，如旅游决策问题中比较景色等 5 个准则在选择旅游地这个目标中的重要性. 每次取两个因素 C_i 和 C_j，用 a_{ij} 表示 C_i 和 C_j 对 O 的影响之比，全部比较结果可用成对比较矩阵

$$\boldsymbol{A}=(a_{ij})_{n\times n},\ a_{ij}>0, a_{ji}=\frac{1}{a_{ij}} \tag{8.1}$$

表示. 由于式(8.1)给出的 a_{ij} 的特点，$\boldsymbol{A}$ 称为正互反矩阵. 显然必有 $a_{ii}=1$. 如用 $C_1,\cdots,C_5$ 依次表示景色、费用、居住、饮食、旅途 5 个准则,设某人用成对比较法（做 $C_5^2=\frac{5\times 4}{2}$ 次对比)得到的成对比较阵（正互反阵）为

$$\boldsymbol{A}=\begin{bmatrix} 1 & 1/2 & 4 & 3 & 3 \\ 2 & 1 & 7 & 5 & 5 \\ 1/4 & 1/7 & 1 & 1/2 & 1/3 \\ 1/3 & 1/5 & 2 & 1 & 1 \\ 1/3 & 1/5 & 3 & 1 & 1 \end{bmatrix}, \tag{8.2}$$

式（8.2）中 $a_{12}=1/2$ 表示景色 C_1 与费用 C_2 对选择旅游地这个目标 O 的重要性之比为 1∶2; $a_{13}=4$ 表示景色 C_1 与居住条件 C_3 之比为 4∶1；$a_{23}=7$ 表示费用 C_2 与居住条件 C_3 之比为 7∶1. 可以看出在此人选择旅游地时，费用因素最重，景色次之. 怎样由成对比较阵确定诸因素 $C_1,\cdots,C_n$ 对上层因素 O 的权重呢？

仔细分析一下式(8.2)给出的成对比较阵 $\boldsymbol{A}$ 可以发现，既然 C_1 与 C_2 之比为 1∶2，C_1 与 C_3 之比为 4∶1，那么 C_2 与 C_3 之比应为 8∶1 而不是 7∶1 才能说明成对比较是一致的. 但是，n 个因素要作 $n(n-1)/2$ 次成对比较，全部一致的要求是太苛刻了. Saaty 等人给出了在成对比较不一致的情况下计算各因素 $C_1,\cdots,C_n$ 对因素 O 的权重的方法，并且确定了这种不一致的容许范围. 为了说明这点我们先看成对比较完全一致的情况.

设想把一块大石头 O 砸成 n 块小石头 $C_1,\cdots,C_n$，如果精确地称出它们的重量为 $w_1,\cdots,w_n$，在作成对比较时令 $a_{ij}=w_i/w_j$，那么得到

$$\boldsymbol{A}=\begin{bmatrix} w_1/w_1 & w_1/w_2 & \cdots & w_1/w_n \\ w_2/w_1 & w_2/w_2 & \cdots & w_2/w_n \\ \vdots & \vdots & \vdots & \vdots \\ w_n/w_1 & w_n/w_2 & \cdots & w_n/w_n \end{bmatrix}, \tag{8.3}$$

这些比较显然是，一致的，n 块小石头对大石头的权重（即在大石头中占的比重）可用向量 $\boldsymbol{w}=(w_1,w_2,\cdots,w_n)^{\mathrm{T}}$ 表示，如果大石头为单位重量，则有 $\sum_{i=1}^{n} w_i=1$. 显然，$\boldsymbol{A}$ 的各个列向量与 $\boldsymbol{w}$ 仅相差一个比例因子.

一般地，如果一个正互反阵 $\boldsymbol{A}$ 满足

$$a_{ij}\cdot a_{jk}=a_{ik},\quad i,j,k=1,2,\cdots,n, \tag{8.4}$$

则 $\boldsymbol{A}$ 称为一致性矩阵，简称一致阵. 式(8.3)给出的 $\boldsymbol{A}$ 显然是一致阵. 容易证明 n 阶一致阵 $\boldsymbol{A}$ 有下列性质：

① $\boldsymbol{A}$ 的秩为 1，$\boldsymbol{A}$ 的唯一非零特征根为 n；

② $\boldsymbol{A}$ 的任一列（行）向量都是对应于特征根 n 的特征向量.

如果得到的成对比较阵是一致阵，像式(8.3)的 $\boldsymbol{A}$，自然应取对应于特征根 n 的、归一化的特征向量（即分量之和为 1）表示诸因素 $\mathrm{C}_1,\cdots,\mathrm{C}_n$ 对上层因素 O 的权重，这个向量称为权向量. 如果成对比较阵 $\boldsymbol{A}$ 不是一致阵，但在不一致的容许范围内（下面将说明如何确定这个范围），Saaty 等建议用对应于 $\boldsymbol{A}$ 最大特征根（记作 λ）的特征向量（归一化后）作为权向量 $\boldsymbol{w}$，即 $\boldsymbol{w}$ 满足

$$\boldsymbol{A}\boldsymbol{w}=\lambda\boldsymbol{w}, \tag{8.5}$$

直观地看，因为矩阵 $\boldsymbol{A}$ 的特征根和特征向量连续地依赖于矩阵的元素 a_{ij}，所以当 a_{ij} 离一致性的要求不远时，$\boldsymbol{A}$ 的特征根和特征向量也与一致阵的相差不大. 式(8.5)表示的方法称为由成对比较阵求权向量的特征根法.

比较尺度 当比较两个可能具有不同性质的因素 C_i 和 C_j 对于一个上层因素 O 的影响时，采用什么样的相对尺度比较好呢？Saaty 等提出用 1-9 尺度，即 a_{ij} 的取值范围是 1, 2, …, 9 及其互反数 1, 1/2, …, 1/9. 理由如下.

① 在进行定性的成对比较时，人们头脑中通常有 5 种明显的等级，用 1-9 尺度可以方便地表示如表 8.1.

② 心理学家认为，进行成对比较的因素太多，将超出人的判断能力，最多大致在 7 ± 2 范围，如以 9 个为限，用 1-9 尺度表示它们之间的差别正合适.

③ Saaty 曾用 1-3，1-5，…，1-17，…，$(d+0.1)$–$(d+0.9)(d=1,2,3,4)$，1^p-$9^p(p=2,3,4,5)$等共 27 种比较尺度，对在不同距离处判断某光源的亮度等实例构造成对比较阵，并算出权向量. 把这些权向量与按照光强定律等物理知识得到的，或实际测量出的权向量进行对比发现，1-9 比较尺度不仅在较简单的尺度中最好，而且结果并不劣于较复杂的尺度.

表 8.1　1-9 比较尺度 a_{ij} 的含义

尺度 a_{ij}	含　义
1	C_i 与 C_j 的影响相同
3	C_i 比 C_j 的影响稍强
5	C_i 比 C_j 的影响强
7	C_i 比 C_j 的影响明显的强
9	C_i 比 C_j 的影响绝对的强
2，4，6，8	C_i 比 C_j 的影响之比在两个等级之间
1，1/2，…，1/9	C_i 比 C_j 的影响之比与上相反

目前在层次分析法的应用中，大多数人都用 1-9 尺度，式（8.2）中的 $\boldsymbol{A}$ 就是这个尺度. 关

于不同尺度的讨论也一直存在着.

一致性检验 成对比较阵通常不是一致阵，但是为了能用它的对应于特征根 λ 的特征向量作为被比较因素的权向量，不一致程度应在允许范围内. 怎样确定这个范围呢？

前面已经给出 n 阶一致阵的特征根是 n，下面我们给出一个重要的定理：n 阶正互反阵 $\boldsymbol{A}$ 的最大特征根 $\lambda \gg n$，而当 $\lambda=n$ 时 $\boldsymbol{A}$ 是一致阵.

根据上述定理和 λ 连续地依赖于 a_{ij} 的事实可知，λ 比 n 大得越多，$\boldsymbol{A}$ 的不一致程度越严重，用特征向量作为权向量引起的判断误差越大，因而可以用 $\lambda-n$ 数值的大小来衡量 $\boldsymbol{A}$ 的不一致程度. Saaty 将

$$CI=\lambda-n/n-1 \tag{8.6}$$

定义为**一致性指标** $CI=0$ 时 $\boldsymbol{A}$ 为一致阵；CI 越大 $\boldsymbol{A}$ 的不一致程度越严重. 注意到 $\boldsymbol{A}$ 的 n 个特征根之和等于 $\boldsymbol{A}$ 的对角元素之和（为什么？），而 $\boldsymbol{A}$ 的对角元素均为 1，所以特征根之和 $\sum\lambda_i=n$.（不妨记 $\lambda_i=\lambda$）. 由此可知，一致性指标 CI 相当于除 λ 外其余 $n-1$ 个特征根的平均值（取绝对值）.

为了确定 $\boldsymbol{A}$ 的不一致程度的容许范围，需要找出衡量 $\boldsymbol{A}$ 的一致性指标 CI 的标准. Saaty 又引入所谓随机一致性指标 RI，计算 RI 的过程是：对于固定的 n，随机地构造正互反阵 $\boldsymbol{A}'$ [它的元素 $a_{ij}(i<j)$ 从 1-9，1-1/9 中随机取值，a_{ji} 为 a_{ij} 的互反数，$a_{ii}=1$]，然后计算 $\boldsymbol{A}'$的一致性指标 CI. 可以想到，$\boldsymbol{A}'$是非常不一致的，它的 CI 相当大. 如此构造相当多的 $\boldsymbol{A}'$，用它们的 CI 的平均值作为随机一致性指标. Saaty 对于不同的 $n(=1\sim11)$，用 100～500 个样本 $\boldsymbol{A}'$算出的随机一致性指标 RI 的数值如表 8.2 所示.

表 8.2 随机一致性指标 *RI* 的数值

n	1	2	3	4	5	6	7	8	9	10	11
RI	0	0	0.58	0.90	1.12	1.24	1.32	1.41	1.45	1.49	1.51

表中 $n=1,2$ 时 $RI=0$,是因为 1, 2 阶的正互反阵总是一致阵. 对于 $n\geqslant3$ 的成对比较阵 $\boldsymbol{A}$，将它的一致性指标 CI 与同阶（指 n 相同）的随机一致性指标 RI 之比称为**一致性比率 *CR***，当

$$CR=CI/RI<0.1 \tag{8.7}$$

时认为 $\boldsymbol{A}$ 的不一致程度在容许范围之内，可用其特征向量作为权向量. 否则要重新进行成对比较，对 $\boldsymbol{A}$ 加以调整. 顺便指出，式（8.7）中 0.1 的选取是带有一定主观信度的.

对于 $\boldsymbol{A}$ 利用式（8.6）、式（8.7）和表 8.2 进行检验称为一致性检验. 当检验不通过时，要重新进行成对比较，或对已有的 $\boldsymbol{A}$ 进行修正.

对于式（8.2）给出的 $\boldsymbol{A}$ 可以算出，$\lambda=5.073$. 归一化的特征向量

$$\boldsymbol{w}=(0.263, 0.475, 0.055, 0.099, 0.110)^{\mathrm{T}},$$

由式(8.6) $CI=(5.073-5)/(5-1)=0.018$，在表 8.2 中查出 $RI=1.12$，按式（8.7）计算 $CR=0.018/1.12=0.016$，于是通过了一致性检验，故上述 $\boldsymbol{w}$ 可作为权向量.

组合权向量 在旅游决策问题中我们已经得到了第 2 层（准则层）对第 1 层（目标层，只有一个因素）的权向量，记作[即由式（8.2）的 $\boldsymbol{A}$ 算出的 w]. 用同样的方法构造第 3 层（方案层，见图 8.1）对第 2 层的每一个准则的成对比较阵，不妨设它们为

$$\boldsymbol{B}_1=\begin{bmatrix}1 & 2 & 5\\ 1/2 & 1 & 2\\ 1/5 & 1/2 & 1\end{bmatrix},\quad \boldsymbol{B}_2=\begin{bmatrix}1 & 1/3 & 1/8\\ 3 & 1 & 1/3\\ 8 & 3 & 1\end{bmatrix},\quad \boldsymbol{B}_3=\begin{bmatrix}1 & 1 & 3\\ 1 & 1 & 3\\ 1/3 & 1/3 & 1\end{bmatrix},$$

$$
B_4=\begin{bmatrix} 1 & 3 & 4 \\ 1/3 & 1 & 1 \\ 1/4 & 1 & 1 \end{bmatrix}, \qquad B_5=\begin{bmatrix} 1 & 1 & 1/4 \\ 1 & 1 & 1/4 \\ 4 & 4 & 1 \end{bmatrix}.
$$

这里矩阵 $\boldsymbol{B}_k(k=1, \cdots, 5)$中的元素 $B_{ij}^{(k)}$是方案(旅游地)P_i与 P_j对于准则 C（景色、费用等）的优越性的比较尺度.

由第 3 层的成对比较阵 $\boldsymbol{B}_k$ 计算出权向量 $\boldsymbol{w}_k^{(3)}$，最大特征根 λ_k 和一致性指标 CI_k，结果列入表 8.3.

不难看出，由于 n=3 时随机一致性指标 RI=0.58（见表 8.2），所以上面的 CI_k 均可通过一致性检验.

下面的问题是由各准则对目标的权向量 $\boldsymbol{w}^{(2)}$和各方案对每一准则的权向量 $\boldsymbol{w}_k^{(3)}$ $(k=1,2,\cdots,5)$，计算各方案对目标的权向量,称为组合权向量，记作 $\boldsymbol{w}^{(3)}$. 对于方案 P_1，它在景色等 5 个准则中的权重用 $\boldsymbol{w}_k^{(3)}$的第 1 个分量表示（表 8.3 中 $\boldsymbol{w}^{(3)}$的第 1 行），而 5 个准则对于目标的权重又用权向量 $\boldsymbol{w}^{(2)}$表示，所以方案 P_1 在目标中的组合权重应为它们相应项的两两乘积之和，即

$$
0.5950\times0.263+0.82\times0.475+0.429\times0.05+0.633\times0.099+0.166\times0.11=0.3.
$$

同样可以算出 P_2, P_3 在目标中的组合权重为 0.246 和 0.456，于是组合权向量 $\boldsymbol{w}^{(3)}=(0.300，0.246，0.456)^{\mathrm{T}}$. 结果表明方案 P_3 在旅游地选择中占的权重近于 1/2，远大于 P_1，P_2，应作为第 1 选择地点.

表 8.3　旅游决策问题第 3 层的计算结果

k	1	2	3	4	5
$\boldsymbol{w}_k^{(3)}$	0.595 0.277 0.129	0.082 0.236 0.682	0.429 0.429 0.142	0.633 0.193 0.175	0.1664 0.166 0.668
λ	3.005	3.002	3	3.009	3
CI_{k}	0.003	0.001	0	0.005	0

由上述计算可知，对于 3 个层次的决策问题，若第一层只有 1 个因素，第 2，3 层分别有 n，m 个因素，记第 2，第 3 层对第 1，第 2 层的权向量分别为

$$
\boldsymbol{w}^{(2)}=(w_1^{(2)}, \cdots, w_n^{(2)})^{\mathrm{T}},
$$

$$
\boldsymbol{w}_k^{(3)}=(w_{k1}^{(3)}, \cdots, w_{km}^{(3)})^{\mathrm{T}}, \quad k=1,2\cdots,n,
$$

以 $\boldsymbol{w}_k^{(3)}$为列向量构成矩阵

$$
\boldsymbol{w}^{(3)}=[w_1^{(3)}, \cdots, w_n^{(3)}],
$$

则 3 层对第 1 层的组合权向量为

$$
\boldsymbol{w}^{(3)}=\boldsymbol{W}^{(3)}\boldsymbol{w}^{(2)}, \tag{8.8}
$$

更一般地，若共有 s 层，则第 k 层对第 1 层（设只有 1 个因素）组合权向量满足

$$
\boldsymbol{w}^{(k)}=\boldsymbol{W}^{(k)}\boldsymbol{w}^{(k-1)}, \quad k=3, 4, \cdots, s, \tag{8.9}
$$

其中 $\boldsymbol{W}^{(k)}$是以第 k 层对第 k–1 层的权向量为列向量组成的矩阵. 于是最下层（第 s 层）对最上层的组合权向量为

$$
\boldsymbol{w}^{(s)}= \boldsymbol{w}^{(s)}\boldsymbol{w}^{(s-1)}\cdots\boldsymbol{W}^{(3)}\boldsymbol{w}^{(2)}, \tag{8.10}
$$

组合一致性检验　在层次分析的整个计算过程中，除了对每个成对比较阵进行一致性检验，以判断每个权向量是否可以应用外，还要进行所谓组合一致性检验，以确定组合权向量是否可以作为最终的决策依据.

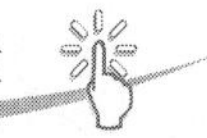

组合一致性检验可逐层进行. 若第 p 层的一致性指标为 $CI_1^{(p)}$, …, $CI_n^{(p)}$ (n 是第 p–1 层因素的数目)，随机一致性指标为 $RI_1^{(p)}$, …, $RI_n^{(p)}$，定义

$$CI^{(p)}=[CI_1^{(p)}, \cdots, CI_n^{(p)}]w^{(p-1)}, \tag{8.11}$$

$$RI^{(p)}=[RI_1^{(p)}, \cdots, RI_n^{(p)}]w^{(p-1)}, \tag{8.12}$$

则第 p 层对第 1 层的组合一致性比率为

$$CR^{(p)}=CR^{(p-1)}+CI^{(p)}/RI^{(p)}, \quad p=3, 4, \cdots, s. \tag{8.13}$$

其中 $CR^{(2)}$为由式(8.7)计算的一致性比率. 最后，当最下层对最上层的组合一致性比率 $CR^{(s)}<0.1$ 时认为整个层次的比较判断通过一致性检验.

在旅游决策问题中可以算出 $CI^{(3)}=0.00176$，$RI^{(3)}=0.58$，前面已经有 $CR^{(2)}=0.016$，于是由式(8.13)得到 $CR^{(3)}=0.016+0.00176/0.58=0.019<0.1$,

通过了组合一致性检验，前面得到的组合权向量 $\boldsymbol{W}^{(3)}$可以作为终决策的依据.

在本节的最后，将**层次分析法的基本步骤**归纳如下.

① **建立层次结构模型**　在深入分析实际问题的基础上，将有关的各个因素按照不同属性自上而下地分解成若干层次. 同一层的诸因素从属于上一层的因素或对上层因素有影响，同时又支配下一层的因素或受到下层因素的作用. 而同一层的各因素之间尽量相互独立. 最上层为目标层，通常只有 1 个因素，最下层通常为方案或对象层，中间可以有 1 个或几个层次，通常为准则或指标层. 当准则过多时（譬如多于 9 个）应进一步分解出子准则层.

② **构造成对比较阵**　从层次结构模型的第 2 层开始，对于从属于（或影响及）上一层每个因素的同一层诸因素，用成对比较法和 1-9 比较尺度构造成对比较阵，直到最下层.

③ **计算权向量并做一致性检验**　对于每一个成对比较阵计算最大特征根及对应特征向量，利用一致性指标，随机一致性指标和一致性比率做一致性检验. 若检验通过，特征向量（归一化后）即为权向量；若不通过，需重新构造成对比较阵.

④ **计算组合权向量并做组合一致性检验**　利用式(8.10)计算最下层对目标的组合权向量，并根据式(8.11)～式(8.14)做组合一致性检验. 若检验通过，则可按照组合权向量表示的结果进行决策，否则需重新考虑模型或重新构造那些一致性比率 CR 较大的成对比较阵.

2. 层次分析法的广泛应用

层次分析法在 T. L. Saaty 正式提出来之后，由于它在处理复杂的决策问题上的实用性和有效性，很快就在世界范围内得到普遍的重视和广泛的应用. 三十多年来它的应用已遍及经济计划和管理、能源政策和分配、行为科学、军事指挥、运输、农业、教育、人才、医疗、环境等领域. 从处理问题的类型看，主要是决策、评价、分析、预测. 这个方法在 20 世纪 80 年代初引入我国，也很快为广大的应用数学工作者和有关领域的技术人员所接受，得到了成功的应用.

从上面介绍的层次分析法的基本步骤看，建立层次结构模型是关键的一步，下面给出应用实例时即以这一步为主构造成对比较阵是整个工作的数量依据，当然是重要的，应当由经验和知识丰富、判断力强的专家给出，还不妨采用群体判断的方式，至于第③, 第④步的计算工作，数学工作者是容易完成的.

例 1　管理信息系统综合评价

当今任何部门每天都会接触到大量的信息，信息管理水平的高低直接关系着工作效率，

甚至生存条件. 财务、库存、销售、行政、……各种各样的管理信息系统(MIS)开发完成或准备推广时，通常要作全面的检查、测试和分析，AHP 是进行综合评价的方法之一.

某一类管理信息系统的综合评价指标体系如下.

（1）系统建设 B_1

- 科学性 C_{11}　规划目标的科学性，经济、技术、管理上的可行性.
- 实现程度 C_{12}　是否达到系统分析阶段提出的目标.
- 先进性 C_{13}　融合了先进的管理科学知识，有较强的适应性.
- 经济性 C_{14}　投资——功能比.
- 资源利用率 C_{15}　对软硬件、信息资源的利用程度.
- 规范性 C_{16}　遵循国际标准、国家标准或行业标准，易于使用、维护和扩充.

（2）系统性能 B_2

- 可靠性 C_{21}　主要是软硬件系统的可靠性.
- 系统效率 C_{22}　系统响应时间、周转时间、吞吐量等.
- 可维护性 C_{23}　确定、修正系统的错误所需的代价.
- 可扩充性 C_{24}　系统结构、硬件设备、软件功能的可扩充程度.
- 可移植性 C_{25}　将系统移植到另一种软硬件环境的代价.
- 安全性 C_{26}　当自然或人为故障造成系统破坏时的有效对策.

（3）系统应用 B_3

- 经济效益 C_{31}　降低成本、增加利润、提高竞争力、改进服务质量等.
- 社会效益 C_{32}　提高科技水平、合理利用资源、增进社会福利、保护生态环境等.
- 用户满意度 C_{33}，人机界面友好、操作方便、容错性强、有帮助功能等.
- 功能应用程度 C_{34}　是否达到预期的技术指标.

用以上各评价指标构造层次结构，形成目标层 A、准则层 B、子准则层 C 和方案层 D，如图 8.2 所示.

由专家和用户组成的小组对 3 个 MIS 系统 D_1, D_2, D_3 进行综合评价，将成比较阵略去，得到的权向量及一致性检验的结果如下.

准则层 B 对目标层 A 的权向量 $\boldsymbol{w}^{(2)}=(0.162，0.309，0.529)^{\mathrm{T}}$，一致性指标 $CI^{(2)}=0.0056$. 子准则层 C 对 B_1, B_2, B_3 的权向量分别为 $\boldsymbol{w}^{(31)}=(0.101，0.177，0.177，0.312，0.056，0.177)^{\mathrm{T}}$，$\boldsymbol{w}^{(32)}=(0.350，0.126，0.230，0.126，0.043，0.126)^{\mathrm{T}}$，$\boldsymbol{w}^{(33)}=(0.336，0.161，0.420，0.082)^{\mathrm{T}}$，一致性指标分别为 $CI^{(31)}=0.0043$，$CI^{(32)}=0.0048$，$CI^{(33)}=0.0061$.

方案层 D 对子准则层 C（共 16 个因素）的权向量 $\boldsymbol{w}_k^{(4)}$和一致性指标 $CI_k^{(4)}(k=1, 2,\cdots, 16)$ 列入表 8.4，其中 $\boldsymbol{C}$ 对 $\boldsymbol{A}$ 的权向量 $\boldsymbol{w}^{(3)}=\boldsymbol{W}^{(3)}\boldsymbol{w}^{(2)}$，而 $\boldsymbol{W}^{(3)}$是以 $\tilde{\boldsymbol{w}}^{(31)}, \tilde{\boldsymbol{w}}^{(32)}, \tilde{\boldsymbol{w}}^{(33)}$ 为列向量的 16×3 矩阵 [见式 (8.8)]，$\tilde{\boldsymbol{w}}^{(31)}=(w^{(31)},0,0,0,0,0,0,0,0,0,0)^{\mathrm{T}}$，$\tilde{\boldsymbol{w}}^{(32)}=(0,0,0,0,0,0,w^{(32)},0,0,0,0)^{\mathrm{T}}$，$\tilde{\boldsymbol{w}}^{(33)}=(0,0,0,0,0,0,0,0,0,0,0,0,w^{(33)})^{\mathrm{T}}$.

以表 8.4 中的 16 个权向量 $\boldsymbol{w}_k^{(4)}$为列向量构成 3×16 矩阵 $\boldsymbol{W}^{(3)}$，则方案层 D 对目标层 A 的组合权向量为 $\boldsymbol{w}^{(4)}=\boldsymbol{W}^{(4)}\boldsymbol{w}^{(3)}=(0.315，0.478，0.207)^{\mathrm{T}}$.

各层的一致性检验及组合一致性检验全部通过，上面得到的组合权向量可以作为 3 个 MIS 系统综合评价的依据，即系统 D_2 最优，D_1 次之.

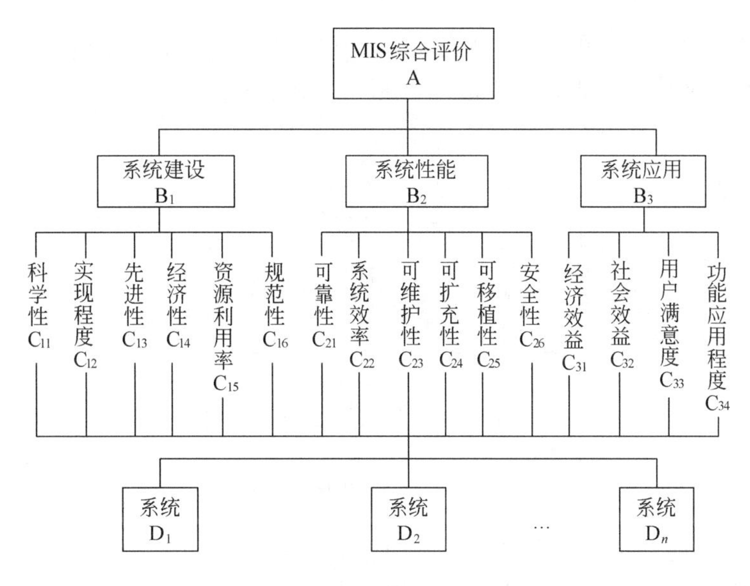

图 8.2　MIS 综合评价的层次结构

表 8.4　MIS 综合评价中方案层 D 对子准则层 C 的计算结果

项目	C_{11}	C_{12}	C_{13}	C_{14}	C_{15}	C_{16}	C_{21}	C_{22}
$\boldsymbol{w}^{(3)}$	0.016	0.029	0.029	0.051	0.009	0.029	0.108	0.039
$\boldsymbol{w}_k^{(4)}$	0.462	0.344	0.462	0.162	0.535	0.462	0.333	0.462
	0.369	0.535	0.369	0.309	0.344	0.369	0.476	0.369
	0.169	0.121	0.169	0.529	0.121	0.169	0.190	0.169
CI	0.0111	0.0127	0.0111	0.0056	0.0127	0.0111	0.0304	0.0111
项目	C_{23}	C_{24}	C_{25}	C_{26}	C_{31}	C_{32}	C_{33}	C_{34}
$\boldsymbol{w}^{(3)}$	0.071	0.039	0.013	0.039	0.178	0.085	0.223	0.043
$\boldsymbol{w}_k^{(4)}$	0.109	0.309	0.309	0.109	0.462	0.231	0.274	0.309
	0.570	0.529	0.529	0.570	0.369	0.554	0.632	0.162
	0.321	0.162	0.162	0.321	0.169	0.215	0.095	0.529
CI	0.0027	0.0056	0.0056	0.0027	0.0111	0.0103	0.0136	0.0056

例 2　工作选择

一个刚获得学位的大学毕业生面临选择工作岗位，他将要考虑的准则有：能够发挥自己的才干为国家作贡献；丰厚的收入；适合个人的兴趣及发展；良好的声誉；人际关系；地理位置等，于是他可以构造如图 8.3 所示的层次结构，用层次分析法确定可供选择的工作的优先顺序.

你认为这些准则合适吗？试给出准则层对目标的成对比较阵.

通过以上列举的几个实例可以大体上看出层次分析法的应用模式和涉及范围. 顺便指出，在这个方法提出和完善的 20 世纪 70 年代，Saaty 等曾用它解决过一些国际或国家级的重大课题，如 1985 年世界石油价格的预测，苏丹运输系统的研究，美国未来高等教育(1985—2000)的规划等.

3．层次分析法的若干问题

层次分析法问世以来不仅得到广泛的应用，而且在理论体系、计算方法以及建立更复杂的层次结构等方面都有很快的发展. 本章将着重从应用的角度讨论几个问题，对它的公理化体系等方面有兴趣的读者可参看其他相关书籍.

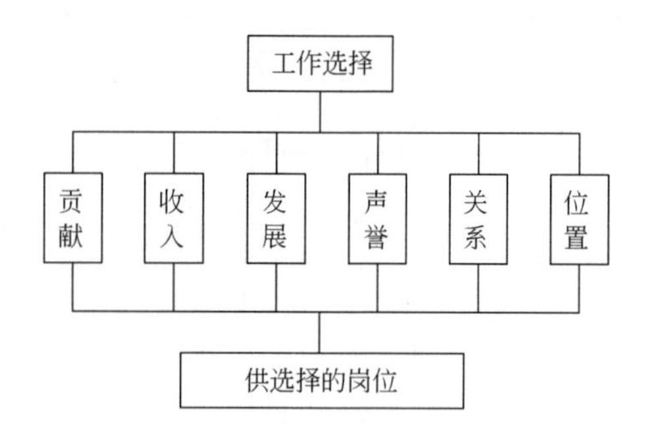

图 8.3　工作选择的层次结构

（1）正互反阵最大特征根和对应特征向量的性质

成对比较阵是正互反阵. 层次分析中用对应它的最大特征根的特征向量作为权向量，用最大特征根定义一致性指标式（8.6）进行一致性检验. 这里人们首先碰到的问题是:正互反阵是否存在正的最大特征根和正的特征向量;一致性指标的大小是否反映它接近一致阵的程度，特别，当一致性指标为零时，它是否就变为一致阵. 下面两个定理可以回答这些问题.

定理 1　对于正矩阵 $\boldsymbol{A}$（$\boldsymbol{A}$ 的所有元素为正数），

① $\boldsymbol{A}$ 的最大特征根是正单根 λ；

② λ 对应正特征向量 $\boldsymbol{w}$（$\boldsymbol{w}$ 的所有分量为正数）；

③ $\lim\limits_{k\to\infty}\dfrac{\boldsymbol{A}^k\boldsymbol{I}}{\boldsymbol{I}^{\mathrm{T}}\boldsymbol{A}^k\boldsymbol{I}}=\boldsymbol{w}$，其中 $\boldsymbol{I}=(1,1,\cdots,1)^{\mathrm{T}}$，$\boldsymbol{w}$ 是对应 λ 的归一化特征向量.

定理的①、②是著名的 Perron(1907)定理的一部分，③可通过将 $\boldsymbol{A}$ 化为标准形证明（略）.

定理 2　n 阶正互反阵 $\boldsymbol{A}$ 的最大特征根 $\lambda\geqslant n$；当 $\lambda=n$ 时 $\boldsymbol{A}$ 是一致阵.

定理 2 和前面所述的一致阵的性质表明，n 阶正互反阵 $\boldsymbol{A}$ 是一致阵的充要条件为，$\boldsymbol{A}$ 的最大特征根 $\lambda=n$.

上述结论为特征根法用于层次分析提供了一定的理论依据.

（2）正互反阵最大特征根和特征向量的实用算法

众所周知，用定义计算矩阵的特征根和特征向量是相当困难的，特别是矩阵阶数较高的时候. 另一方面，因为成对比较阵是通过定性比较得到的比较粗糙的量化结果，对它作精确计算是不必要的，所以完全可以用简便的近似方法计算其特征根和特征向量，下面介绍几种.

① **幂法**　步骤如下.

a）任取 n 维归一化初始向量 $\boldsymbol{w}^{(0)}$；

b）计算 $\tilde{\boldsymbol{w}}^{(k+1)}=\boldsymbol{A}\boldsymbol{w}^{(k)}, k=0,1,2,\cdots$；

c）$\tilde{\boldsymbol{w}}^{(k+1)}$ 归一化，即令 $\boldsymbol{w}^{(k+1)}=\tilde{\boldsymbol{w}}^{(k+1)}/\sum\limits_{i=1}^{n}\tilde{w}_i^{(k+1)}$；

d）对于预先给定的精度 ε，当 $|w_i^{(k+1)}-w_i^{(k)}|<\varepsilon(i=1,2,\cdots,n)$，$w^{(k+1)}$ 即为所求的特征向量;否则返回 b)；

e）计算最大特征根 $\lambda=\dfrac{1}{n}\sum\limits_{i=1}^{n}\dfrac{\tilde{w}_i^{(k+1)}}{w_i^{(k)}}$.

这是求最大特征根对应特征向量的迭代方法，其收敛性由定理 1 的③保证. $\boldsymbol{w}^{(0)}$可任选或取为下面方法得到的结果.

② **和法** 步骤如下.

a）将 $\boldsymbol{A}$ 的每一列向量归一化得 $\tilde{w}_{ij}=a_{ij}/\sum\limits_{i=1}^{n}a_{ij}$；

b）对 $\tilde{w}_{ij}$ 按行求和得 $\tilde{w}_i=\sum\limits_{j=1}^{n}\tilde{w}_{ij}$；

c）将 $\tilde{w}_i$ 归一化 $w_i=\tilde{w}_i/\sum\limits_{j=1}^{n}\tilde{w}_i^*$，$W=(w_1,w_2,\cdots,w_n)^{\mathrm{T}}$ 即为近似特征向量.

d）计算 $\lambda=\dfrac{1}{n}\sum\limits_{i=1}^{n}\dfrac{(\boldsymbol{Aw})_i}{w_i}$,作为最大特征根的近似值.

这个方法实际上是将 $\boldsymbol{A}$ 的列向量归一化后取平均值，作为 $\boldsymbol{A}$ 的特征向量. 因为当 $\boldsymbol{A}$ 为一致阵时它的每一列向量都是特征向量，所以若 $\boldsymbol{A}$ 的不一致性不严重，则取 $\boldsymbol{A}$ 的列向量（归一化后）的平均值作为近似特征向量是合理的.

③ **根法** 步骤与和法基本相同，只是将步骤 b）改为对 $\tilde{w}_{ij}$ 按行求积并开 n 次方，即

$$\tilde{w}_i=(\prod_{j=1}^{n}\tilde{w}_{ij})^{1/n}.$$

根法是将和法中求列向量的算术平均值改为求几何平均值.

以上 3 个方法中以和法最为简便. 试用它计算一个例子:

$$\boldsymbol{A}=\begin{pmatrix}1&2&6\\1/2&1&4\\1/6&1/4&1\end{pmatrix}\xrightarrow[\text{归一化}]{\text{列向量}}\begin{pmatrix}0.6&0.615&0.545\\0.3&0.308&0.364\\0.1&0.077&0.091\end{pmatrix}\xrightarrow[\text{求和}]{\text{按行}}$$

$$\begin{pmatrix}1.760\\0.972\\0.268\end{pmatrix}\xrightarrow{\text{归一化}}\begin{pmatrix}0.587\\0.324\\0.089\end{pmatrix}=\boldsymbol{w},\quad \boldsymbol{Aw}=\begin{pmatrix}1.769\\0.974\\0.268\end{pmatrix},$$

$$\lambda=\frac{1}{3}\left(\frac{1.769}{0.587}+\frac{0.974}{0.324}+\frac{0.268}{0.089}\right)=3.009.$$

精确计算给出 $\boldsymbol{w}=(0.588,\ 0.322,\ 0.090)^{\mathrm{T}}$，$\lambda=3.010$. 二者相比，相差甚微.

（3）为什么用成对比较阵的特征向最作为权向量

我们知道,当成对比较阵 $\boldsymbol{A}$ 是一致阵时，a_{ij} 与权向量 $\boldsymbol{w}=(w_1,\cdots,w_n)$的关系满足 $a_{ij}=w_i/w_j$，那么当 $\boldsymbol{A}$ 不是一致阵时，权向量 $\boldsymbol{w}$ 的选择应使得 a_{ij} 与 w_i/w_j 相差（对所有的 i，j）尽量地小.这样，如果从拟合的角度看，确定 $\boldsymbol{w}$ 可以化为如下的最小二乘问题:

$$\min_{w_i(i=1,\cdots,n)}\sum_{i=1}^{n}\sum_{j=1}^{n}(a_{ij}-\frac{w_i}{w_j})^2 \tag{8.14}$$

由式（8.14）得到的最小二乘权向量一般与特征根法得到的不同，因为式（8.14）将导致求解关于 w_i 的非线性方程组，计算复杂，且不能保证得到全局最优解，没有实用价值.

如果改为对数最小二乘问题

$$\min_{w_i(i=1,\cdots,n)}\sum_{i=1}^{n}\sum_{j=1}^{n}(\ln a_{ij}-\ln\frac{w_i}{w_j})^2 \tag{8.15}$$

则化为求解关于$\ln w_i$的线性方程组.可以验证，如此解得的w_i恰是前面根法计算的结果.

特征根法解决这个问题的途径可通过对定理 2 的证明看出.

由上可知，用不同标准确定的权向量是不同的（当然，若$\boldsymbol{A}$为一致阵，则用所有标准确定的权向量应相同）. 那么，相对其他方法而言，特征根法有什么优越性呢?

当比较$C_1, C_2,\cdots,C_n$ n个因素对上层某因素的影响时，a_{ij}是C_i对C_j（直接比较）的强度，不妨称为 1 步强度，若记$A^2=(a_{ij}{}^{(2)})$.则不难得到$a_{ij}{}^{(2)}=\sum\limits_{s=1}^{n}a_{is}a_{sj}$，即$a_{is}$是$C_i$通过$C_s$（$s$=1…$n$）对$C_j$比较的强度之和，称 2 步强度，它已包含了 1 步强度a_{ij}（因为和式中包括$s=i,j$）. 显然$a_{ij}{}^{(2)}$，比a_{ij}更能反映C_i对C_j的强度.类似地，记$A^k=(a_{ij}{}^{(k)})$为 k 步强度，它包含了 1 步至k-1 步强度，k越大，$(a_{ij}{}^{(k)})$越能全面地反映C_i对C_j的强度，可以认为$a_{ij}{}^{(k)}$体现了相互比较的多步累积效应.

更进一步可以证明，对于正互反阵$\boldsymbol{A}$和每一对(i,j)，存在k_0，当$k>k_0$时，$a_{is}{}^{(k)}\geqslant a_{js}{}^{(k)}$或$a_{is}{}^{(k)}\leqslant a_{js}{}^{(k)}$对所有$s(1\leqslant s\leqslant n)$成立.这表明对于足够大$k$，$\boldsymbol{A}^k$的第$i$行元素给出了$C_i$在全部因素中排序权重的信息，可以用这行元素之和作为C_i的权重的度量，即以$\dfrac{\boldsymbol{A}^k\boldsymbol{I}}{\boldsymbol{I}^{\mathrm{T}}\boldsymbol{A}^k\boldsymbol{I}}(\boldsymbol{I}=(1,1,\cdots,1)^T)$为诸因素的权向量，其中分母是归一化的需要，回顾本小节定理 1 的(3)，当$k\to\infty$时，这个权向量正是$\boldsymbol{A}$的特征向量$\boldsymbol{w}$，即

$$\boldsymbol{w}=\lim_{k\to\infty}\frac{\boldsymbol{A}^k\boldsymbol{L}}{\boldsymbol{L}^T\boldsymbol{A}^k\boldsymbol{L}} \tag{8.16}$$

由式（8.16）用级数理论还不难证明

$$\boldsymbol{w}=\lim_{m\to\infty}\frac{1}{m}\sum_{k=1}^{m}\frac{\boldsymbol{A}^k\boldsymbol{L}}{\boldsymbol{L}^T\boldsymbol{A}^k\boldsymbol{L}} \tag{8.17}$$

以上分析表明，无论从全面反映因素间强度对比的多步累积效应的意义[式（8.16）]，还是从各个多步累积效应的平均的意义上[式（8.17）]，用特征向量作权向量优于用其他方法得到的权向量.

4．不完全层次结构中组合权向量的计算

在前面列举的大多数层次结构模型中，上一层的每个因素都支配着下一层的所有因素，或被一层所有因索影响如图 8.1，这种层次结构称为完全的.但是也有的层次结构不是这样，如图 8.2，那里准则层中的一个因素，只支配子准则层的一部分因素，这种层次结构称为不完全的. 不过，这类只出现在各准则层中的不完全性容易处理.如例 1 中，我们将不支配的那些因素的权向量分量简单地置 0,就可以用完全层次结构的办法处理,这显然也是合理的. 但是，如果不完全结构出现在准则层与方案层之间，事情就有些麻烦，试看下例:

学校要评价教师的贡献，粗略地只考虑教学与科研两个指标，若$P_1, P_2, P_3, P_4$4 位教师中P_1, P_2只从事教学. P_4只搞科研，P_3则二者兼顾，那么层次结构模型如图 8.4. C_1, C_2支配因素的数目不等.

先看看将不支配因素的权向量分量简单置 0 有什么后果设 C_1, C_2对第 1 层的权向量$\boldsymbol{w}^{(2)}=(w_1^{(2)},w_2^{(2)})^{\mathrm{T}}$已经确定，$C_1$支配第 3 层的因素$P_1, P_2, P_3$, C_2支配P_3, P_4.记两个权向量为$\boldsymbol{w}_1^{(3)}=(w_{11}^{(3)},w_{12}^{(3)},w_{13}^{(3)},0)^{\mathrm{T}}$和$\boldsymbol{w}_2^{(3)}=(0,0,w_{23}^{(3)},w_{24}^{(3)})^{\mathrm{T}}$，按照式（8.8）应有

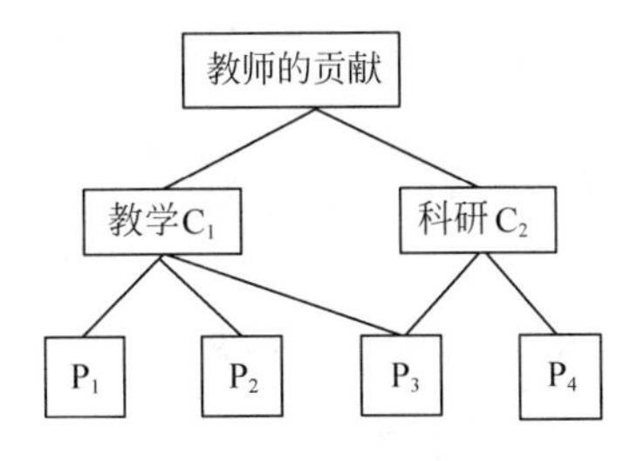

图 8.4　评价教师贡献的层次结构

$$\boldsymbol{w}^{(3)} = \boldsymbol{W}^{(3)}\boldsymbol{w}^{(2)}, \quad \boldsymbol{W}^{(3)} = (w_1^{(3)}, w_2^{(3)}) \tag{8.18}$$

考察一个特殊情况教学与科研两个准则的重要性相同，即 $\boldsymbol{w}^{(2)} = (1/2,1/2)^{\mathrm{T}}$，4 位教师不论从事教学或科研，能力都相同，即 $\boldsymbol{w}_1^{(3)} = (1/3,1/3,1/3,0)^{\mathrm{T}}$，$\boldsymbol{w}_2^{(3)} = (0,0,1/2,1/2)^{\mathrm{T}}$，公正的评价应是，被安排只搞教学或科研的 P_1, P_2, P_4 3 人的贡献相同，而 P_3 的贡献为他们的一倍，但是按照式（8.18）得到的是 $\boldsymbol{w}^{(3)} = (1/6,1/6,5/12,1/4)^{\mathrm{T}}$.

怎样才能得到合理的结果呢？一种办法是用支配因素的数量对权向量 $\boldsymbol{w}^{(2)}$ 进行加权，修正为 $\tilde{\boldsymbol{w}}^{(2)}$，再计算 $w^{(3)}$. C_1, C_2 支配因素的数量分别记为 n_1, n_2，令

$$\tilde{\boldsymbol{w}}^{(2)} = (n_1 w_1^{(2)}, n_2 w_2^{(2)})^{\mathrm{T}} / (n_1 w_1^{(2)} + n_2 w_2^{(2)}) \tag{8.19}$$

$$\boldsymbol{w}^{(3)} = \boldsymbol{W}^{(3)}\tilde{\boldsymbol{w}}^{(2)} \tag{8.20}$$

其中，式（8.19）右端的分母是归一化的需要.

利用上面 $\boldsymbol{w}^{(2)}, \boldsymbol{W}^{(3)}$ 的数据，并注意到 $n_1=3, n_2=2$，由式（8.19），式（8.20）可得 $\boldsymbol{w}^{(3)} = (1/5,1/5,2/5,1/5)^{\mathrm{T}}$,与公正的评价吻合.

从实际考虑，这种支配因素越多权重越大的修正办法，只适合于教师从事教学和(或)科研完全由上级安排的情况，在能力相同的条件下，承担双份工作的 P_3 的贡献自然大一倍.但是如果教师从事教学和科研完全靠发挥个人的积极性，而且上级希望每位教师都二者兼顾，并鼓励从事人数较少的那一类工作，就可以用支配因素数量的倒数对 w_2 加权，式（8.19）变为

$$\tilde{\boldsymbol{w}}^{(2)} = \left(\frac{w_1^{(2)}}{n_1}, \frac{w_2^{(2)}}{n_2}\right)^{\mathrm{T}} \Big/ \left(\frac{w_1^{(2)}}{n_1} + \frac{w_2^{(2)}}{n_2}\right) \tag{8.21}$$

不妨用上面的数据按照式（8.19）和式（8.20）算一下，看看这种情况下 4 位教师的贡献如何.

5．成对比较阵残缺时的处理

专家或有关人士由于某种原因会无法或不愿对某两个因素给出相互对比的结果 a_{ij}，于是成对比较阵出现残缺（不能补 0. 因为要求 $a_{ij}>0$），如何对此作修正以便继续进行权向量的计算呢，下面通过简例介绍一种办法.

设一成对比较阵为 $\boldsymbol{A} = \begin{pmatrix} 1 & 2 & \theta \\ 1/2 & 1 & 2 \\ \theta & 1/2 & 1 \end{pmatrix}$，其中符号 θ 表示残缺. 记由 $\boldsymbol{A}$ 要计算的权向量为 $\boldsymbol{w} = (w_1, w_2, w_3)^T$，用 w_1/w_2 代替残缺的 a_{13} 是合理的，所以构造一个辅助矩阵 $\boldsymbol{C} = \begin{pmatrix} 1 & 2 & w_1/w_2 \\ 1/2 & 1 & 2 \\ w_2/w_1 & 1/2 & 1 \end{pmatrix}$ 则（8.5）式 $\boldsymbol{A}\boldsymbol{w} = \lambda\boldsymbol{w}$ 可以代之以

$$Cw = \lambda w \tag{8.22}$$

但是C中包含未知量 w_1,w_3，式（8.22）无法求解，而如果将 $\boldsymbol{A}$ 修正为 $\tilde{\boldsymbol{A}}=\begin{pmatrix}2 & 2 & 0\\ 1/2 & 1 & 2\\ 0 & 1/2 & 2\end{pmatrix}$，不难验证 $\tilde{\boldsymbol{A}}\boldsymbol{w}=\lambda\boldsymbol{w}$ 式(8.23)与式(8.22)等价，由式(8.23)可得 $\boldsymbol{w}=(0.5714\quad 0.2857\quad 0.1439)^T$.

一般地.由残缺阵 $\boldsymbol{A}=(a_{ij})$构造修正阵 $\tilde{A}=(\tilde{a}_{ij})$ 的方法是令

$$\tilde{a}_{ij}=\begin{cases} a_{ij} & a_{ij}\neq\theta, i\neq j \\ 0 & a_{ij}=\theta, i\neq j \\ m_i+1 & m_i\text{为第}i\text{行}\theta\text{的个数}，i=j \end{cases} \tag{8.23}$$

在上面的例子中虽然因为元素 a_{13} 残缺，没有比较1,3两个因素的直接信息，但是二者的比较可以通过 a_{12} 和 a_{23} 这样的间接信息获得. 一个应该提出的问题是，怎样的残缺阵才是可以接受的，即其残缺元素都能够由已有元素的关系得到.

已经证明，可以接受的残缺阵 $\boldsymbol{A}$ 的充分必要条件是 $\boldsymbol{A}$ 为不可约矩阵.

6. 递阶层次结构和更复杂的层次结构

以上讨论的所有层次结构模型有两个共同的特点，一是模型所涉及的各因素可以组合为属性基本相同的若干层次，层次内部因素之间不存在相互影响或支配作用，或者这种影响作用可以忽略；二是层次之间存在自上而下、逐层传递的支配关系.没有下层对上层的反馈作用，或层间的循环影响.具有这些特点的称为递阶层次结构. 前面介绍的全部算法都是针对这种层次结构的.

更复杂的层次结构有以下几种情况.

（1）层次内部因素之间存在相互影响. 例如以行驶性能为目标对各种型号汽车作评价时，准则层有刹车、转向、运行、加速等.这些准则之间就是相关的，如图8.5.

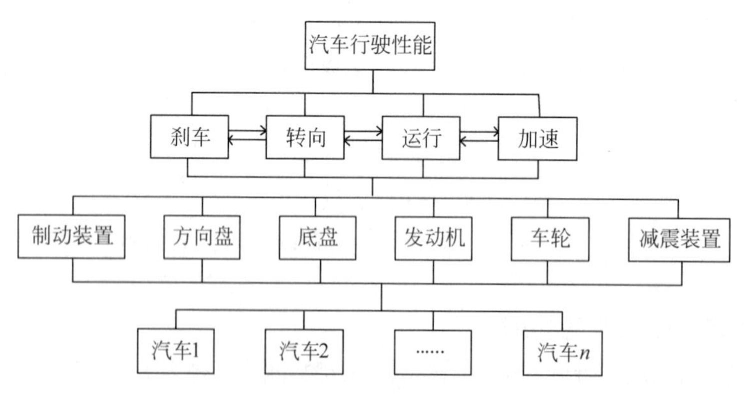

图8.5 汽车行驶性能的层次结构

（2）下层反过来对上层有支配作用，形成循环，从而无法区分上下层.例如可以用教学、科研等每一项指标评价几位教师，也可以反过来对于每一位教师比较他的教学、科研等哪一方面表现最为出色，从而在指标层和对象层之间形成循环.

（3）既在层次内部因素之间存在相互影响，又在层次之间存在反馈作用复杂的社会经济系统的层次结构就是这种情况，它的一个简化模型如图8.6，产业、需求、政策等6个层次（或称子系统）之间存在复杂的相互关系（用带箭头的直线表示），在每层内部各因素（如产业包括农业、工业、第三产业，需求包括生活资料、社会发展资料、社会福利、国家安全等）之间也有相互影响（用带箭头的弧线表示）.

用层次分析法研究这些更复杂的层次结构，需要引入超矩阵、极限相对权向量、极限绝对权向量等概念，并建立相应的算法.

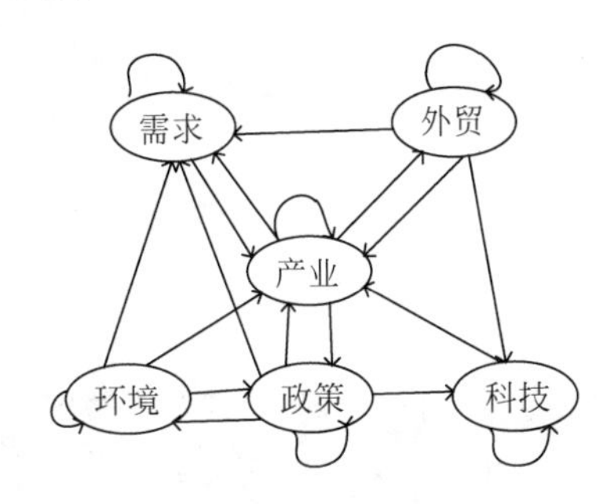

图 8.6　社会经济系统的层次结构

评注　从层次分析法的原理、步骤、应用等方面的讨论不难看出它有以下优点.

① **系统性**　层次分析把研究对象作为一个系统，按照分解、比较判断、综合的思维方式进行决策，成为继机理分析、统计分析之后发展起来的系统分析的重要工具.

② **实用性**　层次分析把定性和定量方法结合起来，能处理许多用传统的最优化技术无法下手的实际问题，应用范围很广. 同时，这种方法将决策者与决策分析者相互沟通，决策者甚至可以直接应用它，这就增加了决策的有效性.

③ **简洁性**　具有中等文化程度的人即可了解层次分析的基本原理和掌握它的基本步骤，计算也非常简便，并且所得结果简单明确，容易为决策者了解和掌握.

层次分析法的局限性可以用囿旧、粗略、主观等词来概括. 就是说，第一，它只能从原有方案中选优，不能生成新方案；第二，它的比较、判断直到结果都是粗糙的，不适于精度要求很高的问题；第三，从建立层次结构模型到给出成对比较矩阵，人的主观因素的作用很大，这就使得决策结果可能难以为众人接受. 当然，采取专家群体判断的办法是克服这个缺点的一种途径.

习题 8

1. 证明本章层次分析模型中定义的 n 阶一致阵 $\boldsymbol{A}$ 有下列性质：

（1）$\boldsymbol{A}$ 的秩为 1，唯一的非零特征根为 n；

（2）$\boldsymbol{A}$ 的任一列向量都是对应于 n 的特征向量.

2. 用层次分析法解决一两个实际问题，例如：

学校评选优秀学生或优秀班级，试给出若干准则，构造层次结构模型.可分为相对评价和绝对评价两种情况讨论.

3. 你要购置一台个人电脑，考虑功能、价格等因素，如何作出决策.

4. 为大学毕业的青年建立一个选择志愿的层次结构模型.

5. 你的家乡准备集资兴办一座小型饲养场，是养猪，还是养鸡、养鸭、养兔……

6. 为减少层次分析法中的主观成分，可请若干专家每人构造成对比较阵.试给出一种由若干个成对比较阵确定权向量的方法.

7. 外出旅游选择交通工具（包括飞机、火车、汽车），由于不同人外出的目的不同，经济条件不同，体质、心理、经历、兴趣都不同，考虑到安全飞舒适、快速、经济、游览等因素，问应如何选择交通工具.

8. 鼓励儿童们学习的一种方法是：当他们回答问题正确时给予奖励，而当他们回答不正确时不予奖励（或者有时给予惩罚），教育工作者感兴趣的问题是设计一种能提高学习效率的方案. 试建立一个在儿童中进行试验之前就能评估不同方案的数学模型.

第9章

数学软件 MATLAB

9.1 MATLAB 的发展历程和影响

MATLAB 名字由 MATrix 和 LABoratory 两词的前三个字母组合而成. 那是 20 世纪 70 年代后期的事：时任美国新墨西哥大学计算机科学系主任的 Cleve Moler 教授出于减轻学生编程负担的动机，为学生设计了一组调用 LINPACK 和 EISPACK 库程序的“通俗易用”的接口，此即用 FORTRAN 编写的萌芽状态的 MATLAB.

经几年的校际流传，在 Little 的推动下，由 Little、Moler、Steve Bangert 合作，于 1984 年成立了 MathWorks 公司，并把 MATLAB 正式推向市场. 从这时起，MATLAB 的内核采用 C 语言编写，而且除原有的数值计算能力外，还新增了数据图视功能.

MATLAB 以商品形式出现后的短短几年，就以其良好的开放性和运行的可靠性，使原先控制领域里的封闭式软件包纷纷淘汰，而改在 MATLAB 平台上重建. 在时间进入 20 世纪 90 年代的时候，MATLAB 已经成为国际控制界公认的标准计算软件. 到 90 年代初期，在国际上三十几个数学类科技应用软件中，MATLAB 在数值计算方面独占鳌头，而 Mathematica 和 Maple 则分居符号计算软件的前两名. Mathcad 因其提供计算、图形、文字处理的统一环境而深受中学生欢迎.

MathWorks 公司于 1993 年推出了基于 Windows 平台的 MATLAB 4.0.4.x 版在继承和发展其原有的数值计算和图形可视能力的同时，出现了以下几个重要变化：①推出了 SIMULINK，一个交互式操作的动态系统建模、仿真、分析集成环境. ②推出了符号计算工具包. 一个以 Maple 为“引擎”的 Symbolic Math Toolbox 1.0.此举结束了国际上数值计算、符号计算孰优孰劣的长期争论，促成了两种计算的互补发展新时代. ③构作了 Notebook. MathWorks 公司瞄准应用范围最广的 Word ，运用 DDE 和 OLE，实现了 MATLAB 与 Word 的无缝连接，从而为专业科技工作者创造了融科学计算、图形可视、文字处理于一体的高水准环境. 从 1997 年春的 5.0 版起，后历经 5.1, 5.2, 5.3, 6.0, 6.1 等多个版本的不断改进，MATLAB“面向对象”的特点愈加突出，数据类型愈加丰富，操作界面愈加友善. 2002 年初夏所推 6.5 版的最大特点是：该版本采用了 JIT 加速器，从而使 MATLAB 朝运算速度与 C 程序相比肩的方向前进了一大步.

在 20 世纪 90 年代，新、老一代教科书的区别性标志是“教材是否包含 MATLAB 内容”，那么进入 21 世纪后，MATLAB 对教材的影响又以崭新的形式出现：新教材正在更彻底地摒弃那些手工计算、计算尺计算、手摇或电动计算机、电子模拟计算机时代建立的“老的但久

被当作经典的”表述、分析和计算方法；而逐步地建立以现代计算工具（包括软硬件）为平台的新的表述、分析和计算方法，其中包括采用交互式图形用户界面去完成各种表述、分析和计算目的.

9.2 MATLAB 的使用初步

1．MATLAB 的命令与文件的编辑

（1）MATLAB 的命令窗口

运行启动程序 MATLAB.exe（快捷图标为），进入 MATLAB 命令窗口，也即是进入了其“工作空间”，MATLAB 各种功能的执行必须在此窗口下才能实现.

在 MATLAB 命令窗口中，前两行是有关 MATLAB 的信息介绍和演示等命令的显示，可以在命令行中输入这些命令而得到相应的内容，因此它们也是 MATLAB 命令的一部分. 下面行首的>>符号是 MATLAB 命令行的提示符，|是输入的提示符.

鼠标器和键盘上的箭头键（←，→，↑，↓）等可以帮助修改输入的错误命令和重新显示前面输入过的命令行.

先前输入的命令存放在内存缓冲区中. 由于内存缓冲区的大小有限，只能容纳最后面输入的一定量的命令行，因而可重新调用的也是后面输入的一定量的命令行. 除上下箭头键（↑，↓）外，其他编辑键功能不变.

若在提示符下输入一些字符，则↑键将重新调出以这些字符为开头的命令. 这里没有插入和改写的转换操作，因为光标所在处总是执行插入的功能.

如果使用鼠标器，会使这些操作更为方便. 把鼠标指在欲把光标移到的位置，并定位即完成光标移动，利用鼠标器，还可以方便地完成字符串的选择、复制和删除.

（2）MATLAB 帮助系统

完善的帮助系统是任何应用软件必要的组成部分. MATLAB 提供了相当丰富的帮助信息，同时也提供了获得帮助的方法. 首先，可以通过桌面平台的 Help 菜单来获得帮助，也可以通过工具栏的帮助选项获得帮助. 此外，MATLAB 也提供了在命令窗口中获得帮助的多种方法，在命令窗口中获得 MATLAB 帮助的命令及说明列于表 9.1 中. 其调用格式为：命令+指定参数.

表 9.1　获得 MATLAB 帮助的命令及说明

命　令	说　明
doc	在帮助浏览器中显示指定函数的参考信息
help	在命令窗口中显示 M 文件帮助
helpbrowser	打开帮助浏览器，无参数
helpwin	打开帮助浏览器，并且将初始界面置于 MATLAB 函数的 M 文件帮助信息
lookfor	在命令窗口中显示具有指定参数特征函数的 M 文件帮助
web	显示指定的网络页面，默认为 MATLAB 帮助浏览器

例如：

```
>>help sin
  SIN    Sine
    SIN(X) is the sine of the elements of   X
Overloaded   methods
     Help sym/sin.m
```

另外也可以通过在组件平台中调用演示模型（demo）来获得特殊帮助.

（3）数据交换系统

MATLAB 提供了多种方法将数据从磁盘或剪贴板中读入 MATLAB 工作空间. 具体的读写方法可依据用户的喜好以及数据的类型来选择. 这里主要介绍文本数据的读入.

对于文本数据（ASCII）而言，最简单的读入方法就是通过 MATLAB 的数据输入向导（Import Wizard），也可以通过 MATLAB 函数实现数据读入.

例如，对于文本文件 test.txt：

```
            Students' scores
            English        Chinese        Mathmatics
Wang          99             98              100
Li            98             89              70
Zhang         80             90              97

Zhao          77             65              87
```

下面通过上述两种方法将该文件数据读入 MATLAB 工作空间，先介绍 MATLAB 数据交换系统对文本数据的识别. 此时文件的前几行（此处为“students’ scores”）将被识别为文件头，文件头可以为一行或几行，也可以识别出数据的列头（此处为“English”，“Chinese”和“Mathmatics”）和行头（此处为“wang”，“li”，“zhang”和“zhao”），其余的为可分断数据（此处为“99”，“98”和“100”等）.

首先是通过数据输入向导编辑器读入数据，通过桌面平台上的 File 菜单中的 Import Data 选项打开输入向导编辑器，按向导提示进行操作完成整个文本数据的输入，则用户可以在 MATLAB 开发环境中使用该文本数据.

例如：

```
>>whos
      Name     Size     Bytes     Class
      Data     4×3       96       double array

      Grand total is 12 elements using 96 bytes


 >>Data
Data =
      99         98         100
      98         89         70
      80         90         97

      77         65         87
```

“whos”用于显示当前 MATLAB 工作空间的变量，而在命令窗口中输入 data 后，将显示该数据. 在命令窗口或 M 文件中调用相应的函数也可以实现数据的读入.

例如：

```
>> [a,b,c,d]=textread('text.txt', '%s   %s   %s   %s', 'headlines',
```

（读者可亲自上机看结果）

（4）内存变量查阅和删除

若要了解已经定义的变量，可用 who 命令. 用 whos 命令可显示已定义的变量及有关此变量的维数等信息.

例 1　在指令窗中运用 who,whos 查阅 MATLAB 内存变量.

```
who
Your variables are:
A Bnumber D R XYZ Z y
B C DD X Y x
whos
Name Size Bytes Class
A 2x2 230 cell array
B 1x1 264 struct array
Bnumber 1x1 8 double array
C 2x2 408 sym object
D 1x2 4 char array
DD 2x2 8 char array
R 33x33 8712 double array
X 33x33 8712 double array
XYZ 33x33x3 26136 double array
Y 33x33 8712 double array
Z 33x33 8712 double array
x 1x33 264 double array
y 33x1 264 double array
Grand total is 7722 elements using 62434 bytes
```

例 2　在指令窗中运用 clear 指令删除内存中的变量.

```
clear Bnumber
who
Your variables are:
A B C D DD R X XYZ Y Z x y
```

例 3　数据的存取.（假定内存中已经存在变量 X，Y，Z）

① 建立用户目录，并使之成为当前目录，保存数据.

mkdir('c:\','my_dir'); %在 C 盘上创建目录 my_dir

cd c:\my_dir %使 C:/my_dir 成为当前目录

save saf X Y Z %选择内存中的 X Y Z 变量保存为 saf.mat 文件

dir %显示目录上文件

.　　..　　saf.mat

② 清除内存，从 saf.mat 向内存装载变量 Z.

clear %清除内存中全部变量

load saf Z %把 saf.mat 文件中的 Z 变量装入内存

who %检查内存中有什么变量

Your variables are:

Z

2. 语句、变量和表达式

MATLAB 语句的一般形式为：＜变量＞＝表达式；另一种简单的形式为：＜表达式＞. 后者将表达式的值赋予一个自动定义的变量 ans.

MATLAB 的变量由字母、数字和下划线组成，最多 31 个字符，区分大小写字母，第一个字符必须是字母.

MATLAB 的几个特殊的量如表 9.2 所示.

表 9.2　MATLAB 的内部常数

常　量	表 示 数 值
pi	圆周率
eps	浮点运算的相对精度
inf	正无穷大
NaN	表示不定值
realmax	最大的浮点数
i, j	虚数单位

在 MATLAB 语言中，定义变量时应避免与常量名重复，以防改变这些常量的值，如果已改变了某个常量的值，可以通过“clear+常量名”命令恢复该常量的初始设定值（当然，也可通过重新启动 MATLAB 系统来恢复这些常量值）. 如果语句以分号“;”结束，MATLAB 只进行计算，不显示计算的结果. 如果表达式太长，可以用续行号…将其延续到下一行. 此外，一行中可以写几个语句，它们之间要用逗号或分号分开.

3. M 文件的建立与编辑

所谓 M 文件就是由 MATLAB 语言编写的可在 MATLAB 语言环境下运行的程序源代码文件. 由于商用的 MATLAB 软件是用 C 语言编写而成的. 因此，M 文件的语法与 C 语言十分相似. 对学过 C 语言的同学来说，M 文件的编写是相当容易的. M 文件可以分为脚本文件（script）和函数文件（function）两种. M 文件不仅可以在 MATLAB 的程序编辑器中编写，也可以在其他的文本编辑器中编写，并以“m”为扩展名加以存储.

由于 M 文件具有普通的文本格式，因而可以用任何编辑程序建立和编辑，而一般我们最常用、而且最为方便的是使用 MATLAB 提供的 M 文件窗口，所以我们主要介绍用 M 文件窗口建立和编辑 M 文件.

（1）建立新的 M 文件

从 MATLAB 命令窗口的 File 菜单中选择 New 命令，这个命令将提供一个子菜单，再选择子菜单中的 M-File 命令，将得到 M 文件窗口：Notepad=（untitled）. 在 M 文件窗口中输入 M 文件的内容. 输入完毕后，选择此窗口 File 菜单的 Save As 命令，将会得到 Save As 对话框. 在对话框的 File 框中输入文件名（注意其扩展名必须为 M），再选择确定项即完成新的 M 文件的建立.

（2）编辑已有的 M 文件

从MATLAB命令窗口的File菜单中选择Open M-file…命令，则屏幕给出Open对话框. 选择要打开的文件名，再选择确定项即打开此 M 文件窗口.

在 M 文件窗口中，可按照一般文本文件的编辑方式方便地产生 M 文件. 在编辑完成后，File 菜单中的 Save 命令可以把这个编辑过的 M 文件保存下来.

4. 函数文件的建立与调用

MATLAB 语言中，相对于脚本文件而言，函数文件是较为复杂的.函数需要给定输入参数，并能够对输入变量进行若干操作，实现特定的功能，最后给出一定的输出结果或图形等，其操作对象为函数的输入变量和函数内的局部变量等.

MATLAB 语言的函数文件包含如下 5 个部分.

① 函数题头：指函数的定义行，是函数语句的第一行，在该行中将定义函数名、输入变量列表及输出变量列表等.

② HI 行：指函数帮助文本的第一行，为该函数文件的帮助主题，当使用 lookfor 命令时，可以查看到该行信息.

③ 帮助信息：这部分提供了函数的完整的帮助信息，包括 HI 之后至第一个可执行行或空行为止的所有注释语句，通过 MATLAB 语言的帮助系统查看函数的帮助信息时，将显示该部分.

④ 函数体：指函数代码段，也是函数的主体部分.

⑤ 注释部分：指对函数体中各语句的解释和说明文本，注释语句是以%引导的.

例如：

```
    function[output1,output2]=function—example（input1,input2）
%       函数题头
    %This is function to exchange two matrices      %       HI 行
    %input1,input2 are input variables           %       帮助信息
    %output1,output2 are output variables        %       帮助信息
    output1=input2;                              %       函数体
    output2=input1;                              %       函数体
    %The end of this example function
[a,b]=function---example（a,b）
a=
           8         1         6
           3         5         7
           4         9         2
b=
           1         1         1
           1         2         3
           1         3         6
```

可以看到通过使用函数可以使矩阵 ***a***, ***b*** 进行相互交换.在该函数题头中，"function"为 MATLAB 语言中函数的标示符，而 function---example 为函数名，input1、input2 为输入变量，而 output1、output2 为输出变量，实际调用过程中，可以用有意义的变量替代使用.题头的定义是有一定的格式要求的，输出变量是由中括号标识的，而输入变量是由小括号标识的，各变量间用逗号间隔，应该注意到，函数的输入变量引用的只是该变量的值而非其他值，所以函数内部对输入变量的操作不会带回到工作空间中.

函数题头下的第一行注释语句为 HI 行，可以通过 lookfor 命令查看；函数的帮助信息可以通过 help 命令查看.

函数体是函数的主体部分，也是实现编程目的的核心所在，它包括所有可执行的一切 MATLAB 语言代码.

在函数体中“%”后的部分为注释语句，注释语句主要是对程序代码进行说明解释，使程序易于理解，也有利于程序的维护. MATLAB 语言中将一行内百分号后所有文本均视为注释部分，在程序的执行过程中不被解释，并且百分号出现的位置也没有明确的规定，可以是一行的首位，这样，整行文本均为注释语句，也可以是在行中的某个位置，这样其后所有文本将被视为注释语句，这也展示了 MATLAB 语言在编程中的灵活性.

尽管在上文中介绍了函数文件的 5 个组成部分，但是并不是所有的函数文件都需要全部的这 5 个部分，实际上，5 部分中只有函数题头是一个函数文件所必需的，而其他的 4 个部分均可省略. 当然，如果没有函数体则为一空函数，不能产生任何作用.

在 MATLAB 语言中，存储 M 文件时文件名应当与文件内主函数名相一致，这是因为在调用 M 文件时，系统查询的相应的文件而不是函数名，如果两者不一致，则或者打不开目的文件，或者打开的是其他文件. 鉴于这种查询文件的方式与以往程序设计语言不同，在其他的语言系统中，函数的调用都是指对函数名本身的，所以，建议在存储 M 文件时，应将文件名与主函数名统一起来，以便于理解和使用.

5. 函数变量及变量作用域

在 MATLAB 语言的函数中，变量主要有输入变量、输出变量及函数内所使用的变量.输入变量相当于函数入口数据，是一个函数操作的主要对象.某种程度上讲，函数的作用就是对输入变量进行加工以实现一定的功能.如前节所述，函数的输入变量为形式参数，即只传递变量的值而不传递变量的地址，函数对输入变量的一切操作和修改如果不依靠输出变量传出的话，将不会影响工作空间中该变量的值.

MATLAB 语言提供了函数 nargin 和函数 varargin 来控制输入变量的个数，以实现不定个数参数输入的操作.

函数对于函数变量而言，还应当指出的是其作用域的问题.在 MATLAB 语言中，函数内定义的变量均被视为局部变量，即不加载到工作空间中，如果希望使用全局变量，则应当使用命令 global 定义，而且在任何使用该全局变量的函数中都应加以定义.在命令窗口中也不例外.

例如：

```
% 这里是一个全局变量的示例
function   [num1,num2,num3]=text (varargin)
global   firstlevel   secondlevel                    %定义全局变量
num1=0;
num2=0;
num3=0;
list=zeros(nargin);
for i=1: nargin
list (i)=sum (varargin{i}(: ));
list (i)=list (i) /length (varargin{i});
   if   list (i)>firstlevel
            num1=num1+1
   elseif   list (i)>secondlevel
            num2=num2+1;
```

```
    else
    num3=num3+1;
    end
end
% 在命令窗口中也应定义相应的全局变量
>> global   firstlevel   secondlevel
>> firstlevel=85;
>> secondlevel=75;（程序运行结果略）
```

从该例中可以看到，定义全局变量时，与定义输入变量和输出变量不同，变量之间必须用空格分隔，而不能用逗号分隔，否则系统将不能识别逗号后的全局变量.

6. 子函数与局部函数

在 MATLAB 语言中，与其他的程序设计语言类似，也可以定义子函数，以扩充函数的功能. 在函数文件中题头中所定义的函数为主函数，而在函数体内定义的其他函数均被视为子函数. 子函数只能被主函数或同一主函数下其他的子函数所调用.

在MATLAB语言中将放置在目录private下的函数称为局部函数，这些函数只能被private目录的父目录中的函数调用，而不能被其他的目录的函数调用.

局部函数与子函数所不同的是局部函数可以被其父目录下的所有函数所调用，而子函数则只能为其所在的 M 文件的主函数所调用，所以局部函数可应用范围大于子函数；在函数编辑的结构上，局部函数与一般的函数文件的编辑相同，而子函数则只能在主函数文件中编辑.

当在 MATLAB 的 M 文件中调用函数时，首先将检测该函数是否为此文件的子函数；如果不是的话，再检测是否为可用的局部函数；当结果仍然为否定时，再检测该函数是否为 MATLAB 搜索路径上的其他 M 文件.

一般函数文件的第一行都是以 function 开始，说明此文件定义的是一个函数. 函数文件必须以函数的名称来作为文件名，以.M 为扩展名，故又称 M 函数.

定义函数文件的形式为：

function [输出参数列表]＝函数名(输入参数列表）

函数语句体；

输入参数和输出参数都可以是矩阵或几个矩阵.

例如，文件 quroot.M 内容为

```
function x=quroot(a)
d=a(2)^2-4*a(1)*a(3);
if d>=0
e=sqrt(d);f=2*a(1);
x(1)=(-a(2)+e)/f;x(2)=(-a(2)-e)/f;
end
x
```

此为求解二次方程 $ax^2+bx+c=0$ 的函数. 系数 a, b, c 为输入参数的三个分量，输出参数 x 为方程的两个根.

一旦函数文件建立，在 MATLAB 的命令窗口或别的 M 文件里，就用下列命令调用. 若要调用函数 quroot，则在 MATLAB 命令窗口中输入 x=quroot([1 –3 2])后回车即得

x=

2　1

函数的调用（包括 MATLAB 内嵌的库函数）可以嵌套调用，也可以递归调用. 任何 M 文件都能调用 M 函数或 MATLAB 的内部函数.

函数文件中的变量为局部变量. 当函数运行完毕，它所定义的所有变量都会被清除.

7. 外部文件读入法

MATLAB 语言也允许用户调用在 MATLAB 环境之外定义的矩阵.可以利用任意的文本编辑器编辑所要使用的矩阵，矩阵元素之间以特定分断符分开，并按行列布置.读入矩阵的一种方法可参考前面介绍的数据交换系统.另外也可以利用 load 函数，其调用方法为：Load+文件名[参数]. Load 函数将会从文件名所指定的文件中读取数据，并将输入的数据赋给以文件名命名的变量，如果不给定文件名，则将自动认为 MATLAB.mat 文件为操作对象，如果该文件在 MATLAB 搜索路径中不存在时，系统将会报错.

例如：　事先在记事本中建立文件：　1　1　1

（并以 data1.txt 保存）　1　2　3

1　3　6

在 MATLAB 命令窗口中输入：

```
>> load   data1.txt
>> data1
   data1=
     1    1    1
     1    2    3

     1    3    6
```

9.3　矩阵运算

MATLAB 中的数学运算符如表 9.3 所示.

表 9.3　MATLAB 中的数学运算符

运　算	含　义
a+b	加法
a–b	减法
a*b	矩阵乘法
a.*b	数组乘法
a/b	矩阵右除
a\b	矩阵左除
a./b	数组右除
a.\b	数组左除
a^b	矩阵乘方
a.^b	数组乘方
–a	负号
'	共轭转置
.'	一般转置

1. 矩阵的生成

（1）简单数组

MATLAB 的运算事实上是以数组（array）及矩阵（matrix）方式在做运算，而这二者在 MATLAB 的基本运算性质不同，数组强调元素对元素的运算，而矩阵则采用线性代数的运算方式.

宣告一变量为数组或是矩阵时，如果是要个别输入元素，需用中括号[ ]将元素置于其中. 数组为一维元素所构成，而矩阵为多维元素所组成.

例如：

```
>>x=[1  2  3  4  5  6  7  8];              %一维 1×8 数组
    >>x = [1  2  3  4  5  6  7  8; 4  5  6  7  8  9  10  11]; % 二维 2×8 矩阵，以;分隔各列的
元素.
>>x = [1  2  3  4  5  6  7  8
        4  5  6  7  8  9  10  11];
   % 二维 2×8 矩阵，各列的元素分两行输入
   >>x(4)=100                  % 给 x 的第四个元素重新给值
   >>x(3)=[]                   % 删除第三个元素
   >>x(16)=1                   % 加入第十六个元素
```

（2）建立数组或矩阵

上面的方法只适用于元素不多的情况，但是当元素很多的时候，则需采用以下的方式：

```
    >>x=(0:0.02:1);           % 以起始值=0，增量值=0.02，终止值=1 的矩阵
>>x=linspace(0,1,100);        % 利用 linspace，起始值=0，终止值%=1，之间的元素数目=100.
    >>a=[]                    % 空矩阵
    >>zeros(2,2)              % 全为 0 的矩阵
    >>ones(3,3)               % 全为 1 的矩阵
    >>rand(2,4);              % 均匀分布随机矩阵
    >>randn(3,4);             % 正态分布随机矩阵
    >>eye(3)                  % 三阶单位阵
    >>a=1:7, b=1:0.2:5;       % 更直接的方式
    >>c=[b a];                % 可利用先前建立的数组 a 及数组 b，组成新数组
    >>a=1:1:10;
    >>b=0.1:0.1:1;
    >>a+b*i                   % 复数数组
```

（3）矩阵元素的提取

```
>>A(:)              % 逐列提取 A 中的所有元素作为一个列向量
>>A(i)              % 把 A 看作列向量 A(:)，提取其中第 i 个元素
>>A(m1:m2,n1:n2)
% 由 A 的 m1 到 m2 行和 n1 到 n2 列构成的子矩阵
>>A(:,n)            % 提取 A 的第 n 列
>>A(m,:)            % 提取 A 的第 m 行
```

例如：

```
>>A = [1  2  3  4  5  6  7  8
       4  5  6  7  8  9  10  11];
```

```
    >>A(3)                    % A 的第三个元素
    >>A ([1 2 5])             % A 的第一、第二、第五个元素
    >>A (1:5)                 % A 的第前五个元素
      ans = 1    4    2    5    3
    >>A (10:end)              % A 的第十个元素后的元素
    ans = 8    6    9    7    10    8    11
    >>A (10:-1:2)             % A 的第十个元素和第二个元素的倒排
    ans = 8    5    7    4    6    3    5    2    4
>>A (find(x>5))               % A 中大于 5 的元素
>>diag(A)                     % 提取 A 的对角元素，返回列向量
>>triu(A)                     % 取上三角阵
>>tril(A)                     % 取下三角阵
```

（4）矩阵的拼接

将几个矩阵接在一起称为拼接，左右拼接行数要相同，用逗号分隔；上下拼接列数要相同，用分号分隔. 例如，

```
>>c= [1 3; 4 6]
>>d=[c,zeros(2,1)]
d=
1   3   0
4   6   0
>>e=[d; eye(2),ones(2,1)]
e=
1   3   0
4   6   0
1   0   1
0   1   1
```

2. 矩阵的初等运算

MATLAB 经典的算术运算符如表 9.4 所示.

表 9.4　MATLAB 经典的算术运算符

项目	运算符	MATLAB 表达式
加	+	a+b
减	-	a-b
乘	*	a*b
除	/ 或 \	a/b 或 a\b
幂	^	a^b

```
>>a=1:1:10;
>>b=0:10:90;
>>a+b            % 矩阵必须具有相同阶数才可进行加、减运算
>>a.*b
% 注意这里 a 后加了个“.”，表示数组相乘，是元素对元素的乘积
>> a*b’
% 表示矩阵相乘，要求矩阵 a 的列数与矩阵 b 的行数一致
```

```
>>a/b              % 矩阵右除    inv(a)*b
>>a\b              % 矩阵左除    a*inv(b)
>>a./b             % 数组右除，数组中对应元素相除，a(i,j)/b(i,j)
>>a.\b             % 数组左除，数组中对应元素相除 b(i,j)/a(i,j)
>>a^3              % 矩阵乘方，涉及特征值和特征向量的求解
>>a.^b
% 数组乘方，a 和 b 中对应元素的乘方，即 a(i,j)的 b(i,j)次方.
```

说明：在这里特别要注意一下有没有加点“.”之间的区别，这些算术运算符所运算的两个阵列是否需要长度一致.

3. 矩阵函数

（1）MATLAB 常用数学函数

基本数学函数一般都可以作为矩阵函数.如三角函数、指数和对数函数等.

```
>>a=1:1:10;
>>b=0:10:90;
>>sin(a)
>>exp(b)
>>sqrt(a)
>>abs(a)
>>sign(a)          % 符号函数
```

说明：以上这些函数是作用于矩阵（或数组）的每一个元素.

（2）统计函数

```
>>median(b)        % 求中位数
>>mean(b)          % 求平均值
>>std(b)           % 求标准差
>>max(a)           % 最大值
>>min(a)           % 最小值
>>sum(a)           % 求和
>>sort(a)          % 按升序排列
>>diff(a)          % 差分函数
>>hist(b)          % 直方图
>>tablel(b)        % 列表
>>corr(b)          % 相关矩阵
>>cov(b)           % 协方差矩阵
```

说明：以上这些函数是作用于向量时才有意义，当作用于矩阵时，它产生一个行向量，行向量的每一个元素是函数作用于矩阵相应列向量的结果.

（3）求矩阵的长度的函数

```
>>A=[10, 2, 12; 34, 2, 4; 98, 34, 6];
>>size(A)          % 矩阵 A 的行列大小
>>length(A)        % 返回 size(A) 中的最大值
```

4. 矩阵的几种基本变换操作

```
>>A'               % 矩阵转置运算
```

```
>>inv(A)          % 返回矩阵 A 的逆阵，A 为方阵
>>pinv(A)         % 矩阵求伪逆
>>fliplr(A)       % 矩阵关于垂直轴沿左右方向进行列维翻转
>>flipud(A)       % 矩阵关于水平轴沿上下左右方向进行列维翻转
>>rot90(A)        % 旋转 90°
```

5. 矩阵的高级运算

```
>>A=[1 2 3; 4 5 6; 7 8 9]
>>det(A)          % 求矩阵的行列式的值
>>trace(A)        % 对角元素之和
>>rank(A)         % 求矩阵的秩
>>norm(A,1)       % 计算矩阵 A 的 1 范数
>>norm(A,2)       % 计算矩阵 A 的 2 范数
>>norm(A,inf)     % 计算矩阵 A 的无穷范数
>>poly(A)
% A 的特征多项式系数按从高次至低次的顺序排列
>>eig(A)
% 以列向量形式返回特征值. 如果 A 是实对称矩阵，特征值为实数，%如果 A 不对称，特征值常为复数
```

例如：

```
>>A= [0,1; -1,0]
A=
0   1
-1  0
```

由 eig(A)指令产生 $\boldsymbol{A}$ 的特征值为

```
ans=
0.0000+1.0000i
0.0000-1.0000i
```

求解特征值和特征向量可以用双赋值语句[X,D]＝eig(A)得到. $\boldsymbol{D}$ 的对角元素是特征值，$\boldsymbol{X}$ 为矩阵，它的列是相应的特征向量，以使得 $\boldsymbol{AX}=\boldsymbol{XD}$. 例如对于上面的 2 * 2 矩阵 $\boldsymbol{A}$，指令 [X,D] ＝eig(A) 输出的结果为

```
X=
        0.7071           0.7071
        0+0.7071i        0-0.7071i,
D=
        0+1.0000i        0
        0                0-1.0000i.
```

6. 矩阵分解

① $\boldsymbol{LU}$ 分解：[L,U]=lu(A)，作 $\boldsymbol{LU}$ 分解（Gauss 消去法），$\boldsymbol{L}$ 为主对角线元素都为 1 的下三角矩阵，$\boldsymbol{U}$ 为一个上三角矩阵（$\boldsymbol{A}$ 可逆且顺序主子式不为零，$\boldsymbol{A}=\boldsymbol{LU}$）

例如：

```
>>A=[1 5 2; 3 4 6; 5 3 2];
>>[L,U]=lu(A)
```

LU 分解可用来解线性代数方程组，设 ***AX***=b，求解过程为：

>>[L,U]=lu(A),y=L\b,x=U\y,从而得到 x.

② 正交分解：[Q,R]=qr(A)，作 ***QR*** 分解，***Q*** 为正交矩阵，***R*** 为上三角矩阵

例如：

```
>>A=[1 2; 5 7; 7 3; 9 1];
>>[Q,R]=qr(A)
```

③ 奇异值分解: [U,S,V]=svd(A)，矩阵 ***U*** 和 ***V*** 是正交矩阵，***S*** 为 ***A*** 的奇异值矩阵.

例如：

```
>>A=[9 4; 6 8; 2 7];
>>[U,S,V]=svd(A)
```

9.4 程序设计

1. 关系运算符

MATLAB 有 6 种关系运算符（见表 9.5），用来比较两个元素，结果“1”表示 true，“0”表示 false.

表 9.5 关系运算符及其功能意义

运算符	功能意义
<	小于
<=	小于等于
>	大于
>=	大于等于
==	等于
~=	不等于

例 1 关系运算运用之一：求近似极限，修补图形缺口.

```
t=-2*pi:pi/10:2*pi;
y=sin(t)./t;
tt=t+(t==0)*eps;
yy=sin(tt)./tt;
subplot(1,2,1),plot(t,y),axis([−7,7,−0.5,1.2]),
xlabel('t'),ylabel('y'),title('残缺图形')
subplot(1,2,2),plot(tt,yy),axis([−7,7, −0.5,1.2])
xlabel('t'),ylabel('yy'),title('正确图形')
```

图 9.1 所示为极限处理前后的图形对照.

2. 逻辑运算符

MATLAB 逻辑运算符为“|”（或），“&”（与），“~”（非）. 另外还有两个相关的函数 any 和 all. 若作用到一向量 x, any(x)当 x 至少有一非零元素产生 1，否则产生 0; all(x)

当 x 所有元素非零时产生 1，否则产生 0. 若 $\boldsymbol{A}$ 是一个矩阵，它们则对 $\boldsymbol{A}$ 的每一列执行操作得到一个元素为 0 或 1 的行向量.

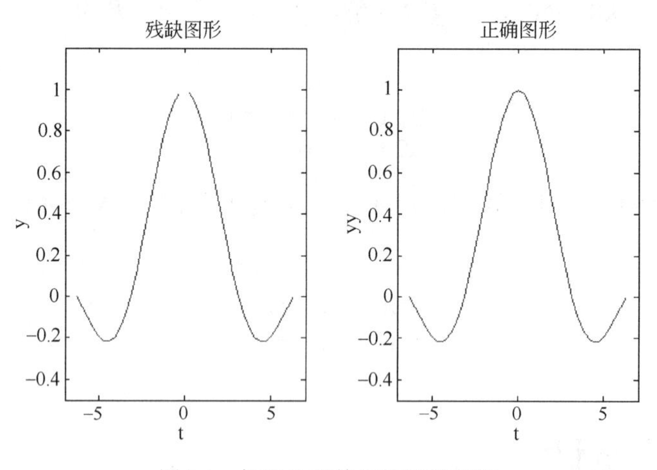

图 9.1　极限处理前后的图形对照

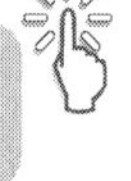

例 2　逻辑操作应用之一：逐段解析函数的计算和表现. 本例演示削顶整流正弦半波的计算和图形绘制.

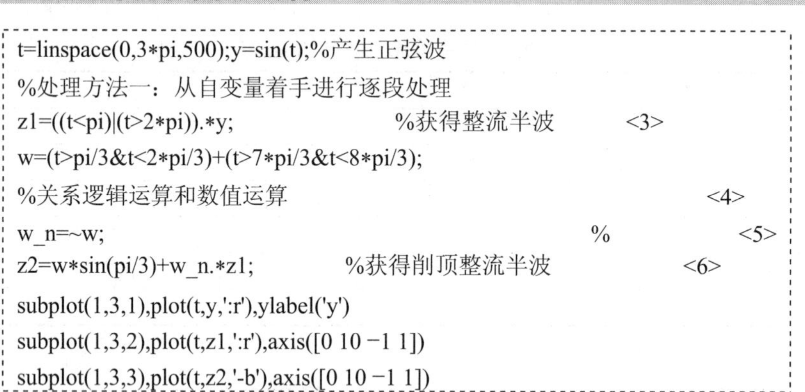

```
t=linspace(0,3*pi,500);y=sin(t);%产生正弦波
%处理方法一：从自变量着手进行逐段处理
z1=((t<pi)|(t>2*pi)).*y;                    %获得整流半波          <3>
w=(t>pi/3&t<2*pi/3)+(t>7*pi/3&t<8*pi/3);
%关系逻辑运算和数值运算                                             <4>
w_n=~w;                                           %                 <5>
z2=w*sin(pi/3)+w_n.*z1;             %获得削顶整流半波              <6>
subplot(1,3,1),plot(t,y,':r'),ylabel('y')
subplot(1,3,2),plot(t,z1,':r'),axis([0 10 −1 1])
subplot(1,3,3),plot(t,z2,'-b'),axis([0 10 −1 1])
```

逐段解析函数的产生如图 9.2 所示.

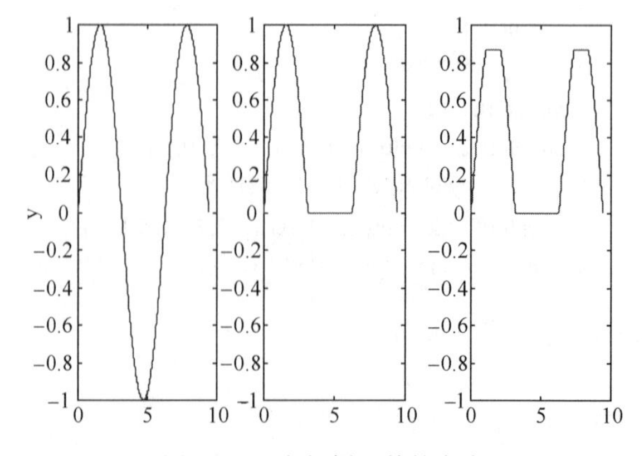

图 9.2　逐段解析函数的产生

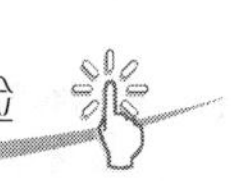

```
%处理方法二：从函数量着手进行逐段处理
z=(y>=0).*y;                              %正弦整流半波                    <11>
a=sin(pi/3);
z=(y>=a)*a+(y<a).*z;          %削顶的正弦整流半波                    <13>
plot(t,y,':r');hold on;plot(t,z,'-b')
xlabel('t'),ylabel('z=f(t)'),title('逐段解析函数')
legend('y=sin(t)','z=f(t)'),hold off
```

逐段解析函数的生成和表现如图 9.3 所示.

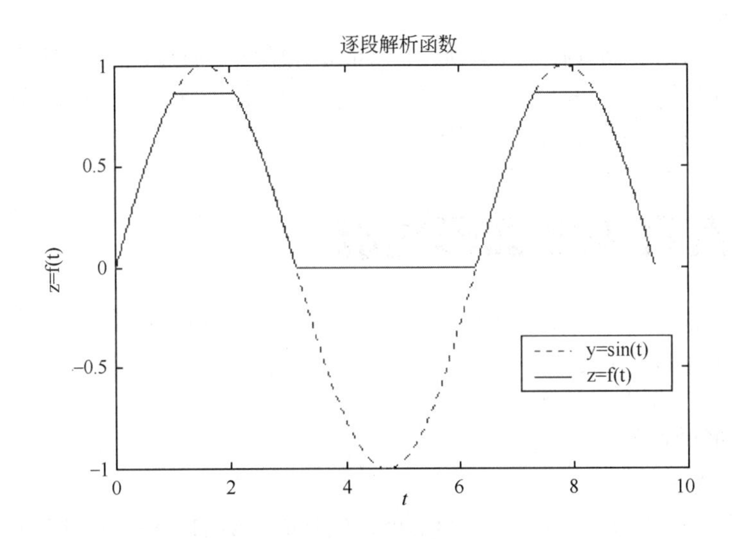

图 9.3　逐段解析函数的生成和表现

3. 循环控制语句

（1）for 循环

```
for 循环的一般形式为：
        for <循环变量>=<初值>:<步长>:<终值>
              循环体
end
```

循环可以嵌套，步长缺省时为 1 .

（2）while 循环

while 循环的一般形式为：

```
while<逻辑表达式>
      循环体
end
```

当逻辑表达式为 1 时执行循环体，否则跳过.

4. 条件语句

if 语句的一般形式为：

```
if<逻辑表达式>
    语句体
    elseif<逻辑表达式>
      语句体
      …
      else
      语句体
    end
```

其中 elseif 可以不出现，也可以重复.

5. 循环控制语句

break 语句通常用于循环控制中，如 for, while 等循环，通过 if 语句判断是否满足一定的条件，如果条件满足就调用 break 语句，在循环未终止前跳出循环.在多层循环嵌套中，break 只是终止包含 break 指令的最内层的循环.

9.5 MATLAB 图形功能

MATLAB 有很强的图形功能，可以方便地实现数据的视觉化.强大的计算功能与图形功能相结合为 MATLAB 在科学技术和教学方面的应用提供了更加广阔的天地.下面着重介绍二维图形的画法，对三维图形只作简单叙述.

1．二维图形的绘制

（1）基本形式

二维图形的绘制是 MATLAB 语言图形处理的基础，MATLAB 最常用的画二维图形的命令是 plot，看两个简单的例子：

```
>> y=[0  0.58  0.70  0.95  0.83  0.25];
>> plot(y)
```

生成的图形见图 9.4，是以序号 1,2,…6 为横坐标、数组 y 的数值为纵坐标画出的折线.

```
t=(0:pi/50:2*pi)';k=0.4:0.1:1;Y=cos(t)*k;plot(t,Y)
```

生成的图形见图 9.5.

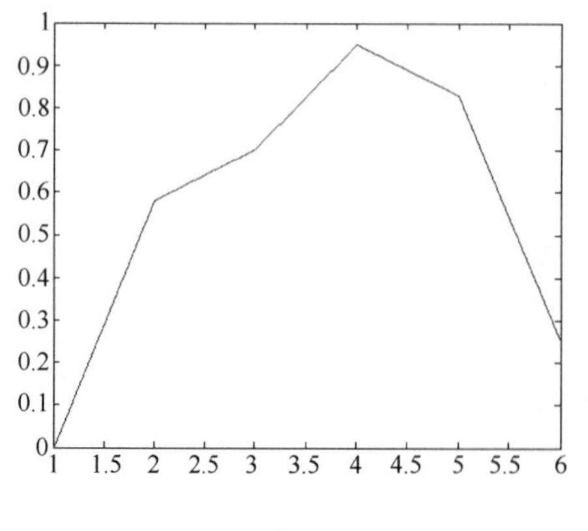

图 9.4　散点折线

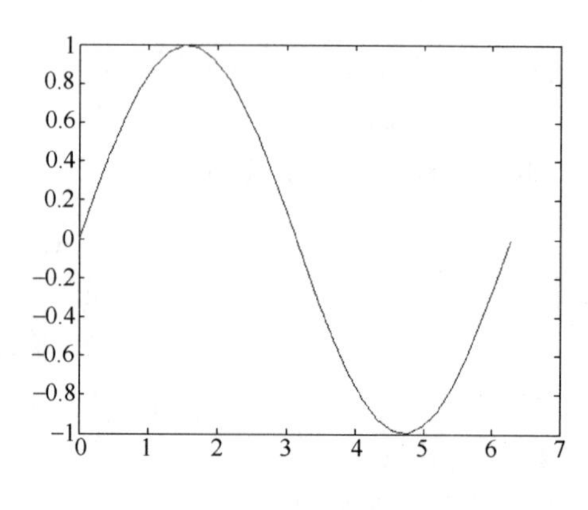

图 9.5　连续曲线

(2）多重线

在同一个画面上可以画许多条曲线，只需多给出几个数组，例如

```
>> x=0:pi/15:2*pi;
>> y1=sin(x);
>> y2=cos(x);
>> plot(x,y1,x,y2)
```

则可以画出图 9.6 多重线的另一种画法是利用 hold 命令.在已经画好的图形上，若设置 hold on，MATLA 将把新的 plot 命令产生的图形画在原来的图形上.而命令 hold off 将结束这个过程.例如：

```
>> x=linspace(0,2*pi,30);    y=sin(x);    plot(x,y)
```

先画好图 9.5，然后用下述命令增加 cos(x)的图形，也可得到图 9.6.

```
>> hold on
>> z=cos(x);    plot(x,z)
>> hold off
```

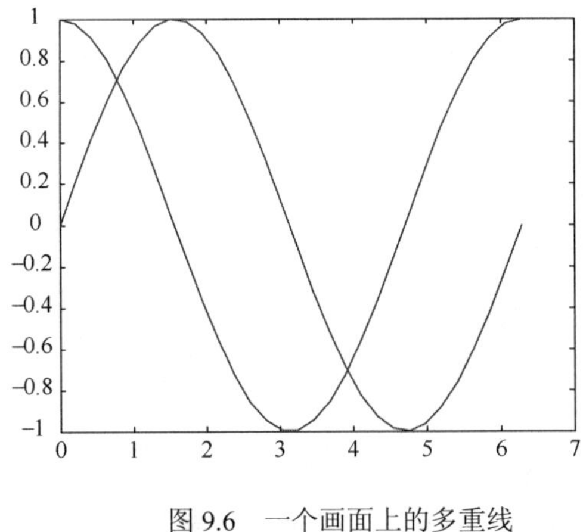

图 9.6　一个画面上的多重线

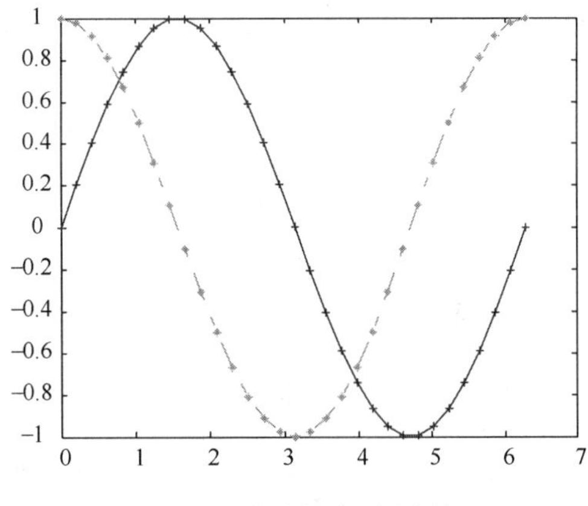

图 9.7　曲线的线型和颜色

(3）线型和颜色

MATLAB 对曲线的线型和颜色有许多选择，标注的方法是在每一对数组后加一个字符串参数，说明如下：

线型　线方式：　- 实线　:点线　-. 虚点线　-- 波折线.

线型　点方式：　. 圆点　+加号　* 星号　x　x 形　o 小圆

颜色：　y 黄；　r 红；　g 绿；　b 蓝；　w 白；　k 黑；　m 紫；　c 青.

以下面的例子说明用法：

```
>> x=0:pi/15:2*pi;
>> y1=sin(x);    y2=cos(x);
>> plot(x,y1,'b:+ ',x,y2,'g-.*')
```

可得图形 9.7.

(4）网格和标记

在一个图形上可以加网格、标题、x 轴标记、y 轴标记，用下列命令完成这些操作.

```
>> x=linspace(0,2*pi,30);   y=sin(x);   z=cos(x);
>> plot(x,y,x,z)
>> grid
>> xlabel('Independent Variable X')
>> ylabel('Dependent Variables Y and Z')
>> title('Sine and Cosine Curves')
```

它们产生图 9.8.

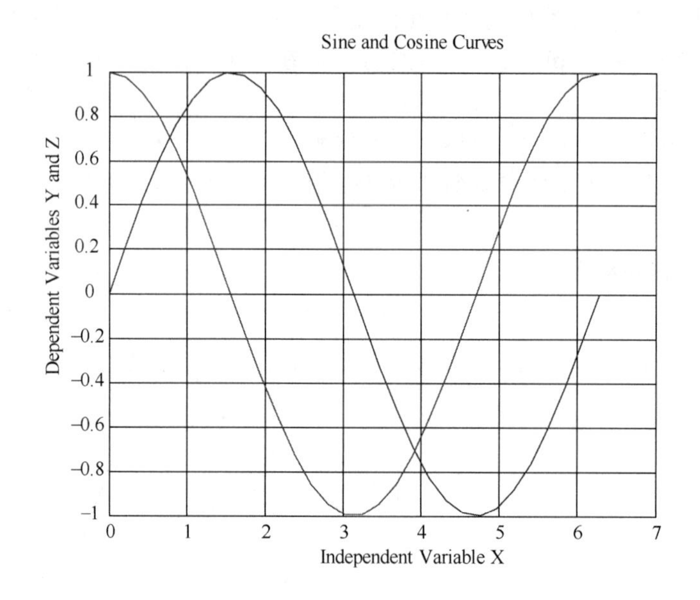

图 9.8　网格、坐标轴标记

也可以在图形的任何位置加上一个字符串，如用：

```
>> text(2.5,0.7, 'sinx')
```

表示在坐标 x=2.5, y=0.7 处加上字符串 sinx.更方便的是用鼠标来确定字符串的位置，方法是输入命令：

```
>> gtext('sinx')
```

在图形窗口十字线的交点是字符串的位置，用鼠标点一下就可以将字符串放在那里.

（5）坐标系的控制

在缺省情况下 MATLAB 自动选择图形的横、纵坐标的比例，如果你对这个比例不满意，可以用 axis 命令控制，常用的有：

```
axis([xmin xmax ymin ymax])        [ ]中分别给出 x 轴和 y 轴的最大值、最小值
axis equal   或   axis('equal')     x 轴和 y 轴的单位长度相同
axis square   或   axis('square')   图框呈方形
axis off   或   axis('off')         清除坐标刻度
```

还有 axis auto　axis image　axis xy　axis ij　axis normal　axis on　axis(axis)
用法可参考在线帮助系统.

（6）多幅图形

可以在同一个画面上建立几个坐标系，用 subplot(m,n,p)命令；把一个画面分成 $m \times n$ 个图形区域，p 代表当前的区域号，在每个区域中分别画一个图，如

```
>> x=linspace(0,2*pi,30);     y=sin(x);    z=cos(x);
>> u=2*sin(x).*cos(x);    v=sin(x)./cos(x);
>> subplot(2,2,1),plot(x,y),axis([0 2*pi -1 1]),title('sin(x) ')
>> subplot(2,2,2),plot(x,z),axis([0 2*pi -1 1]),title('cos(x) ')
>> subplot(2,2,3),plot(x,u),axis([0 2*pi -1 1]),title('2sin(x)cos(x) ')
>> subplot(2,2,4),plot(x,v),axis([0 2*pi -20 20]),title('sin(x)/cos(x) ')
```

共得到 4 幅图形，见图 9.9.

2. 三维图形

限于篇幅这里只对几种常用的命令通过例子作简单介绍.

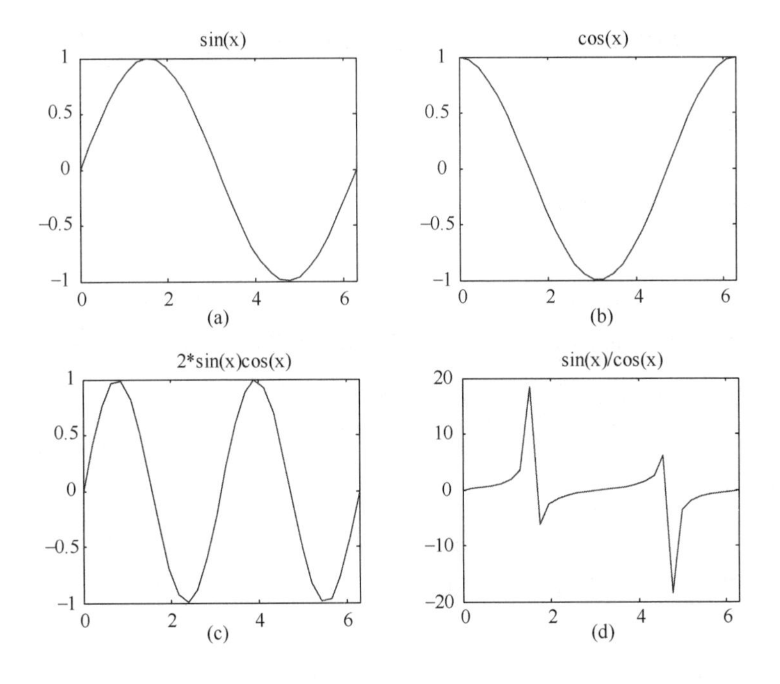

图 9.9　同一画面上建立多个坐标系

（1）带网格的曲面

例 1　作曲面 $z=f(x,y)$的图形

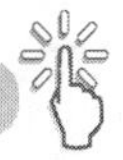

$$z=\frac{\sin\sqrt{x^2+y^2}}{\sqrt{x^2+y^2}},\quad -8\leqslant x\leqslant 8,\ -8\leqslant y\leqslant 8.$$

用以下程序实现：

```
>> x=-8:0.5:8;
>> y=x;
>> [X,Y]=meshgrid(x,y);          (三维图形的 X，Y 数组)
```

```
>> R=sqrt(X.^2+Y.^2)+eps;        (加 eps 是防止出现 0/0)
>> Z=sin(R)./R;
>> mesh(X,Y,Z)                    (三维网格表面)
```

或编写以下 M 文件：

```
clear;x=-8:0.5:8;
y=x';
X=ones(size(y))*x;
Y=y*ones(size(x));
R=sqrt(X.^2+Y.^2)+eps; %<5>
Z=sin(R)./R; %<6>
surf(X,Y,Z); %
%colormap(cool) %
xlabel('x'),ylabel('y'),zlabel('z')
```

画出的图形如图 9.10. mesh 命令也可以改为 surf，只是图形效果有所不同，读者可以上机查看结果.

（2）空间曲线

例 2　作螺旋线 $x=\sin t, y=\cos t, z=t$.

用以下程序实现：

```
>> t=0:pi/50:10*pi;
>> plot3(sin(t),cos(t),t)      (空间曲线作图函数，用法类似于 plot)
```

画出的图形如图 9.11 所示.

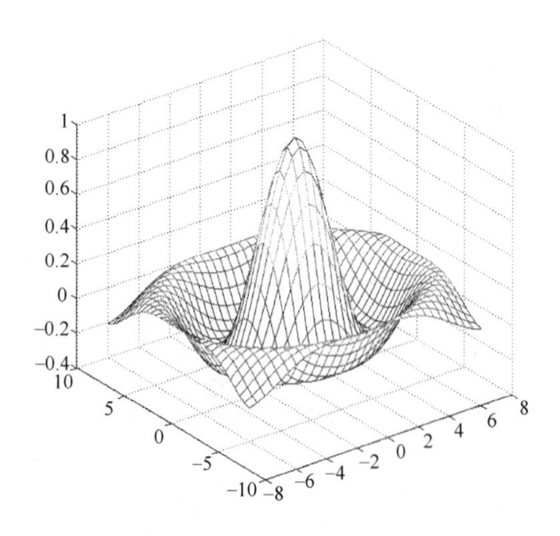

图 9.10　带网格的曲面

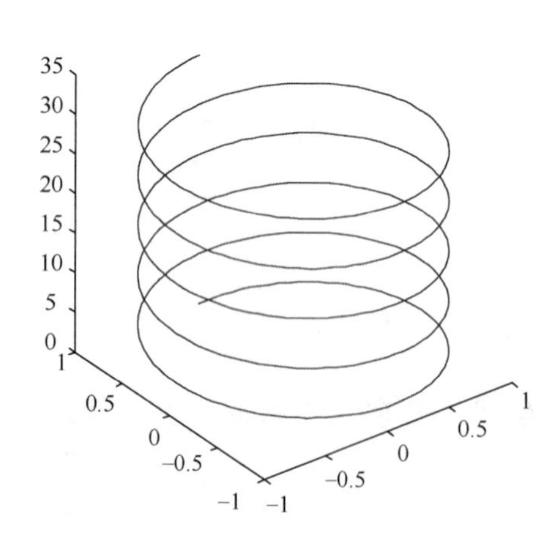

图 9.11　空间曲线

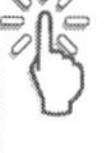

例 3　画一组椭圆 $\dfrac{x^2}{a^2}+\dfrac{y^2}{25-a^2}=1$.

```
th = [0:pi/50:2*pi]';
a = [0.5:.5:4.5];
X = cos(th)*a;
Y = sin(th)*sqrt(25-a.^2);
plot(X,Y),axis('equal'),xlabel('x'), ylabel('y')
title('A set of Ellipses')
```

（3）等高线

用 contour 或 contour3 画曲面的等高线，如对图 9.10 的曲面，在上面的程序后接 contour(X,Y,Z,10)即可得到 10 条等高线.

（4）其他

较有用的是给三维图形指定观察点的命令 view(azi,ele), azi 是方位角，ele 是仰角. 缺省时 azi= –37.5°，ele= 30°.

3. 计算结果的图形表示与输出

在数学建模中，往往需要将产生的图形输出到 Word 文档中.通常可采用下述方法：首先，在 MATLAB 图形窗口中选择 File 菜单中的 Export 选项，将打开图形输出对话框，在该对话框中可以把图形以 emf，bmp，jpg，pgm 等格式保存.然后，再打开相应的文档，并在该文档中选择“插入”菜单中的“图片”选项插入相应的图片即可.

例 4　画出衰减振荡曲线 $y = e^{-\frac{t}{3}} \cdot \sin x$ 及其包络线.

$y = e^{-\frac{t}{3}} \cdot \sin t$, t 的取值范围是[0,4π].

```
t=0:pi/50:4*pi;
y0=exp(−t/3);
y=exp(−t/3) *sin(t);
plot(t,y,'−r',t,y0,':b',t,−y0,':b')
grid
```

结果如图 9.12 所示.

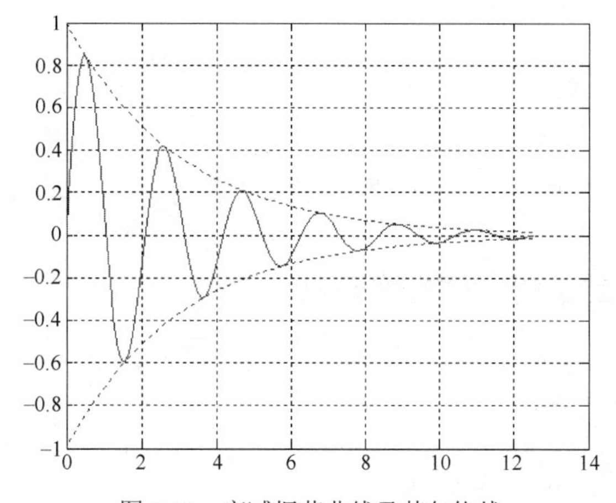

图 9.12　衰减振荡曲线及其包络线

9.6 MATLAB 数值计算

1. 拟合的程序

例 1　数据曲线拟合绘图程序.

```
t=1790:10:1990;
x=[3.9 5.3 7.2 9.6 12.9 17.1 23.2 31.4 38.6 50.2 62.9 76 ...
        92 106.5 123.2 131.7 150.7 179.3 204 226.5 251.4];
plot(t,x,'*',t,x);
a0=[0.001,1];
a=curvefit('fun1',a0,t,x)
ti=1790:5:2020;
xi=fun1(a,ti);
hold on
plot(ti,xi);
t1=2010;
x1=fun1(a,t1)
hold off
```

运行结果如图 9.13 所示.

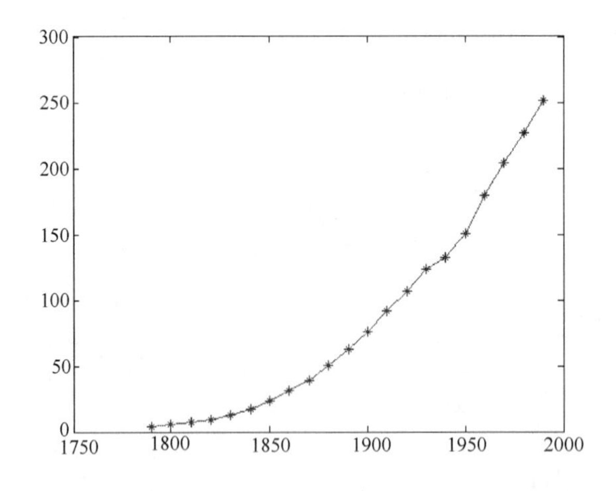

图 9.13　拟合曲线

例 2　实施函数拟合的较完整描述示例.

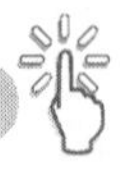

```
x=0:0.1:1;y=[2.1,2.3,2.5,2.9,3.2,3.3,3.8,4.1,4.9,5.4,5.8];
dy=0.15;
for n=1:6
[a,S]=polyfit(x,y,n);
A{n}=a;
```

```
da=dy*sqrt(diag(inv(S.R'*S.R)));
DA{n}=da';
freedom(n)=S.df;
[ye,delta]=polyval(a,x,S);
YE{n}=ye;
D{n}=delta;
chi2(n)=sum((y-ye).^2)/dy/dy;
end
Q=1-chi2cdf(chi2,freedom);
%
subplot(1,2,1),plot(1:6,abs(chi2-freedom),'b')
xlabel('阶次'),title('chi 2  与自由度')
subplot(1,2,2),plot(1:6,Q,'r',1:6,ones(1,6)*0.5)
xlabel('阶次'),title('Q  与 0.5  线')
A{3},DA{3}
ans =0.6993 1.2005 1.8869 2.1077
ans =1.9085 2.9081 1.2142 0.1333
```

2. 数值微分

例 3　用一个简单矩阵表现 diff 和 gradient 指令计算方式.

```
F=[1,2,3;4,5,6;7,8,9]
Dx=diff(F)
Dx_2=diff(F,1,2)
[FX,FY]=gradient(F)
[FX_2,FY_2]=gradient(F,0.5)
F=
1 2 3
4 5 6
7 8 9
Dx =
3 3 3
3 3 3
Dx_2 =
1 1
1 1
1 1
FX =
1 1 1
1 1 1
1 1 1
FY =
3 3 3
3 3 3
3 3 3
FX_2 =
2 2 2
2 2 2
2 2 2
```

```
FY_2 =
6 6 6
6 6 6
6 6 6
```

求函数 $f(x)$ 的数值导数,并在同一个坐标系中做出 $f'(x)$ 的图像.

程序如下：

```
f=inline('sqrt(x.^3+2*x.^2-x+12)+(x+5).^(1/6)+5*x+2');
g=inline('(3*x.^2+4*x-1)./sqrt(x.^3+2*x.^2-x+12)/2+1/6./(x+5).^(5/6)+5');
x=-3:0.01:3;
p=polyfit(x,f(x),5); %用 5 次多项式 p 拟合 f(x)
dp=polyder(p); %对拟合多项式 p 求导数 dp
dpx=polyval(dp,x); %求 dp 在假设点的函数值
dx=diff(f([x,3.01]))/0.01; %直接对 f(x)求数值导数
gx=g(x); %求函数 f 的导函数 g 在假设点的导数
plot(x,dpx,x,dx,'.',x,gx,'-'); %作图
```

运行结果如图 9.14 所示.

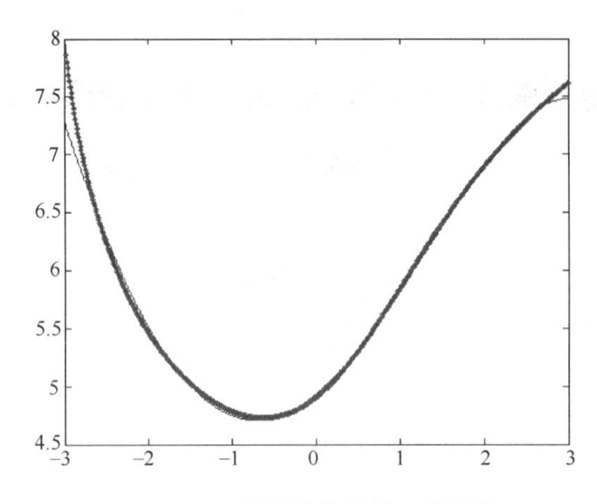

图 9.14　函数的数值导数及其图像

3. 函数极值点

MATLAB 用函数 fmins（无约束）和 constr（带约束）求函数极小值，若用函数文件 jxz.m 定义好求极小值的多元函数，用函数 fmins 求极值的调用方式为 x=fmins('fjxz', x_0, tol).其中 fjxz.m 中定义了目标函数 $y=f(x)$，x_0 是搜索初始点，tol 为控制误差，x 为求得的极值点；用函数 constr（带约束）求函数极小值的调用方式为 x=constr('jxz', x_0, opt)，其中 jxz.m 中定义了函数[f,g]=fun(x)，$f=f(x)$为目标函数，$g(x)=[g_1(x);g_2(x)]$代表等式和不等式（=<）约束函数，x_0 是搜索初始点，opt(13)为约束中等式的个数（等式写在前面）.

例 4　要造一个容积等于定数 k 的长方形无盖水池，应如何选择水池的尺寸，方可使它的表面积最小.

Min $f(x)=x_1x_2+2x_1x_3+2x_2x_3$

s.t.

$x_1x_2x_3=k$

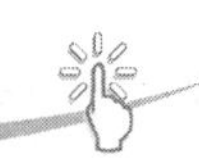

$x_j>0(j=1,2,3)$

建立求最小值的函数文件 fmin.M

```
function [f,g]=fmin(x)
f=x(1)*x(2)+2*x(1)*x(3)+2*x(2)*x(3);
g(1)=x(1)*x(2)*x(3)-125
MATLAB 程序：
clear;clc;k=125;
x0=[1;1;1];                    %初始搜索点
opt(13)=1;                     %约束中等式的个数
x=constr('ffmin',x0,opt)       %调用 constr 函数
MATLAB 输出结果为：
x =
    6.2996
    6.2996
    3.1498
```

例 5　求 $f(x,y)=100(y-x^2)^2+(1-x)^2$ 的极小值点.它即是著名的 Rosenbrock's"Banana" 测试函数.该测试函数有一片浅谷,许多算法难以越过此谷.

（演示本例搜索过程的文件名为 exm04072_1_1.m .）

（1）

```
ff=inline('100*(x(2)-x(1)^2)^2+(1-x(1))^2','x');
```

（2）

```
x0=[-1.2,1];[sx,sfval,sexit,soutput]=fminsearch(ff,x0)
sx =
1.0000 1.0000
sfval =
8.1777e-010
sexit =
1
soutput =
iterations: 85
funcCount: 159
algorithm: 'Nelder-Mead simplex direct search'
```

（3）

```
[ux,sfval,uexit,uoutput,grid,hess]=fminunc(ff,x0)
Warning: Gradient must be provided for trust-region method;
using line-search method instead.
> In D:\MATLAB6P1\toolbox\optim\fminunc.m at line 211
Optimization terminated successfully:
Current search direction is a descent direction, and magnitude of
directional derivative in search direction less than 2*options.TolFun
```

```
ux =
1.0000 1.0000
sfval =
1.9116e-011
uexit =
1
uoutput =
iterations: 26
funcCount: 162
stepsize: 1.2992
firstorderopt: 5.0020e-004
algorithm: 'medium-scale: Quasi-Newton line search'
grid =
1.0e-003 *
-0.5002
-0.1888
hess =
820.4028-409.5496
-409.5496 204.7720
```

4. 数值积分

MATLAB 用函数 quad 实现数值积分. 先建立描述被积函数的函数文件，假如为 jf.M，调用 quad 的形式为:

[Q,CNT]=quad('jf', A,B,TOL,TRACE)

参数说明:

- jf　描述被积函数 f 的函数文件名.
- A　输入参数，函数 f 的积分上限.
- B　输入参数，函数 f 的积分下限.
- TOL　输入参数，积分精度，为小的正数.
- TRACE　输入参数，如果 trace 不为零，则作出积分函数 f 的积分图；否则不作图.
- Q　输出参数，函数 f 的积分值.
- CNT　输出参数，函数 f 的估计值.

例 6　计算定积分 $I=\int_0^1 \log(1+x)\mathrm{d}x$，取精度为 10^{-6}.

```
function y=jifen(x)                                   % 建立积分函数文件 jifen.M
y=log(1+X);
>>a=0; b=1; tol=1e-006; trace=1;                      %在命令窗口给输入参数赋值
>>[q,cut]=quad ('jifen',a,b,tol,trace)    % 调用 quad
```

得出结果为

```
q=
0.3863
cut=
77
```

给出图形如图 9.15 所示.

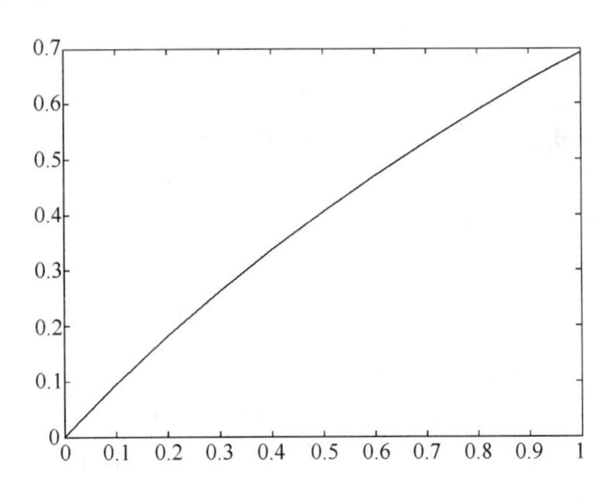

图 9.15　积分曲线

例 7　求 $I=\int_0^1 e^{-x^2}dx$，其精确值为 0.74684204.

（1）

```
syms x;IS=int('exp(−x*x)','x',0,1)
vpa(IS)
IS =
1/2*erf(1)*pi^(1/2)
ans =
.74682413281242702539946743613185
```

（2）

```
fun=inline('exp(−x.*x)','x');
Isim=quad(fun,0,1),IL=quadl(fun,0,1)
Isim =
0.7468
IL =
0.7468
```

（3）

```
Ig=gauss10(fun,0,1)
Ig =
0.7463
```

（4）

```
xx=0:0.1:1.5;ff=exp(−xx.^2);
pp=spline(xx,ff);
int_pp=fnint(pp);
Ssp=ppval(int_pp,[0,1])*[−1;1]
```

```
Ssp =
0.7468
```

例 8　求 $s_{x01}=\int_1^2[\int_0^1 x^y\mathrm{d}x]\mathrm{d}y$ 和 $s_{x12}=\int_0^1[\int_1^2 x^y\mathrm{d}x]\mathrm{d}y$.

（1）

```
syms x y
ssx01=vpa(int(int(x^y,x,0,1),y,1,2))
ssx12=vpa(int(int(x^y,y,0,1),x,1,2))
Warning: Explicit integral could not be found.
> In D:\MATLAB6P5\toolbox\symbolic\@sym\int.m at line 58
ssx01 =
.40546510810816438197801311546435
ssx12 =
1.2292741343616127837489278679215
```

（2）

```
zz=inline('x.^y','x','y');
nsx01=dblquad(zz,0,1,1,2)
nsx12=dblquad(zz,1,2,0,1)
nsx01 =
0.4055
nsx12 =
1.2293
```

例 9　计算 $I=\int_1^4[\int_{\sqrt{y}}^2(x^2+y^2)\mathrm{d}x]\mathrm{d}y$.

```
syms=vpa(int(int('x^2+y^2','x','sqrt(y)',2),'y',1,4))
syms =
9.5809523809523809523809523809524
```

5. 初值常微分方程的解

例 10　解常微分方程 $y''+(y^2-1)y'+y=0$.

令 $y_2=y,\ y_1=y'$ 得

$$\begin{cases} y_1'=y_1(1-y_2^2)-y_2 \\ y_2=y \end{cases}.$$

微分方程的形式为：$y'=f(t,y)$.

首先建立文件名为 wf.m 的描述微分方程的函数文件，然后给定初始条件. 用 ode23 在［0,15］中求解上述常微分方程，可用 MATLAB 命令实现：

function fyy=wf(t,y) % 建立文件名为 wf.m 的描述微分方程的函数文件

```
fyy=[y(1)*(1-y(2)^2)-y(2);y(1)];
>>t0=0;tfinal=15;y0=[0,0.25]
% 给输入参数赋值，给定初始条件， y(0) = 0.25, y'(0) = 0
>>[t,y]=ode23('wf',t0,tfinal,y0)    % 调用 ode23 在［0,15］中求解上述常微分方程
```

MATLAB 中的 ODE23 和 ODE45 分别为用中等精度或高等精度龙格-库塔方法求解（非线性）常微分方程初值问题的函数.

例 11　求解微分方程 $\frac{\mathrm{d}^2x}{\mathrm{d}t^2}=4,\frac{\mathrm{d}x}{\mathrm{d}t}|_{t=0}=2,x|_{t=0}=1$.

```
function jyjs
[T,Y]=ode45(@yjs,[0:10],[2,1]);
plot(T,Y(:,1))
figure
plot(T,Y(:,2))
function ydot=yjs(t,y)
ydot=[y(2);4];   %令 y(1)=x,y(2)=x',则 y(1)'=y(2),y(2)'=4
>>jyjs
```

运行结果如图 9.16 和图 9.17 所示.

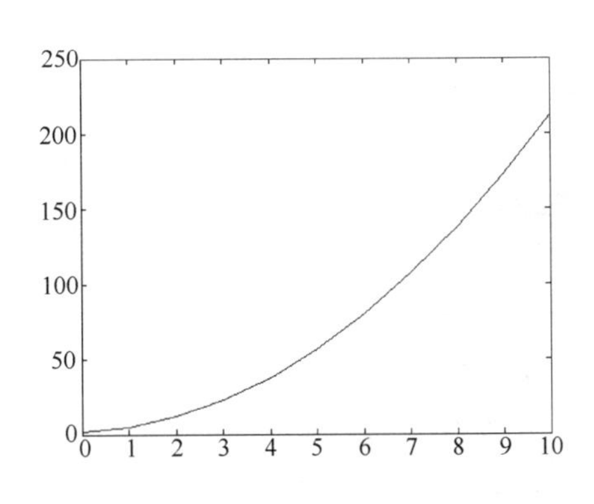

图 9.16　ODE 定义的方程的数值解

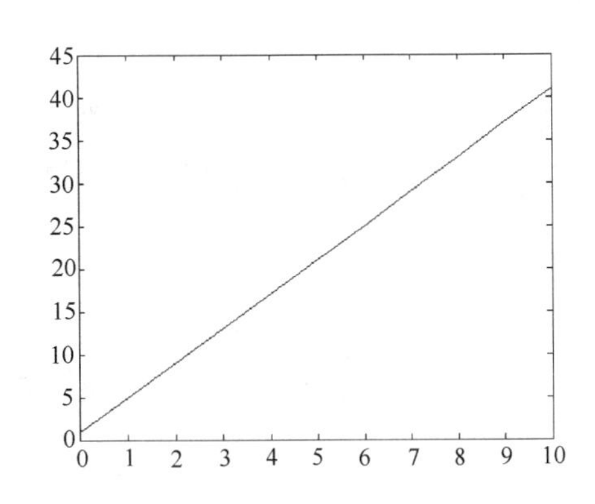

图 9.17　ODE 定义的方程的一阶导数

6. 逐步回归

MATLAB 中逐步回归的命令为 stepwise，它提供了一个交互式画面，通过这个工具可以自由地选择变量，进行统计分析，其调用格式为：stepwise(x,y,onmodel,alpha).其中，x 是自变量数据，y 是因变量数据，分别为 $n\times m$ 和 $n\times 1$ 矩阵，inmodel 是矩阵 x 的列数的指标，给出初始模型中包括的子集（缺省时为全部自变量），alpha 为显著性水平.

例 12　水泥凝固时放出的热量 y 与水泥中 4 种化学成分 x_1,x_2,x_3,x_4 有关，今测得一组数据 x=[x1,x2,x3,x4],使用逐步回归来确定一个线性模型.

将数据输入

```
x1=[7 1 11 11 7 11 3 1 2 21 1 11 10]';
x2=[26 29 56 31 52 55 71 31 54 47 40 66 68]';
```

```
x3=[6 15 8 8 6 9 17 22 18 4 23 9 8]';
x4=[60 52 20 47 33 22 6 44 22 26 34 12 12]';
y=[78.5 74.3 104.3 87.6 95.9 109.2 102.7 72.5 93.1 115.9 83.8 113.3 109.4]';
x=[x1 x2 x3 x4];
```

调用 stepwise 函数：

```
>>stepwise(x,y)
```

产生 3 个图形窗口.（请读者做实验时观察窗口变化情况）

Stepwise Table 窗口，列出了一个统计表，包括 parameter（回归系数），lower-upper（置信区间下界和上界），模型的统计量 RMSE（均方差），R-squar（相关系数的平方），F（显著性检验 F 统计量），P（F 对用的概率）等.

Stepwise Histore 窗口，显示 RMSE 的值及其置信区间.

Stepwise Plot 窗口，显示回归系数及其置信区间，两边有虚线或实线，虚线表明该变量的拟合系数与零无显著差异，实线则表明有显著差异.

通过实验，可以看出 x_3，x_4 不显著，移去这两个变量后，绿色表明在模型中的变量，红色表明从模型中移去的变量.

对选择好的变量 x_1，x_2 重新计算回归方程：

```
>>x0=ones(13,1);
>>X=[x0,x1,x2];
>>[b,bint,r,rint,stats]=ergress(y,x)
```

得到最佳回归方程和用于统计分析的数据：

```
b =
    52.5773
     1.4683
     0.6623
bint =
    47.4834    57.6713
     1.1980     1.7386
     0.5601     0.7644
r =
    -1.5740
     1.0491
    -1.5147
    -1.6585
    -1.3925
     4.0475
    -1.3021
    -2.0754
     1.8245
     1.3625
     3.2643
     0.8628
```

```
    -2.8934
rint =

   -6.3228    3.1748
   -3.7435    5.8417
   -6.6991    3.6696
   -6.4215    3.1046
   -6.7030    3.9179
   -0.3374    8.4324
   -5.7123    3.1082
   -6.7510    2.6002
   -3.1134    6.7624
   -2.2912    5.0161
   -1.2285    7.7572
   -4.1621    5.8876
   -7.4191    1.6322
stats =
      0.9787  229.5037      0.0000
```

从新的统计结果可以看出，虽然剩余标准差 s(RMSE)没有太大的变化，但是统计量 F 的值明显增大，因此新的回归模型更好一些.

最终的模型为

```
y=52.5773+1.4683x1+0.6623x2
```

第10章 竞赛简介及论文精选

10.1 全国大学生数学建模竞赛简介

全国大学生数学建模竞赛创办于 1992 年，由教育部高等教育司和中国工业与应用数学学会共同主办，李大潜院士任竞赛组委会主任. 该竞赛是全国高校规模最大的课外科技活动之一，也是世界上规模最大的数学建模竞赛.

该竞赛宗旨为：创新意识，团队精神，重在参与，公平竞争.

竞赛指导原则：扩大受益面，保证公平性，推动教学改革，提高竞赛质量，扩大国际交流，促进科学研究.

竞赛的目的在于激励学生学习数学的积极性，提高学生建立数学模型和运用计算机技术解决实际问题的综合能力，鼓励广大学生踊跃参加课外科技活动，开拓知识面，培养创造精神及合作意识，推动大学数学教学体系、教学内容和方法的改革.

全国大学生数学竞赛每年九月（一般在中旬某个周末的星期五至下周星期一共三天，72 小时）举行，竞赛面向全国大专院校的学生，不分专业[但竞赛分本科（甲组)和专科（乙组）两组，本科组竞赛所有大学生均可参加，专科组竞赛只有专科生（包括高职和高专生）可以参加]. 赛题及相关信息在网上发布，网址为 http://www.mcm.edu.cn.

该竞赛的特点是:竞赛题由工程技术、管理科学等领域的实际问题简化加工而成，有强烈的实际应用背景和应用潜力；竞赛要求参赛者结合实际问题灵活运用其他学科知识，让大学生把所掌握的知识融会贯通；三名大学生组成一队，三天完成一篇研究论文，锻炼学生的学术研究能力，体现团队合作精神.

这项竞赛举办二十多年来发展迅速. 最初只有 74 所高校 314 支队伍参加,2011 年参赛学校达 1251 所，参赛队伍接近两万支，近 6 万名大学生参加. 到 2012 年，有来自全国 33 个省/市/自治区（包括香港和澳门特区）及新加坡、美国的 1284 所院校、21219 个队（其中本科组 17726 队、专科组 3493 队）、63600 多名大学生报名参加本项竞赛.

10.2 竞赛的意义

全国大学生数学建模竞赛之所以能够吸引越来越多的大学生参与，是因为它对大学生具有重要意义：

① 能够培养大学生的创新意识和创新能力；
② 能够培养大学生运用所学知识解决实际问题的能力；
③ 能够训练大学生快速获取信息和资料的能力；
④ 能够锻炼大学生快速了解和掌握新知识的技能；
⑤ 能够培养大学生团队合作意识和团队合作精神；
⑥ 能够增强大学生写作技能和排版技术；
⑦ 能够训练大学生的逻辑思维和开放性思维；
⑧ 荣获国家级奖励有利于保送研究生；
⑨ 荣获国家级奖励有利于申请出国留学；
⑩ 参赛经历与荣誉有利于学生就业.

因此，无论想考研深造还是想出国留学，无论想进入企业工作还是想独自创业，这项竞赛都是不可错失的锻炼良机，竞赛获奖的荣誉更是解决问题能力的明证.

10.3 竞赛论文书写格式要求

全国大学生数学建模竞赛组委会对参赛论文做了如下要求.

论文用白色 A4 纸单面打印；上下左右各留出至少 2.5cm 的页边距；从左侧装订.

论文第一页为承诺书，具体内容和格式见本规范第二页.

论文第二页为编号专用页，用于赛区和全国评阅前后对论文进行编号，具体内容和格式见本规范第三页.

论文题目和摘要写在论文第三页上，从第四页开始是论文正文.

论文从第三页开始编写页码，页码必须位于每页页脚中部，用阿拉伯数字从"1"开始连续编号.

论文不能有页眉，论文中不能有任何可能显示答题人身份的标志.

论文题目用三号黑体字、一级标题用四号黑体字，并居中. 论文中其他汉字一律采用小四号宋体字，行距用单倍行距，打印时应尽量避免彩色打印.

提请大家注意:摘要应该是一份简明扼要的详细摘要（包括关键词），在整篇论文评阅中占有重要权重，请认真书写（注意篇幅不能超过一页，且无需译成英文）. 全国评阅时将首先根据摘要和论文整体结构及概貌对论文优劣进行初步筛选.

引用别人的成果或其他公开的资料（包括网上查到的资料）必须按照规定的参考文献的表述方式在正文引用处和参考文献中均明确列出. 正文引用处用方括号标示参考文献的编号，如[1]、[3]等；引用书籍还必须指出页码. 参考文献按正文中的引用次序列出，其中书籍的表述方式为:

[编号] 作者、书名、出版地:出版社，出版年.

参考文献中期刊杂志论文的表述方式为:

[编号] 作者、论文名、杂志名，卷期号:起止页码，出版年.

参考文献中网上资源的表述方式为:

[编号] 作者、资源标题、网址，访问时间（年月日）.

10.4 参赛论文精选

本节展示几篇本书作者指导学生参加全国大学生数学建模竞赛获奖的论文. 这几篇参赛论文均为参赛原文，未经修改. 文中或多或少存在错误和不足，仅供参赛学生参考.

10.4.1 2005 年获奖论文

2005 年全国大学生数学建模竞赛 B 题

DVD 在线租赁

随着信息时代的到来，网络成为人们生活中越来越不可或缺的元素之一. 许多网站利用其强大的资源和知名度，面向其会员群提供日益专业化和便捷化的服务. 例如，音像制品的在线租赁就是一种可行的服务. 这项服务充分发挥了网络的诸多优势，包括传播范围广泛、直达核心消费群、强烈的互动性、感官性强、成本相对低廉等，为顾客提供更为周到的服务.

考虑如下的在线 DVD 租赁问题. 顾客缴纳一定数量的月费成为会员，订购 DVD 租赁服务. 会员对哪些 DVD 有兴趣，只要在线提交订单，网站就会通过快递的方式尽可能满足要求. 会员提交的订单包括多张 DVD，这些 DVD 是基于其偏爱程度排序的. 网站会根据手头现有的 DVD 数量和会员的订单进行分发. 每个会员每个月租赁次数不得超过 2 次，每次获得 3 张 DVD. 会员看完 3 张 DVD 之后，只需要将 DVD 放进网站提供的信封里寄回（邮费由网站承担），就可以继续下次租赁. 请考虑以下问题.

1．网站正准备购买一些新的 DVD，通过问卷调查 1000 个会员，得到了愿意观看这些 DVD 的人数（表 10.1 给出了其中 5 种 DVD 的数据）. 此外，历史数据显示，60%的会员每月租赁 DVD 两次，而另外的 40%只租一次. 假设网站现有 10 万个会员，对表 10.1 中的每种 DVD 来说，应该至少准备多少张，才能保证希望看到该 DVD 的会员中至少 50%在一个月内能够看到该 DVD？如果要求保证在三个月内至少 95%的会员能够看到该 DVD 呢？

2．表 10.2 中列出了网站有的 100 种 DVD 的现有张数和当前需要处理的 1000 位会员的在线订单(数据格式示例如表 10.2,具体数据请从 http://mcm.edu.cn/mcm05/problems 2005c.asp 下载)，如何对这些 DVD 进行分配，才能使会员获得最大的满意度？请具体列出前 30 位会员（即 C0001~C0030）分别获得哪些 DVD.

3．继续考虑表 10.2，并假设表 10.2 中 DVD 的现有数量全部为 0. 如果你是网站经营管理人员，你如何决定每种 DVD 的购买量，以及如何对这些 DVD 进行分配，才能使一个月内 95%的会员得到他想看的 DVD，并且满意度最大？

4．如果你是网站经营管理人员，你觉得在 DVD 的需求预测、购买和分配中还有哪些重要问题值得研究？请明确提出你的问题，并尝试建立相应的数学模型.

表 10.1 对 1000 个会员调查的部分结果

名称	DVD1	DVD2	DVD3	DVD4	DVD5
人数/人	200	100	50	25	10

表 10.2 现有 DVD 张数和当前需要处理的会员的在线订单（表格格式示例）

DVD 编号		D001	D002	D003	D004	…
DVD 现有数量/张		10	40	15	20	…
会员在线订单	C0001	6	0	0	0	…
	C0002	0	0	0	0	…
	C0003	0	0	0	3	…
	C0004	0	0	0	0	…
	…	…	…	…	…	…

注：D001~D100 表示 100 种 DVD，C0001~C1000 表示 1000 个会员，会员的在线订单用数字 1, 2, …表示，数字越小表示会员的偏爱程度越高，数字 0 表示对应的 DVD 当前不在会员的在线订单中.

（注：表 10.2 数据位于文件 B2005Table2.xls 中，可从 http://mcm.edu.cn/mcm05/problems2005c.asp 下载）

B 题：DVD 在线租赁

徐广杰，张苗苗，孙历. 指导教师：林峰

（荣获国家二等奖）

摘　要

本问题是一个在线租赁 DVD 的优化分配问题，即会员在线租赁 DVD 时，网站拥有 DVD 数量最少，使会员满意度最大的最优分配问题.

首先，我们对题设给出的 1000 个会员的调查表分析得出 10 万个会员所想要看的 DVD 数量，采用整数规划模型，模型用 LINDO 求解得出.

1）会员中至少 50%在一个月内能够看到该 DVD 的需要张数

类　型	DVD1	DVD2	DVD3	DVD4	DVD5
愿看人数/人	20000	10000	5000	2500	1000
需要张数/张	6250	3125	1563	782	313

2）在三个月内至少 95%的会员能够看到该 DVD 的需要张数

类　型	DVD1	DVD2	DVD3	DVD4	DVD5
愿看人数/人	20000	10000	5000	2500	1000
需要张数/张	3959	1980	990	495	198

其次，通过分析网站现有 DVD 数量及订单，以会员的最大满意度为目标函数，分别以假设②及每种光盘的数量 d_j 来约束，建立 0-1 整数规划模型：

$$\text{Max} \quad M=\sum_{i=1}^{1000} m_i$$

$$\text{s. t.} \quad m_i=\sum_{j=1}^{100} b_{ij}/a_{ij}$$

$$（a_{ij}=0 \text{时}, 1/a_{ij}=0） \quad i=1,2,\cdots,1000$$

$$\sum_{j=1}^{100} b_{ij}=k_i, \quad i=1,2,\cdots,1000$$

$$k_i(k_i-3)=0, \quad i=1,2,\cdots,1000$$

$$\sum_{i=1}^{1000} b_{ij} \leqslant d_j,\quad j=1,2,\cdots 100$$

k_i 取值 0 或 1，a_{ij}，b_{ij} 均为非负整数 $(i=1,2,\cdots,1000; j=1,2,\cdots,100)$.

并通过使用 LINGO 8.0 编程求解，并列出前 30 位会员的分配表，见表 10.6.

再次分析网站订单，并假设当前订单库存为 0，通过建立多目标规划模型，解决了一个月内 95%的会员能够得到他想看的 DVD，并且满意度最大，同样通过使用 LINGO 8.0 编程求解，对当前订单做出优化购进量表见表 10.8，总的购进量为 1829 张即可满足.

最后，在 DVD 的需求预测、购买和分配方面给出了一些建设性想法，并对网站经济收益建立了多元线性回归模型.

最后我们对上述模型进行了分析并给出了改进方向.

关键字：DVD 在线租赁　整数规划模型　最大满意度　多目标规划

一、问题重述

随着网络的日益发展，音像制品的在线租赁就成为一种可行的服务. 这项服务充分发挥了网络的诸多优势，为顾客提供更为周到的服务.

在线 DVD 租赁是顾客缴纳一定数量的月费成为会员，订购 DVD 租赁服务. 会员对哪些 DVD 有兴趣，只要在线提交订单，网站就会通过快递的方式尽可能满足要求. 会员提交的订单包括多张 DVD，这些 DVD 是基于其偏爱程度排序的. 网站会根据手头现有的 DVD 数量和会员的订单进行分发. 每个会员每个月租赁次数不得超过 2 次，每次恰好获得 3 张 DVD. 会员看完 3 张 DVD 之后，只需要将 DVD 放进网站提供的信封里寄回（邮费由网站承担），就可以继续下次租赁. 考虑以下问题.

1. 网站正准备购买一些新的 DVD，通过问卷调查 1000 个会员，得到了愿意观看这些 DVD 的人数（表 10.1 给出了其中 5 种 DVD 的数据）. 此外，历史数据显示，60%的会员每月租赁 DVD 两次，而另外的 40%只租一次. 假设网站现有 10 万个会员，对附表 1 中的每种 DVD 来说，应该至少准备多少张，才能保证希望看到该 DVD 的会员中至少 50%在一个月内能够看到该 DVD? 如果要求保证在三个月内至少 95%的会员能够看到该 DVD 呢?

2. 表 10.2 中列出了网站手上 100 种 DVD 的现有张数和当前需要处理的 1000 位会员的在线订单，如何对这些 DVD 进行分配，才能使会员获得最大的满意度? 请具体列出前 30 位会员（即 C0001~C0030）分别获得哪些 DVD.

3. 继续考虑表 10.2，并假设表 10.2 中 DVD 的现有数量全部为 0. 如果你是网站经营管理人员，你如何决定每种 DVD 的购买量，以及如何对这些 DVD 进行分配，才能使一个月内 95%的会员得到他想看的 DVD，并且满意度最大?

4. 如果你是网站经营管理人员，你觉得在 DVD 的需求预测、购买和分配中还有哪些重要问题值得研究? 请明确提出你的问题，并尝试建立相应的数学模型.

二、模型假设

1. 假设每个会员不会重复租同一张 DVD，而且一次也不会要两张相同的 DVD;

2. 会员每次获得恰好三张 DVD 或者一张也得不到;

3. 假设表 10.2 中的会员订单是从月初开始的;

4. 假设租赁两次 DVD 的会员必须在月中之前将上次所租的 DVD 寄回，租赁一次的会员在月中之后、月末之前将其寄回，并假设月中之后还回的 DVD 不再租赁;

5. 问题 1 中第二问是要求保证在三个月内至少 95%的希望看到该 DVD 的会员能够看到该 DVD.

三、符号说明

x_j 第 j 种 DVD 应进货的数量，$j=1,2,\cdots,5$；

X_j 月中会员寄回第 j 种 DVD 的数量，$j=1,2,\cdots,5$；

p_j 任意一个人喜欢第 j 种的概率，$j=1,2,\cdots,5$；

Y_j 全体会员中愿意看第 j 张的人数，$j=1,2,\cdots,5$；

n 全体会员人数；

a_{ij} 订货单矩阵元素，$i=1,2,\cdots,1000; j=1,2,\cdots,100$；

b_{ij} 租给会员 DVD 的分配单矩阵元素，$i=1,2,\cdots,1000; j=1,2,\cdots,100$；

d_j 现有 DVD 的数量构成的向量元素，$j=1,2,\cdots,100$；

m_i 每位会员的满意度，$i=1,2,\cdots,1000$；

C 购买最优分配的 0-1 矩阵；

M 总体满意度；

D 购进 DVD 总数.

四、模型建立及求解

问题 1

通过问卷调查应该根据调查数据确定各种 DVD 被任意一个会员愿意观看的概率. 由此概率推测 1000 名会员中愿意观看该 DVD 的人数，进而得到进货量.

历史数据显示，60%的会员每月租赁 DVD 两次，而另外的 40%只租一次. 可以说明每个会员每月租赁二次的概率是 0.6，租赁一次的概率是 0.4. 解决保证希望看到该 DVD 的会员中至少 50%在一个月内能够看到该 DVD 以及如果要求保证在三个月内至少 95%的会员能够看到该 DVD 这两个问题，可以从概率角度入手，即以长期租赁平均能够满足要求的思路解决这个问题.

由表 10.3 中的问卷调查相当于贝努利试验，1000 个会员中愿意观看 DVD1 的频率为 200/1000=0.2，根据大数定律可以取全体会员中每个人喜欢第 1 种光盘的概率为 0.2.

同理得出全体会员中每个人愿意观看 DVD2～DVD5 另外四种 DVD 的概率，如表 10.3 所示.

表 10.3 问卷调查结果

光盘名称	DVD1	DVD2	DVD3	DVD4	DVD5
任一会员愿看的概率 p_j	0.2	0.1	0.05	0.025	0.01

全体会员中希望看第 j 张 DVD 光盘的人数 $Y_j \sim B(n,p_j)$，也是该光盘可能被订的数量. 其均值为：

$$E(Y_j)=np_j,\quad j=1,2,\cdots,5. \tag{10.1}$$

第 j 种 DVD 光盘应进货的数量 x_j 小于可能被订数量 Y_j 的均值，即通常 5 种光盘月初全部借出. 第 j 张 DVD 光盘月中被会员寄回数量 $X_j \sim B(x_j,\ 0.6)$，所以

$$E(X_j)=0.6\,x_j; \tag{10. 2}$$

另外，假设任意一个会员愿意观看各张光盘是相互独立的，则同时订 5 张中的几张光盘的概率等于愿意观看各张光盘的概率之积. 故同时订 5 张中的几张光盘的概率很小，不考虑一次 5 张新光盘中选多于一张的搭配问题，即不考虑假设 2 对进货的影响.

基于长期平均满足要求的概率思想，建立模型及求解如下.

1）一个月内大于50%的会员看到他想看的DVD光盘需要的DVD光盘数量x_i满足如下整数规划模型：

$$\text{Min}\ x_j \tag{10.3}$$

$$\text{s. t.}\quad x_j+E(X_j)\geqslant 0.5E(Y_j) \tag{10.4}$$

$$E(X_j)=0.6x_j \tag{10.5}$$

$$E(Y_j)=100000p_j,\quad j=1,2,\cdots,5 \tag{10.6}$$

$$x_j\ \text{为整数.} \tag{10.7}$$

用LINDO求解结果如表10.4所示.

表10.4　求解结果1

类　型	DVD1	DVD2	DVD3	DVD4	DVD5
愿看人数/人	20000	10000	5000	2500	1000
需要光盘数/张	6250	3125	1563	782	313

2）由假设3、4，每个月末所有光盘全部还回，三个月问题类似. 但是由于会员不会有多大变动，可以假设全体会员喜好不变. 三个月内大于95%的会员看到他想看的DVD光盘需要的DVD光盘数量x_j应满足如下整数规划模型：

$$\text{Min}\quad x_j \tag{10.8}$$

$$\text{s.t.}\quad 3(x_i+E(X_i))\geqslant 0.95E(Y_i) \tag{10.9}$$

$$E(X_j)=0.6x_j \tag{10.10}$$

$$E(Y_j)=100000p_j,\quad j=1,2,\cdots,5 \tag{10.11}$$

$$x_j\ \text{为整数.} \tag{10.12}$$

用LINDO求解结果如表10.5所示.

表10.5　求解结果2

类　型	DVD1	DVD2	DVD3	DVD4	DVD5
愿看人数/人	20000	10000	5000	2500	1000
需要光盘数/张	3959	1980	990	495	198

问题2

表10.2中，每个会员对自己喜爱的光盘都做出了排序，为使会员获得最大满意度（即每次租赁都尽可能租到喜爱的并每次都能获得三张光盘），需根据会员订货单矩阵$\boldsymbol{A}$得出光盘的分配矩阵$\boldsymbol{B}$，分配矩阵$\boldsymbol{B}$由0或1组成，1表示其所在列对应DVD分配给该行对应的会员，0表示该DVD不分配给该会员.

整体满意度M可以用每个会员的满意度m_i算术平均表达，每个会员的满意度m_i可以先将排序的序号倒数归一化，再用该会员得到的三张光盘对应的归一化的排序序号倒数相加作为该会员的满意度. 由于$a_{ij}=0$表示第i个会员对第j张光盘绝对不满意，因此此时可以令a_{ij}的倒数为零.

为计算方便，先不做归一化而用该会员得到的三张光盘对应的排序序号倒数相加作为该会员的满意度，所有队员满意度之和作为整体满意度M，而且只考虑一次出租. 建立0－1整数规划模型如下：

$$\text{Max} \quad M=\sum_{i=1}^{1000} m_i \tag{10.13}$$

$$\text{s. t.} \quad m_i=\sum_{j=1}^{100} b_{ij}/a_{ij} \quad (a_{ij}=0\text{时},1/a_{ij}=0),$$

$$(i=1,2,\cdots,1000) \tag{10.14}$$

$$\sum_{j=1}^{100} b_{ij}=k_i\,,\ \ i=1,2,\cdots,1000 \tag{10.15}$$

$$k_i(k_i-3)=0\,,\ \ i=1,2,\cdots,1000 \tag{10.16}$$

$$\sum_{i=1}^{1000} b_{ij}\leqslant d_j\,,\ \ j=1,2,\cdots 100 \tag{10.17}$$

$$k_i\text{取值 0 或 1},\ \ i=1,2,\cdots,1000 \tag{10.18}$$

$$a_{ij}\,,\ b_{ij}\text{为整数},\ \ i=1,2,\cdots,1000;\ j=1,2,\cdots 100 \tag{10.19}$$

$$k_i\,,\ a_{ij}\,,\ b_{ij}\text{均为非负}. \tag{10.20}$$

其中式（10.13）为目标函数，式（10.15），式（10.16）是对假设 2“会员每次获得恰好三张光盘或者一张也得不到”这一条件进行约束，每种光盘的数量 d_j 对分配的约束由式（10.17）表达，式（10.18），式（10.19），式（10.20）为非负整数约束.

求解使用 LINGO 8.0，编程如下：

```
MODEL:
SETS:
    HUIYUAN: M;
    DIEMING: DIESHU;
    C(HUIYUAN, DIEMING): A, B;
ENDSETS
! The objective;
    [OBJECTIVE] MAX=@SUM(HUIYUAN(I):M(I));
    @FOR(HUIYUAN(I):M(I)=@SUM(DIEMING(J):@IF(A(I,J)#EQ#0,0,(B(I, J)+1)/(A(I,J)+1))));
    @FOR(HUIYUAN(I):@SUM(DIEMING(J):B(I,J))=3);
    @FOR(DIEMING(J):@SUM(HUIYUAN(I):B(I,J))<=DIESHU(J));
    @FOR(c:@BIN(B));
DATA:
! Import the data from Excel;
    HUIYUAN, DIESHU, DIEMING,A =
     @OLE( 'D:\data.XLS','HUIYUAN','DIESHU','DIEMING','A');
! Export the solution back to Excel;
    @OLE( 'D:\data.XLS','B') = B;
ENDDATA
END
```

备注：使用 LINGO 8.0 编写的程序在计算机上的运行时间为 1min 左右，速度很快.

1）得到优化结果分配后发现每个客户都能得到三张 DVD，最后还有 7 张剩余，其中前

30 名会员所得光盘如表 10.6 所示.

表 10.6　所得光盘数据

会员编号	会员所得到的 DVD 光盘编号			会员编号	会员所得到的 DVD 光盘编号		
C0001	D008	D041	D098	C0016	D055	D084	D097
C0002	D006	D044	D062	C0017	D047	D051	D067
C0003	D032	D050	D080	C0018	D078	D041	D060
C0004	D007	D018	D041	C0019	D084	D066	D086
C0005	D011	D066	D068	C0020	D089	D045	D061
C0006	D066	D019	D053	C0021	D045	D053	D050
C0007	D008	D026	D081	C0022	D055	D038	D057
C0008	D031	D035	D071	C0023	D081	D029	D095
C0009	D053	D078	D100	C0024	D041	D037	D076
C0010	D055	D060	D085	C0025	D081	D009	D069
C0011	D066	D059	D063	C0026	D095	D068	D022
C0012	D031	D041	D002	C0027	D050	D078	D058
C0013	D078	D021	D096	C0028	D036	D008	D034
C0014	D023	D052	D089	C0029	D055	D026	D030
C0015	D066	D085	D013	C0030	D037	D062	D098

2）对表 10.6 中的数据分配情况进行统计分析，得到满意度的分析数据如表 10.7 所示.

平均满意度：0.9472.

通过抽取前 30 位会员观察 1000 位会员的满意度并对满意度画出折线图，见图 10.1.

从图中可以看出客户的满意度比较平稳，说明此种分配方法可以满足全体会员的需要，分配给会员的 DVD 光盘能够使会员的满意度达到一个比较理想的数值，即分配方案合理，是一个最优的分配方案.

表 10.7　满意度分析数据

会员编号	三种光盘的偏爱程度			满意度	会员编号	三种光盘的偏爱程度			满意度
C0001	1	3	7	0.8052	C0016	1	2	9	0.8788
C0002	1	2	4	0.9546	C0017	1	2	3	1.0000
C0003	1	2	4	0.9546	C0018	1	2	3	1.0000
C0004	1	2	3	1.0000	C0019	1	2	4	0.9546
C0005	1	2	3	1.0000	C0020	1	2	3	1.0000
C0006	1	2	4	0.9546	C0021	1	2	5	0.9273
C0007	1	2	3	1.0000	C0022	1	2	3	1.0000
C0008	1	2	3	1.0000	C0023	1	2	3	1.0000
C0009	1	2	3	1.0000	C0024	1	2	4	0.9546
C0010	1	2	3	1.0000	C0025	1	2	4	0.9546
C0011	1	2	4	0.9546	C0026	1	2	3	1.0000
C0012	1	2	7	0.8961	C0027	1	4	7	0.7598
C0013	1	2	3	1.0000	C0028	1	2	8	0.8864
C0014	1	2	6	0.9091	C0029	1	2	4	0.9546
C0015	1	3	9	0.7879	C0030	1	2	5	0.9273

另外，从概率的角度对满意度进行分析，我们可以看到表中会员的满意度 m_i 是一个随机

变量符合正态分布的，即

$$m_i \sim N(\mu,\sigma^2). \tag{10.21}$$

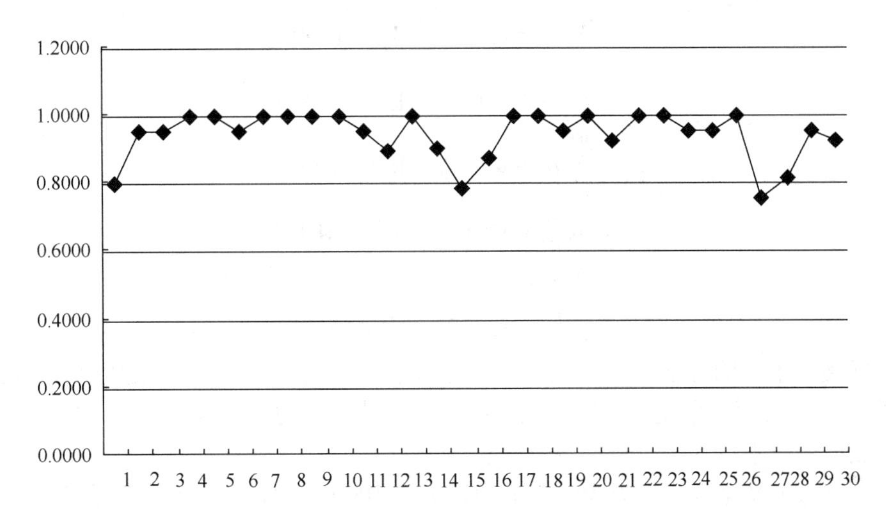

图 1.1　折线图

由表 10.7 的数据看出客户的满意度服从正态分布，其中 μ=0.9472, σ=0.0671, $1/\sqrt{2\pi}\sigma$=5.9455. 如图 10.2 所示.

在一次订单中，m_i 几乎总是落在（0.7459,1.1485）内，如图 10.3 所示.

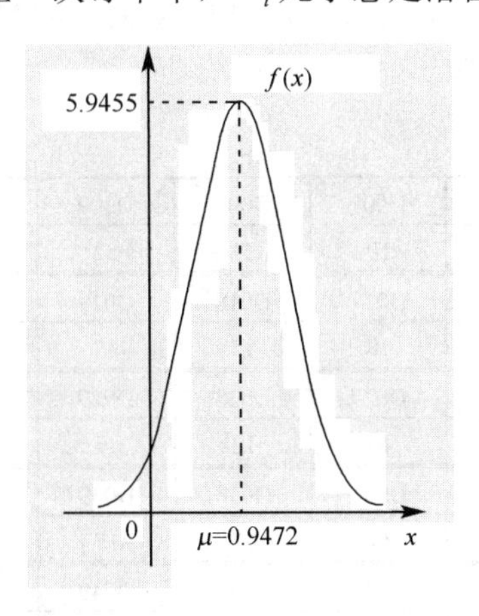

图 10.2　正态分布

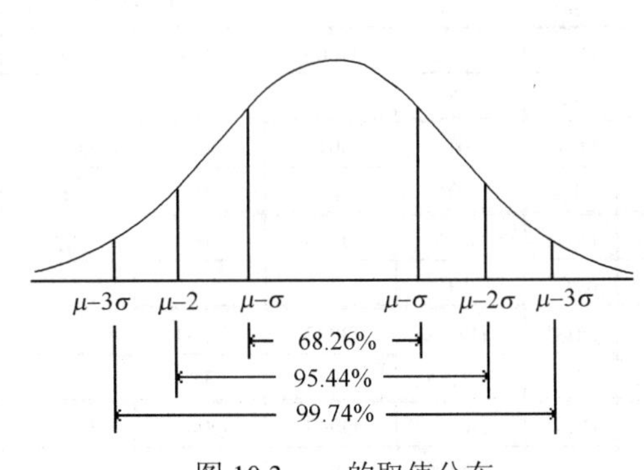

图 10.3　m_i 的取值分布

m_i 的取值非常集中.

问题 3

表 10.2 中 DVD 的现有数量全部为 0，确定购买的 DVD 数量在一个月内有 95%的会员能得到他想看的 DVD，满足会员对租赁满意度最大同时又要使网站经营者减少投资.这是一个多目标规划问题：

$$\begin{cases} \text{Max} \quad M=\sum_{i=1}^{1000} m_i \\ \text{Min} \quad D=\sum_{j=1}^{100} d_j \end{cases} \tag{10.22}$$

$$\text{s.t.}\quad m_i=\sum_{j=1}^{100} b_{ij}/a_{ij} \quad (a_{ij}=0\text{时},1/a_{ij}=0)\ \ (i=1,2,\cdots,1000) \tag{10.23}$$

$$\sum_{j=1}^{100} b_{ij}=k_i,\ \ i=1,2,\cdots,1000 \tag{10.24}$$

$$k_i(k_i-3)=0,\ \ i=1,2,\cdots,1000 \tag{10.25}$$

$$\sum_{i=1}^{1000} b_{ij}\leqslant d_j,\ \ j=1,2,\cdots,100 \tag{10.26}$$

$$k_i\text{取值 0 或 1},\ \ i=1,2,\cdots,1000 \tag{10.27}$$

$$a_{ij},\ b_{ij}\text{为整数},\ i=1,2,\cdots,1000\ j=1,2,\cdots 100 \tag{10.28}$$

$$k_i,\ a_{ij},\ b_{ij}\text{均为非负.} \tag{10.29}$$

多目标规划求解的方法有约束法、分层序列法、功效系数法等. 由题意知首要问题是满足 95%的会员以最大满意度得到所需的光盘，其次才要考虑尽量少进货的问题. 因此，选择分层序列法：依次求解两个单目标规划问题.

首先，将每种光盘进货量设为较大的数，例如 1000. 对数据表 10.2 进行优化，求解使用 LINGO 8.0，算法方法同问题 2，程序见附录程序 1. 得到一个 1000×100 的矩阵 $\boldsymbol{C}$（购买分配的 0-1 矩阵），由于没有存货量的约束，必然得到满意度最大的分配方案. 然后考虑只需满足 95%的会员得到他想看的 DVD，即有 5%的会员可以得不到想看的 DVD，那么当前分发的 DVD 数量只要有 2850 张就可满足. 又考虑一个月两次出租，即借出的光盘以 0.6 的概率在月中被还回来. 因此购进少于 2850 张新 DVD 就能实现周转. 2850 除以 1.6 向上取整，即为购进光盘的最优值. 对每种光盘购进数量的优化得出表 10.8.

表 10.8　光盘购进量

盘号	D001	D002	D003	D004	D005	D006	D007	D008	D009	D010
购买量	13	22	17	23	12	17	19	21	22	15
盘号	D011	D012	D013	D014	D015	D016	D017	D018	D019	D020
购买量	17	19	17	19	16	24	18	15	17	24
盘号	D021	D022	D023	D024	D025	D026	D027	D028	D029	D030
购买量	20	19	22	14	18	18	14	12	16	25
盘号	D031	D032	D033	D034	D035	D036	D037	D038	D039	D040
购买量	19	21	19	18	22	21	14	17	17	17
盘号	D041	D042	D043	D044	D045	D046	D047	D048	D049	D050
购买量	31	22	17	22	22	16	20	14	19	20
盘号	D051	D052	D053	D054	D055	D056	D057	D058	D059	D060
购买量	24	17	20	17	20	19	19	18	20	21
盘号	D061	D062	D063	D064	D065	D066	D067	D068	D069	D070
购买量	16	19	19	21	19	16	18	21	20	19
盘号	D071	D072	D073	D074	D075	D076	D077	D078	D079	D080
购买量	21	20	15	18	15	14	13	18	19	18
盘号	D081	D082	D083	D084	D085	D086	D087	D088	D089	D090
购买量	18	11	14	12	21	13	22	15	15	17
盘号	D091	D092	D093	D094	D095	D096	D097	D098	D099	D100
购买量	25	17	14	14	24	15	21	20	12	22
总购买量	1829									

问题 4

随着信息时代的到来，音像制品在线租赁服务越来越受到广大消费者的欢迎. 针对网站的经营管理人员来说，面临的急需解决的问题是如何提高网站的经济效益. 这就需要分析影响网站经济效益的因素.

网站的经济效益=网站租 DVD 光盘的收入–购置 DVD 光盘的成本–网站运营费用

从上面的表达式可以很明显地看出要想增大网站的经济效益，一方面要增大网站的租 DVD 光盘的收入，同时减小购置 DVD 光盘的成本和网站的费用.

一般情况下，购置 DVD 光盘的成本和网站的费用波动较小，对网站的经济效益的影响不太明显. 所以我们从如何尽可能地增大租 DVD 光盘的收入入手.

从题中所给的数据和对上面问题的数据分析中我们容易知道影响租 DVD 光盘的收入的因素主要有以下几个：

1）客户满意度的大小；

2）DVD 的租赁期限；

3）网站管理者拥有的 DVD 的种类；

4）租赁 DVD 光盘的价格；

5）网站管理（会员等级制度，租赁奖励，管理理念）.

对上述 5 种较大程度影响网站经济效益的因素进行分析，可以得到网站经济收益的多元线性回归模型进行回归和预测.

1．建立线性回归模型

符号说明

X_i　为影响经济效益的第 i 个因素；

Y　为经济效益；

β_i　为回归系数.

对于本题建立如下的线性回归模型：

$$Y = \beta_0 + \beta_1 X_1 + \beta_2 X_2 + \beta_3 X_3 + \beta_4 X_4 + \beta_5 X_5. \tag{10.30}$$

在回归分析中自变量 $X=(X_1, X_2, X_3, X_4, X_5)$ 是影响因变量 Y 的主要因素，是人们能控制或能观察的，而 Y 还受到随机因素的干扰，可以合理地假定这种干扰服从零均值的正态分布，于是模型记作：

$$\begin{cases} Y = \beta_0 + \beta_1 X_1 + \beta_2 X_2 + \beta_3 X_3 + \beta_4 X_4 + \beta_5 X_5 + \varepsilon \\ \varepsilon \sim N(0, \sigma^2) \end{cases}, \tag{10.31}$$

其中 σ 未知，如果得到 n 个独立观测数据

$$(Y_i, X_1, X_2, X_3, X_4, X_5),\quad i=1,2,\cdots,n,\ n>5,$$

则可以用最小二乘法估计模型(10.31)中的参数 β. 所得回归模型和系数通过检验后，可由给定的 $X = X_1, X_2, X_3, X_4, X_5$ 预测 Y_0, Y_0 是随机的，显然其预测值为：

$$Y_0 = \beta_0 + \beta_1 X_1 + \beta_2 X_2 + \beta_3 X_3 + \beta_4 X_4 + \beta_5 X_5.$$

给定 α 可以算出 Y_0 的预测区间.

2．分析模型中的影响因素

（1）客户满意度 X_1 的大小对网站的经济效益 Y 的影响

网站的管理者们都应该认识到客户满意度 X_1 的重要性. 客户满意度 X_1 最优化的概念对

客户资产管理(customer asset management ,CAM)非常关键. 客户满意度 X_1 大时，表明客户愿意与网站维持商业关系，租赁出的 DVD 光盘的数量就会增大，网站租盘的收入就会增大，网站的经济效益 Y 就增大. 客户满意度 X_1 小时，表明客户不愿意与网站维持商业关系，自然就会流失一部分客户，从而导致租赁出的 DVD 光盘数量的减小，网站租盘的收入就会减小，网站的经济效益 Y 就减小. 事实上，任何网站都不应该把客户满意度最大化作为目标. 网站的目标应该是去弄清楚客户满意度应该优化到何种程度——即任何超过了该程度的客户满意度 X_1 将不再引起财务业绩的提高.

（2）DVD 的租赁期限 X_2 对网站的经济效益 Y 的影响

DVD 的租赁期限 X_2 对网站购进的 DVD 数量和 DVD 的循环使用次数有密切的关系. 当 DVD 的租赁期限 X_2 小时，表明在一个月内 DVD 的循环使用次数多，即 DVD 的循环使用率高，从而网站购进的 DVD 的数量减小，网站租盘的收入增加，即网站经济效益 Y 增加；反之亦然.

（3）网站管理者拥有的 DVD 的种类 X_3 对网站的经济效益 Y 的影响

网站管理者拥有的 DVD 的种类 X_3 多时，能够达到的客户满意度 X_1 就会增大；网站管理者拥有的 DVD 的种类 X_3 少时，能够达到的客户满意度 X_1 就会减小. 当网站管理者拥有的 DVD 的种类 X_3 影响客户满意度 X_1 的程度在一个合适的范围之内的时候，网站管理者拥有的 DVD 的种类 X_3 对网站经济效益 Y 的影响最为明显.

（4）租赁 DVD 盘的价格 X_4 对网站的经济效益 Y 的影响

租赁 DVD 盘的价格 X_4 相对较高时，因租赁 DVD 盘的会员的承受水平有限，所以会员的订单数量就会减小，租盘的收入就会相对下降，从而网站经济效益 Y 减小. 反之如果租盘的价格 X_4 较低，虽然能增加会员的数量，但是由于单价比较低，所以也会使网站的整体收入下降. 因此，作为网站的管理员在制订 DVD 盘的价格 X_4（即会员会费）时应尽可能使会员数量最多，而 DVD 盘的价格 X_4 也最合适，进而使得网站的经济效益 Y 最大.

（5）网站管理 X_5 对网站的经济效益 Y 的影响

作为网站管理人员除了对上述 4 种因素的考虑，还需要从网站管理 X_5 的角度来提高网站的经济效益 Y，例如会员的管理制度，租赁奖励制度，网站的宣传等. 这些都能为网站带来很多的客户群和稳定的客户群，从而增加网站的收入，进而提高网站的经济效益 Y.

由于时间和数据有限，这里仅对问题四的建模方法以及在 DVD 的需求分配、购买和分配中应研究的问题进行如上简要说明.

五、模型评价与展望

优缺点分析如下.

对于问题 2 所建立的 0-1 整数规划模型很准确地概括了该问题的所有约束和目标，从理论上讲是一个很严谨的模型. 但是对于这一模型的求解却是非常困难的，必须寻找比较好的算法支持它，我们使用 LINGO 8.0 编程求解，并且得到了很好的求解结果，会员的满意度很高，计算速度快. 此模型和算法适应能力强，求解结果好，有很强的普遍性和实用性. 在光盘一定的前提下，若能保证客户一定的满意度，而使光盘租赁的循环周期变短，则能够增加网站所获得的利润. 若模型改进使得循环周期变短，在保证会员数量的前提下，也能够保证增加效益.

对于问题 3 所建立的多目标规划模型较好地解决了问题 3，此方法根据具体问题的具体特点进行分析，找出针对性的解决方案，这样我们同样得到较好的结果，会员满意度高，购买 DVD 的张数最少，计算速度快；但此模型有一定的缺陷，没有很强的普遍性，为适应某一特殊问题都需要具体的分析计算，寻求针对性的方案.

对于问题 4 所建立的多元线性回归模型，对于实际问题的真实数据要求很多，而此时没有足够的数据和时间，因此不能给出具体结论.

我们的这些计算方法能在一定程度上得到最优解或者次优解，优化方法在获得高的会员满意度的同时，在计算时间和存储空间上都具有优势.

模型应用展望

在 DVD 租赁的市场上花费成本最多的就是每月耗费大量的资金来开发新用户，如果你有大量客户及良好的服务为基础，将市场费用转移在给用户低价和折扣上面，这种方式可以加速业务的增长. 也会吸引越来越多的客户加入进来，即不必支付大量的市场费用，就会被人们发现.

由于一些影片的重复可看性并不是很强，所以租赁 DVD 对于很多人来说都是个不错的选择. 另外，若租赁业务的公司能够开发一些客户在线购买 DVD 或订制 DVD 等业务，还可增加客户对公司的忠诚度.

还要开展一些诸多优惠服务，如在线购买 DVD 享受九折优惠及每月两次租四张与两次租六张的租赁价钱不等，开展一些更人性化的业务，会吸引更多的会员加入，从而提高网站的经营效益.

对于网站来说提高客户的满意度对网站的发展也是一个不错的选择.

六、参考文献

[1] 石博强，滕贵法，李海鹏等. MATLAB 数学计算范例教程. 北京：中国铁道出版社，2004.

[2] 雷功炎. 数学模型讲义. 北京：北京大学出版社，2004.

[3] 网冠科技. Excel 2002 时尚应用百例. 北京：机械工业出版社，2002.

[4] 赵静. 数学建模与数学实验. 北京：高等教育出版社，2000.

[5] 李维铮，郭耀煌，甘应爱等. 运筹学. 北京：清华大学出版社，1982.

[6] John Walkenbach[美]. Excel 宝典. 北京：电子工业出版社，1996.

[7] 佚名. 在线 DVD 租赁网站策划及分析. http://www.yx991.com/dzsw/ tgcf200503/644.html,05/9/16.

附　录

程序

```
MODEL:
  SETS:
    HUIYUAN: M;
    DIEMING: DIESHU;
    C(HUIYUAN, DIEMING): A, B;
  ENDSETS
  ! The objective;
   [OBJECTIVE] MAX=@SUM(HUIYUAN(I):M(I));
      @FOR(HUIYUAN(I):M(I)=@SUM(DIEMING(J):@IF(A(I,J)#EQ#0,0,(B(I, J)+1)/(A(I,J)+1))));
```

```
    @FOR(HUIYUAN(I):@SUM(DIEMING(J):B(I,J))=3);
    @FOR(DIEMING(J):@SUM(HUIYUAN(I):B(I,J))<=DIESHU(J));
    @FOR(c:@BIN(B));
  DATA:
  ! Import the data from Excel;
    HUIYUAN, DIESHU, DIEMING,A =
@OLE( 'D:\data1.XLS','HUIYUAN','DIESHU','DIEMING','A');
  ! Export the solution back to Excel;
    @OLE( 'D:\data1.XLS','B') = B;
  ENDDATA
END
```

10.4.2　2007年获奖论文

2007年全国大学生数学建模竞赛B题

乘公交，看奥运

我国人民翘首企盼的第29届奥运会明年8月将在北京举行，届时有大量观众到现场观看奥运比赛，其中大部分人将会乘坐公共交通工具（简称公交，包括公汽、地铁等）出行. 这些年来，城市的公交系统有了很大发展，北京市的公交线路已达800条以上，使得公众的出行更加通畅、便利，但同时也面临多条线路的选择问题. 针对市场需求，某公司准备研制开发一个解决公交线路选择问题的自主查询计算机系统.

为了设计这样一个系统，其核心是线路选择的模型与算法，应该从实际情况出发考虑，满足查询者的各种不同需求. 请你们解决如下问题.

1．仅考虑公汽线路，给出任意两公汽站点之间线路选择问题的一般数学模型与算法. 并根据附录数据，利用你们的模型与算法，求出以下6对起始站→终到站之间的最佳路线（要有清晰的评价说明）.

(1) S3359→S1828 (2) S1557→S0481 (3) S0971→S0485

(4) S0008→S0073 (5) S0148→S0485 (6) S0087→S3676

2．同时考虑公汽与地铁线路，解决以上问题.

3．假设又知道所有站点之间的步行时间，请你给出任意两站点之间线路选择问题的数学模型.

【附录1】基本参数设定

相邻公汽站平均行驶时间（包括停站时间）：3min

相邻地铁站平均行驶时间（包括停站时间）：2.53min

公汽换乘公汽平均耗时：53min（其中步行时间23min）

地铁换乘地铁平均耗时：43min（其中步行时间23min）

地铁换乘公汽平均耗时：73min（其中步行时间43min）

公汽换乘地铁平均耗时：63min（其中步行时间43min）

公汽票价：分为单一票价与分段计价两种，标记于线路后；其中分段计价的票价为：0～20站：1元；21～40站：2元；40站以上：3元.

地铁票价：3元（无论地铁线路间是否换乘）.

注：以上参数均为简化问题而作的假设，未必与实际数据完全吻合.

【附录 2】公交线路及相关信息 （见数据文件 B2007data.rar）

B 题:乘公交，看奥运

孔德兵，邱梦春，孟召梅·指导教师：潘淑平

（荣获国家二等奖）

摘要：本文给出了公交车查询系统中的公交路线选择的模型及算法. 利用数学中的集合论，通过搜索，逐步求交集的方法，得出算法及模型. 利用模型找出站点与站点之间的所有路径. 乘车出行的主要因素依次考虑：方便性（最少换乘次数）、时间、费用，通过比较，给出最佳乘车方案. 用此算法针对六条线路分别给出最佳路径：

（1）S3359→S1828

$S3359 \xrightarrow[31站]{(L436)} S1784 \xrightarrow[1站]{(L167)\text{或}(L217)} S1828$ 两条

$n=1, t=101\,\text{min}, w=3\text{元}$，$m=32$（换乘一次的最优路径）.

（2）S1557→S0481

$S1557 \xrightarrow[12站]{(L084)} S1919 \xrightarrow[3站]{(L189)} S3188 \xrightarrow[17站]{(L460)} S0481$

$n=2, t=106\,\text{min}, w=3\text{元}$，$m=32$（换乘两次的最优路径）.

（3）S0917→S0485

$S0971 \xrightarrow[20站]{(L013)} (S2184) \xrightarrow[21站]{(L417)} S0485$

$n=1, t=128\,\text{min}, w=3\text{元}$，$m=41$（换乘一次的最优路径）.

（4）S0008→S0073

$S0008 \xrightarrow[10站]{(L159)} (S0400) \xrightarrow[16站]{(L474)} S0073$，等七条.

$n=1, t=83\,\text{min}, w=2\text{元}$，$m=26$（换乘一次的最优路径）.

（5）S0148→S0485

$S0148 \xrightarrow[14站]{(L308)} S0063 \xrightarrow[15站]{(L156)} S2210 \xrightarrow[3站]{(L417)} S0485$

$n=2, t=106\,\text{min}, w=3\text{元}$，$m=32$（换乘两次的最优路径）.

（6）S0087→S3676

$S0087 \xrightarrow[11站]{(L454)} S3496 \xrightarrow[9站]{(L209)} S3676$

$n=1, t=65\,\text{min}, w=2\text{元}, m=20$ （换乘一次的最优路径）.

$S0087 \xrightarrow[1站]{(L21)} S0088 \xrightarrow[10站]{(L231)} S0427 \xrightarrow[1站]{(L97)} S3676$

$n=2, t=46\,\text{min}, w=3\text{元}, m=12$（换乘两次的最优路径）.

针对问题 2，在问题 1 的基础上，同时考虑地铁线路，这样所带来的就是线路的选择更多，通过分析计算，找出产生的新路线，计算出行时间和出行费用，而后与相对应公汽最优路线做比较，根据乘客的各种需求，最终确立最优路线，例如 S0971→S0485.

路线	用时/min	费用/元	换乘次数/次	备注
新路线	99.5	5	2	省时
原路线	128	3	1	省钱、方便

针对问题 3，在模型一和模型二的基础上，又考虑了站点之间的步行时间，这样就又增加了路线的选择，问题 3 中步行时间的出现，可以使由于条件限制，而导致乘客只乘坐一站就要下车换乘的现象，改为步行.

关键词：集合论　交集　最少换乘法　最优路径

一、问题重述

我国人民翘首企盼的第 29 届奥运会明年 8 月将在北京举行，届时有大量观众到现场观看奥运比赛，其中大部分人将会乘坐公共交通工具（简称公交，包括公汽、地铁等）出行. 这些年来，城市的公交系统有了很大发展，北京市的公交线路已达 800 条以上，使得公众的出行更加通畅、便利，但同时也面临多条线路的选择问题. 针对市场需求，某公司准备研制开发一个解决公交线路选择问题的自主查询计算机系统.

为了设计这样一个系统，其核心是线路选择的模型与算法，应该从实际情况出发考虑，满足查询者的各种不同需求. 请你们解决如下问题：

1. 仅考虑公汽线路，给出任意两公汽站点之间线路选择问题的一般数学模型与算法. 并根据附录数据，利用你们的模型与算法，求出以下 6 对起始站→终到站之间的最佳路线（要有清晰的评价说明）.

(1) S3359→S1828　(2) S1557→S0481　(3) S0971→S0485

(4) S0008→S0073　(5) S0148→S0485　(6) S0087→S3676

2. 同时考虑公汽与地铁线路，解决以上问题.

3. 假设又知道所有站点之间的步行时间，请你给出任意两站点之间线路选择问题的数学模型.

二、问题分析

目前，各城市公共交通系统中，存在可以帮助乘客查询路线的计算机系统. 但人们选择乘车路线的因素很多，如乘车是否方便（如换乘次数是否最少），乘车时间是否最短，乘车费用是否最少，乘车路线是否最短等. 可见人们出行面对众多因素很难做出准确的判断，在制作查询系统时，应考虑不同乘客的要求，给出不同的乘车路线. 这就需要做出每一种乘车路线的方便性（换乘次数）、乘车时间、所需费用、乘车路程等各方面因素.

1. 问题 1 的分析

问题 1 要解决的是：仅考虑公汽线路时，给出任意两公汽站点之间的线路选择. 如果将公汽站点看成图中的点，将公交线路看成是图的边，则求公交换乘选择就等价于求图的最短路径问题. 求图的最短路径的最直接方法是采用 Dijkstr 算法，该算法求任意两顶点间的最短路径. 然而，在解决本问题时，该算法有很大的局限性，Dijkstr 算法的时间复杂度建立在图已经生成的基础上，对于一个有五百多条公交线路、近四千个站点的图来说，图的生成时间是不允许忽略的. 读取全部的公交线路信息来生成图是不现实的. 因此，我们提出一种层次性、递增式的公交换乘线路选择算法，在确定起点和终点后，根据需要获取公交线路信息，从简到繁、递增式的方法进行计算. 若乘车路线按照换乘次数来分类，则乘车路线可分为：从起点到终点无须中转，即换乘次数为 0；只需一次中转的线路，即换乘次数为 1；若中转一次尚不能到达，则中转两次，即换乘次数为 2；依次类推.

解决问题 1 时，把方便性（中转次数）作为最主要因素，也就是说，最佳线路的前提条件就为最少换乘，特别地，如果在相同的换乘条件下，路线的选择较少，则我们继续考虑多一次换乘情况. 在相同换乘次数的所有线路中，再考虑时间、费用等因素，把费用少，时间短的路线最终确定最佳路线. 计算时，以换乘次数为线索：

若一次乘车可以到达，则不考虑换乘的情况，在一次到达的所有线路中比较时间、费用等因素，最终确定最佳路径.

如若一次乘车不可以直达，则计算换乘一次是否能够到达，可以到达的，在换乘一次到达的所有线路中比较时间、费用等因素，最终确定最佳路径.

如若一次换乘不可以直达，则计算换乘两次是否能够到达，可以到达的，在换乘两次到达的所有线路中比较时间、费用等因素，最终确定最佳路径.

这样以此类推，最终可以确定任意两点的乘车路线，但是通常在一个城市里，如果要到达目的地的公交车要换两辆以上的话，这样的换乘不具有现实意义，因此在本文中约束换乘的次数不多于两次.

本题目中，已经假设相邻公汽站平均行驶时间(包括停站时间)：3min，所以不必考虑乘车路程问题，只考虑乘车路线的费用与时间即可，可以表示为：

乘车费用=起点公汽费用+中途换乘费用

乘车时间=公汽行驶时间+公汽换乘公汽耗时

2．问题 2 的分析

在问题 1 的基础上，问题 2 要求考虑地铁线路，目的还是要解决六组地点间的线路选择问题. 由于地铁线路的增加，可以使线路选择的方案更多. 地铁具有速度快、运行时间短等特点，所以由于地铁的增加而产生的线路中，可能会节省了时间或者费用. 公汽所产生的线路，与问题 1 的线路相同. 解决问题 2 就是要拿新增路线与问题 1 中优化路线作比较.

根据模型的假设条件 10，可以把地铁站点与相对应的公汽站点抽象为一点作为考虑，地铁线路看作是一条特殊的公汽路线. 根据起点与终点的不同，选择不同的线路，把带有地铁的线路与问题 1 中得到的线路作比较，得到最优线路. 比较时，不以换乘次数作为主要的参考因素，以费用和时间作为参考因素，看地铁的出现所带来的线路优化.

3．问题 3 的分析

在问题 1 和问题 2 的基础上，考虑了站点之间的步行时间，这样又给乘车路线带来了新的选择，在上面两个问题中，可能会出现由于不能够一次到达，而产生乘坐公汽时只走一站就要下车换乘的情况，但由于题目中的限制，这样的选择也做了考虑，问题 3 中，可以用步行来代替短暂的乘车，这样既节省了费用，又减少了换乘所带来的换乘耗时，更加优化了线路选择. 计算时，只需把两站点之间可以通过步行到达的路线找出.

三、模型假设

1．相邻公汽站平均行驶时间（包括停站时间）：3min

2．相邻地铁站平均行驶时间（包括停站时间）：2.5min

3．公汽换乘公汽平均耗时：5min（其中步行时间 2min）

4．地铁换乘地铁平均耗时：4min（其中步行时间 2min）

5．地铁换乘公汽平均耗时：7min（其中步行时间 4min）

6．公汽换乘地铁平均耗时：6min（其中步行时间 4min）

7. 公汽票价：分为单一票价与分段计价两种，标记于线路后. 其中分段计价的票价为 0～20 站 1 元；21～40 站 2 元；40 站以上 3 元.

8．地铁票价：3 元（无论地铁线路间是否换乘）.

9．乘客只有一个目的地，前往目的地的途中无其他因素干扰.

10．假设同一地铁站对应的任意两个公汽站之间可以通过地铁站换乘(无需支付地铁费).

11．假设又知道所有站点之间的步行时间.

四、符号说明

S　为某一具有共同性质的公汽站点的集合；

T　为某一具有共同性质的地铁站点的集合；

s　某一站点；

R　某一具有共同性质的公交线路的集合；

r　为某一线路；

a　票价参数，如果公交汽车买单一票价则 $a=1$，否则 $a=2$；

$$K(r,s)=\begin{cases}k, & \text{站点}s\text{在}r\text{线路上的第}k\text{站}\\ 0, & \text{站点}s\text{不在}r\text{线路上}\end{cases}\quad r\in R;$$

$R(s)=\{r\mid K(r,s)>0,r\in R\}$, $R(s)$ 为经过点 s 的线路集合；

$D(s,t)=\{r\mid K(r,t)>K(s,t)>0,r\in R\}$，为经过站点 s 的路线到站点 t 的所有站点 t 的集合；

$C(r_1,r_2)=\{s\mid K(r_1,s)>0\text{且}K(r_2,s)>0,s\in S\}$，为线路 r_1，r_2 相交站点集合；

$U=\{s\mid (D,s)>0,D\in T,s\in S\}$ 为地铁站所对应的所有公汽站点；

t　乘车所需要的时间, min；

w　乘车所需要的费用, 元；

n　由起点到终点的最少换乘次数；

m　由起点到终点所经过的站点数.

五、模型的建立

由以上的问题分析和模型假设，我们针对问题 1 建立模型一，在模型一的基础上改进，得到模型二、模型三，分别解决问题 2 和问题 3.

1．模型一

如问题分析中讲述的，如果到达目的地的公交车要换两辆以上的话，这样的换乘不具有现实意义，因此在本文中约束换乘的次数不多于两次，但多于两次的情况可以很容易再次在算法上扩展. 在找到乘车路线的同时，计算乘车所需要的时间 t、费用 w、换乘次数 n.

设查询的起始点为 A，终点为 B.

1）判断 $D(A,B)\neq\varnothing$. 如果不为空集，则返回对应的集合 $D(A,B)$，并返回该集合中每条线路上 r 上从 A到B 的站点序列 $A\to B$，则

换乘次数　$n=0$,

乘车所需要的时间　$t=3m$,

$$\text{乘车所需要的费用}\quad w=\begin{cases}1 & a=1\ (\text{单一票价})\\ 1 & a=2,\ 1<m\leqslant 20\\ 2 & a=2,\ 21<m\leqslant 40,\\ 3 & a=2,\ m>40\end{cases}$$

所经过的站点数　$m=m$,

退出算法；

如果 $D(A,B)=\varnothing$，则说明由起点到达终点没有直达的公交车，继续通过以下计算，找到路线.

2）求 $S1=\{s\mid K(r,A)>K(r,s)>0,r\in R,s\in S\}$ 即经过点 A 的所有公交线路上的所有由 $A\to s$ 点的集合；$S2=\{s\mid K(r,s)>K(r,B)>0\text{且},r\in R,s\in S\}$ 即经过点 B 的所有公交线路上的所有 $s\to B$ 点的集合（注：由于公汽的上行和下行所经过的站点不尽相同，所以存在 $A\to B$可行，但是$B\to A$不可行的情况，所以在建立模型的时候必须考虑上行、下行问题，建立如上的 $S1$和$S2$，可减少计算量）.

判断 $S1\cap S2\neq\varnothing$，如果不为空集，则返回交集中每个站点 s_i，即起点站 A 和站终点 B 的一次换乘点站 s_i，并返回一次换乘方案的两条公交线路及每条线路的点站序列 $A\to s_i\to B$，则

换乘次数　$n=1$，

乘车所需要的时间：$t=3m_1+5+3m_2$，

乘车所需要的费用

$$w=\begin{cases}1, & a=1(\text{单一票价})\\1, & a=2,1<m_1\leqslant 20\\2, & a=2,21<m_1\leqslant 40\\3, & a=2,m_1>40\end{cases}+\begin{cases}1, & a=1(\text{单一票价})\\1, & a=2,1<m_2\leqslant 20\\2, & a=2,21<m_2\leqslant 40\\3, & a=2,m_2>40\end{cases},$$

所经过的站点数　$m=m_1+m_2$，

退出算法；

如果 $S1\cap S2=\varnothing$，则说明一次转乘不能直接到达目的地，继续通过以下计算找到路线.

3）判断 $D(s_i,s_j)\neq\varnothing$，其中 $s_i\in S1, s_j\in S2$，如果不为空集，则返回两次换乘的三条公交路线及每条线路的站点序列 $A\to s_i\to s_j\to B$，则

换乘次数　$n=2$，

乘车所需要的时间　$t=3m_1+5+3m_2+5+3m_3$，

乘车所需要的费用

$$w=\begin{cases}1, & a=1(\text{单一票价})\\1, & a=2,1<m_1\leqslant 20\\2, & a=2,21<m_1\leqslant 40\\3, & a=2,m_1>40\end{cases}+\begin{cases}1, & a=1(\text{单一票价})\\1, & a=2,\ 1<m_2\leqslant 20\\2, & a=2,21<m_2\leqslant 40\\3, & a=2,m_2>40\end{cases}+\begin{cases}1, & a=1(\text{单一票价})\\1, & a=2,\ 1<m_3\leqslant 20\\2, & a=2,21<m_3\leqslant 40\\3, & a=2,m_3>40\end{cases},$$

所经过的站点数　$m=m_1+m_2+m_3$，

退出算法；

如果 $D(s_i,s_j)=\varnothing$；则说明两次转乘不能直接到达目的地，继续通过以下计算，找到路线.

4）返回没有 2 以内的换乘方案的信息，结束算法.

5）算法实现见附录 1.

2．模型二

在模型一的基础上，可以找出只有公汽的两点间的最优路线，但由于还需考虑到地铁，所以会产生许多新的路线，新的路线中必定包含地铁线路，解决问题 2，我们只需要把问题 1 中找到的最优路线与新产生的路线做比较，从而确定最优路线.

设查询的起始点为 S_a，终点为 S_b.

1）判断 $S_a\in U$ 且 $S_b\in U$，是否成立. 若成立，则可以沿地铁线路直接由 S_a 到达 S_b，即：$S_a\xrightarrow{\text{地铁线路}}S_b$，其中

换乘次数　$n=0$，

乘车所需要的时间　$t=2.5m$，

乘车所需要的费用　$w=3$ 元，

所经过的站点数　$m=m$，

退出算法；

若 $S_a \in U$ 且 $S_b \in U$ 不成立，说明不能由地铁一次性到达，则需要换乘.

2）若 $S_a \notin U$ 且 $S_b \notin U$ 或者 $S_a \in U$ 且 $S_b \notin U$，以前者为例：$S_a \notin U$，且 $S_b \in U$，则需要判断 $D(S_a,t) \cap U \neq \varnothing$，若不为空集，则返回交集中每个站点 S_i，即起点站 S_a 和终站点 S_b 的一次换乘站点 S_i，并返回一次换乘方案的两条线路及每条线路的站点序列为：

$S_a \xrightarrow{\text{公汽}} s_i \xrightarrow{\text{地铁}} S_b$，则

换乘次数：$n=1$，

乘车所需要的时间　$t = 3m_1 + 6 + 2.5m_2$，

乘车所需要的费用

$$w = \begin{cases} 1, & a = 1(\text{单一票价}) \\ 1, & a = 2, 1 < m_1 \leqslant 20 \\ 2, & a = 2, 21 < m_1 \leqslant 40 \\ 3, & a = 2, m_1 > 40 \end{cases} + 3\text{元},$$

所经过的站点数　$m = m_1 + m_2$，

退出算法；

若 $S_a \notin U$ 且 $S_b \notin U$，说明不能够转乘一次到达，则需要继续算法.

3）若 $S_a \notin U$ 且 $S_b \notin U$，则我们需要二次转乘：

判断 $D(S_a,t) \cap U \neq \varnothing$，若不为空集，则返回交集中每个站点 s_i；

判断 $D(S_b,t) \cap U \neq \varnothing$，若不为空集，则返回交集中每个站点 s_j；

即起点站 S_a 和终站点 S_b 的二次换乘站点 s_i 以及 s_j，并返回二次换乘方案的两条线路及每条线路的站点序列为：$S_a \xrightarrow{\text{公汽}} s_i \xrightarrow{\text{地铁}} \xrightarrow{\text{公汽}} S_b$，则

换乘次数　$n=2$，

乘车所需要的时间　$t = 3m_1 + 6 + 2.5m_2 + 7 + 3m_3$，

乘车所需要的费用

$$w = \begin{cases} 1, & a = 1(\text{单一票价}) \\ 1, & a = 2, 1 < m_1 \leqslant 20 \\ 2, & a = 2, 21 < m_1 \leqslant 40 \\ 3, & a = 2, m_1 > 40 \end{cases} + 3\text{元} + \begin{cases} 1, & a = 1(\text{单一票价}) \\ 1, & a = 2, 1 < m_1 \leqslant 20 \\ 2, & a = 2, 21 < m_3 \leqslant 40 \\ 3, & a = 2, m_3 > 40 \end{cases},$$

所经过的站点数　$m = m_1 + m_2 + m_3$，

退出算法；

4）返回没有 2 以内的换乘方案的信息，说明地铁的增加并没有给路线的选择带来方便，结束算法.

3．模型三

在模型一和模型二的基础上，又考虑了站点之间的步行时间，这样又给乘车路线带来了新的选择. 在以上的模型中，存在由于条件限制，而导致乘客只乘坐一站就要下车换乘的现象，在考虑步行的条件下，可以使线路更加优化.

拿问题 1 中的（1）S3359→S1828 为例，通过分析比较得到的优化路径为：

$$S3359 \xrightarrow[\text{31站}]{\text{(L436) 下行}} S1784 \xrightarrow[\text{1站}]{\text{(L167下行) 或(L217下行)}} S1828.$$

这条路线为最优路线，但是，在站点 S1784 下车后，只要有一站就可以到达目的地 S1828 了，由 L436 下车后要换乘 L167 或 L217，这其中还存在公汽 L436 换乘公汽 L167 或 L217 耗时，以及乘坐公汽的费用问题. 由 S1784 到 S1828 需要时间为 8min，费用为 1 元钱. 如果乘客下车后步行到目的地 S1828，则只要走一站地的时间，而根据公交系统安排，步行一站地的时间大约为 5min. 所以这样既能节省时间，又降低了费用.

六、模型的求解与检验

1．模型一的求解与检验

求解模型一，需要对六对相应地点求解，但是由于计算的数据量过于庞大，在此仅以求解（1）S3359-S1828 为例，其他五组只给出结果，计算过程见附录（一）.

（1）模型一的求解

1）求解过程以（1）S3359-S1828 为例

① 经过站点 S3359 的所有线路的总和：

$$R(3359)=\{L15, L123, L132, L291, L324, L339, L352, L366, L378, L436, L469, L473, L474, L484\}.$$

经过站点 S1828 的所有线路的总和：

$$R(1828)=\{L041, L167, L182, L217, L238\}.$$

从站点 S3359 到站点 S1828 的直达线路集合为：

$$D(S3359,\ S1828)=\varnothing.$$

所以由起点 S3359 到达终点 S1828 没有直达的公交车. 需要继续寻找.

② 经过点 S3359 的所有公交线路上的所有由 $A \to s$ 点的集合：

$S1$={S3359，S2266，S3917，S2303，S1327，S3068，S0616，S2833，S2110，S2153，S2814，S3501，S3515，S3405，S2424，S1174，S0902，S0900，S3733，S1769，S0753，S2418，S1738，S0493，S2450，S0355，S0354，S2415，S0752，S3453，S0403，S0130，S0477，S3264，S1330，S2086，S1831，S2295，S0287，S1236

S3395，S2421，S3469，S2309，S1346，S1345，S2310，S3102，S2311，S3834，S0574，S1018，S2058，S3274，S3594，S2859，S2473，S3486，S3845，S2247，S2246，S2108，S0690，S2796，S2861，S2903，S3359，S2026，S2263，S3917，S2303，S1327，S1842，S3604，S2848，S2361

S3359，S2026，S2265，S2654，S1729，S3766，S1691，S1383，S1381，S1321，S2019，S2017，S1477，S1404，S2482，S2480，S3241，S3409，S3186，S3544，S1788，S1789，S1770，S2322，S2324

S3359，S2026，S1132，S3231，S3917，S2303，S1327，S3233，S3068，S2833，S1733，S2110，S2151，S2814，S3501，S3515，S3405，S2424，S1507，S0898，S3728

S3359，S2023，S2027，S1746，S3551，S1284，S2003，S1019，S1020，S1840，S2794，S3325，S3147，S1022，S1884，S3152，S1525，S1309，S1311，S2280，S2281，S1880，S2284，S3562，S2872，S2774，S2282，S3936，S0845，S3744，S2022，S3931，S2228，S2772，S2021，S3907

S1017，S0574，S1016，S1018，S2058，S3274，S3593，S2859，S2473，S3486，S3845，S2247，S2052，S3199，S2796，S2861，S2903，S3359，S2026，S1132，S3231

S3359，S2026，S1132，S2263，S3917，S2303，S2302，S3232，S3908，S1169，S2929，S2084，S0339，S0508，S3090，S0119，S3679，S1718，S0370，S3180，S2542，S0275，S0494，S0973，S3077，S2082，S2213，S2210，S2375，S2626，S3540，S1593，S1269，S0772，S3342，S2508，S3115，S2199，S0197，S0966

S0975，S3077，S0973，S1541，S2979，S3694，S2543，S2742，S2744，S2533，S1839，S3685，S1008，S3401，S2264，S3231，S2266，S2026，S3359，S2023，S0600，S2027，S1746，S3697，S3727，S3877，S2363，S1710，S1868，S3885，S1347，S3849，S2312，S0127，S0710，S0303，S3750，S1487，S2068，S2071，S1687，S2388，S1418，S3835，S2105，S3916，S1609，S3571，S3641，S0926，S2829

S3359，S2026，S1132，S2266，S2263，S3917，S2303，S2301，S3233，S0618，S0616，S2112，S2110，S2153，S2814，S2813，S3501，S3515，S3500，S0756，S0492，S0903，S1768，S0955，S0480，S2703，S2800，S2192，S2191，S1829，S3649，S1784，S1241，S3695，S2606，S0534，S0649，S2144，S2355，S1212，S0812，S0699，S2091，S3210，S3248，S2292，S3319，S3318，S3223

S3359，S2026，S1132，S2265，S2654，S1729，S3766，S1691，S1383，S1381，S1321，S2019，S2017，S2159，S0772，S0485，S2385，S2810，S3189，S0964，S0464，S0271，S0297，S1555，S0519，S0516，S1980，S2364，S0727，S0304，S3192，S2908，S0090，S2901，S1385，S3862，S3809，S2125，S2124

S3359，S2026，S1132，S3231，S2264，S3401，S0906，S1010，S1008，S2937，S2755，S2751，S1839}.

③ 经过点B的所有公交线路上的所有$s \to B$点的集合：

$S2$={ S2962，S0917，S3130，S3262，S1772，S0259，S0258，S1781，S1790，S0458，S1792，S1783，S1671，S1828

S3783，S1974，S0065，S0069，S1976，S0569，S2381，S3871，S2384，S2727，S0588，S0517，S0519，S1893，S3496，S1883，S3400，S1159，S1160，S0576，S0578，S3095，S0096，S0095，S1193，S0105，S1194，S1189，S2801，S0590，S1240，S1241，S1784，S1828

S3783，S1974，S0065，S0069，S1976，S0569，S2381，S3871，S2384，S2727，S0588，S0517，S0519，S1893，S3496，S1883，S3400，S1159，S1160，S0576，S0578，S3095，S0096，S0095，S1193，S0105，S1194，S1189，S2801，S0590，S1240，S1241，S1784，S1828

S2364，S0727，S0304，S3192，S0294，S3057，S2262，S0301，S1119，S0250，S2604，S2606，S2599，S3512，S3695，S1241，S1784，S1828

S3938，S1674，S3653，S3334，S1351，S3621，S3752，S0374，S0373，S0375，S1100，S0791，S1543，S0163，S0533，S1300，S3229，S2952，S3761，S3623，S0218，S2948，S1671，S1244，S1828}.

其中$S1 \cap S2 \neq \varnothing$，$S1 \cap S2$={S0271，S0297，S0304，S0519，S1241，S1555，S1784，S2364，S2606，S3695}.

④ 存在换乘一次车可由 S3359 到达 S1828 的线路：

a）S3359$\xrightarrow[31站]{(L436)}$S1784$\xrightarrow[1站]{(L167)}$S1828

$n=1, t=101\,\text{min}, w=3元$，$m=32$.

b）S3359$\xrightarrow[31站]{(L436)}$S1784$\xrightarrow[1站]{(L217)}$1828

$n=1, t=101\,\text{min}, w=3\text{元}，m=32$.

c）$S3359\xrightarrow[32站]{(L436)}S1241\xrightarrow[2站]{(L217)}S1828$

$n=1, t=107\,\text{min}, w=3\text{元}，m=34$.

d）$S3359\xrightarrow[32站]{(L436)}S1241\xrightarrow[2站]{(L167)}S1828$

$n=1, t=107\,\text{min}, w=3\text{元}，m=34$.

e）$S3359\xrightarrow[33站]{(L436)}S3695\xrightarrow[3站]{(L167)}S1828$

$n=1, t=113\,\text{min}, w=3\text{元}，m=36$.

f）$S3359\xrightarrow[34站]{(L436)}S2606\xrightarrow[7站]{(L217)}S1828$

$n=1, t=128\,\text{min}, w=3\text{元}，m=41$.

g）$S3359\xrightarrow[24站]{L469}S0519\xrightarrow[21站]{L167}S1828$

$n=1, t=140\,\text{min}, w=4\text{元}，m=45$.

h）$S3359\xrightarrow[29站]{(L469)}S0304\xrightarrow[15站]{(L217)}S1828$

$n=1, t=137\,\text{min}, w=3\text{元}，m=44$.

i）$S3359\xrightarrow[36站]{L436}S0649\xrightarrow[9站]{L182}S1828$

$n=1, t=140\,\text{min}, w=3\text{元}，m=45$.

j）$S3359\xrightarrow[31站]{L436}S1704\xrightarrow[21站]{L167}S1828$

$n=1, t=161\,\text{min}, w=4\text{元}，m=52$.

k）$S3359\xrightarrow[27站]{L469}S3364\xrightarrow[17站]{L217}S1828$

$n=1, t=137\,\text{min}, w=3\text{元}，m=44$.

l）$S3359\xrightarrow[28站]{L469}S0727\xrightarrow[16站]{L217}S1828$

$n=1, t=137\,\text{min}, w=3\text{元}，m=44$.

m）$S3359\xrightarrow[30站]{L469}S3359\xrightarrow[14站]{L217}S1828$

$n=1, t=137\,\text{min}, w=3\text{元}，m=44$.

如果要单独以时间为主要参考因素，则可以选择：a，b.

如果要单独以费用为主要参考因素，则可以选择：a，b，c，d，e，f，h，i，k，l，m.

但是若要综合考虑时间、费用等因素，则选取 a，b 为最优路线. 也就是说要是想由 S3359 到达 S1828，仅考虑公汽线路的最优路径为：

$$S3359\xrightarrow[31站]{L436}S1784\xrightarrow[1站]{L167或L217}S1828$$

$$n=1, t=101\,\text{min}, w=3\text{元}，m=32.$$

2）S1557-S0481

综合考虑时间、费用、所走路程等因素，由 S1557 到达 S0481 存在最优路径. 这条线路为所有线路中费用最少、时间最短、路程最短的一条.

$$S1557\xrightarrow[12站]{(L084)}S1919\xrightarrow[3站]{(L189)}S3188\xrightarrow[17站]{(L460)}S0481$$

$n=2, t=106\,\text{min}, w=3\text{元}，m=32$（换乘两次最优路径）.

3）S0971-S0485

综合考虑时间、费用、所走路程等因素，由 S0971 到达 S0485 存在最优路径. 这条线路为所有线路中费用最少、时间最短、路程最短的一条.

$$S0971\xrightarrow[20站]{(L013)}(S2184)\xrightarrow[21站]{(L417)}S0485$$

$$n=1, t=128\,\text{min}, w=3元，m=41.$$

4）S0008-S0073

综合考虑时间、费用、所走路程等因素，由 S0008 到达 S0073 存在最优路径. 以下几条线路为所有线路中、费用最少、时间最短、路程最短的七条.

① $S0008\xrightarrow[10站]{(L159)}(S0400)\xrightarrow[16站]{(L474)}S0073$

$n=1, t=83\,\text{min}, w=2元，m=26$.

② $S0008\xrightarrow[11站]{(L159)}(S2633)\xrightarrow[15站]{(L474)}S0073$

$n=1, t=83\,\text{min}, w=2元，m=26$.

③ $S0008\xrightarrow[12站]{(L159)}(S2633)\xrightarrow[14站]{(L474)}S0073$

$n=1, t=83\,\text{min}, w=2元，m=26$.

④ $S0008\xrightarrow[17站]{(L159)}S2683\xrightarrow[9站]{(L058)}S0073$

$n=1, t=83\,\text{min}, w=2元，m=26$.

⑤ $S0008\xrightarrow[18站]{(L159)}S0291\xrightarrow[8站]{(L058)}S0073$

$n=1, t=83\,\text{min}, w=2元，m=26$.

⑥ $S008\xrightarrow[19站]{(L159)}S3614\xrightarrow[7站]{L058}S0073$

$n=1, t=83\,\text{min}, w=2元，m=26$.

⑦ $S008\xrightarrow[14站]{(L463)}S3614\xrightarrow[12站]{L057}S0073$

$n=1, t=83\,\text{min}, w=2元，m=26$.

5）S0148-S0485

综合考虑时间、费用、所走路程等因素，由 S0148 到达 S0485 存在最优路径. 其中以下三条线路为所有线路中费用最少、时间较短，路程较短的.

① $S0148\xrightarrow[14站]{(L308)}S0063\xrightarrow[15站]{(L156)}S2210\xrightarrow[3站]{(L417)}S0485$

$n=2, t=106\,\text{min}, w=3元，m=32$.

② $S0148\xrightarrow[14站]{(L308)}S0036\xrightarrow[17站]{(L156站)}S3332\xrightarrow[2站]{(L417)}S0485$

$n=2, t=109\,\text{min}, w=3元, m=33$.

③ $S0148\xrightarrow[14站]{(L308)}S0036\xrightarrow[18站]{(L156站)}S3351\xrightarrow[1站]{(L417)}S0485$

$n=2, t=109\,\text{min}, w=3元, m=33$.

三条线路做比较可以看出路线①为最佳路线.

6）S0087-S3676

综合考虑时间、费用、所走路程等因素，由 S0087 到达 S3676 存在最优路径. 这条线路为所有线路中费用最少、时间最短、路程最短的一条.

① $S0087\xrightarrow[11站]{(L454)}S3496\xrightarrow[9站]{(L209)}S3676$

$n=1, t=65\,\text{min}, w=2元, m=20$（换乘一次的最优路径）.

② $S0087\xrightarrow[1站]{(L21)}S0088\xrightarrow[10站]{(L231)}S0427\xrightarrow[1站]{L97}S3676$

$n=2, t=46\,\text{min}, w=3元, m=12$（换乘两次的最优路径）.

（2）模型一的检验

由算法找到的最优路径，可返回到公交线路中验证路线的可行性. 在这种算法中，充分考虑了线路的上、下行等问题.

拿(1)S3359→S1828 为例：这对站点为最少换乘一次而到达目的地的路线，其最优路线为：$\text{S3359}\xrightarrow[\text{31站}]{\text{(L436) 下行}}\text{S1784}\xrightarrow[\text{1站}]{\text{(L167下行) 或(L217下行)}}\text{S1828}$，返回到公交线路中，具体行驶过程为：

L436　　下行：

S3359-S2026-S1132-S2266-S2263-S3917-S2303-S2301-S3233-S0618-S0616-S2112-S2110-S2153-S2814-S2813-S3501-S3515-S3500-S0756-S0492-S0903-S1768-S0955-S0480-S2703-S2800-S2192-S2191-S1829-S3649-S1784-S1241

L217　　下行：　S1784-S1828

所以，线路是可行的. 在本算法中，考虑到站点与线路中的所有信息，又利用上、下行关系巧妙地删除其中与站点行驶方向无关的点，通过这种算法，我们可以找到任意两点之间的所有路线，而且不会产生一些不可行的路线，使结果准确无误.

2. 模型二的求解

与模型一的求解一样，求解模型二时，需要对六对相应地点求解，在此只给结果，计算过程见附录 2.

（1）S3359→S1828

考虑地铁后的线路，新路线中的最优线路为：由站点 S3359 乘公汽 L015，经过 5 站在站点 S3068/D08（对应地铁站点）下车，再乘坐 T1 经过 4 站在 D12 站下车，乘坐 T2 经过 9 站到 S0576/D34 下车，乘坐公汽 L167 经过 14 站，到达目的地 S1828，路线总费用为 5 元，用时 106.5min，换乘 2 次. 即：

$$\text{S3359}\xrightarrow[\text{5站}]{\text{L015}}\text{S3068}\xrightarrow{\text{转车}}\text{D08}\xrightarrow[\text{4站}]{\text{T1}}\text{D12}$$

$$\xrightarrow[\text{9站}]{\text{T2}}\text{D34}\xrightarrow{\text{转车}}\text{S0576}\xrightarrow[\text{4站}]{\text{L167}}\text{S1828}$$

与问题一中的优化路线：

$$\text{S3359}\xrightarrow[\text{31站}]{\text{(L436) 下行}}\text{S1784}\xrightarrow[\text{1站}]{\text{(L167下行) 或(L217下行)}}\text{S1828}$$

$n=1, t=101\text{min}, w=3\text{元}，m=32$.

相比较，可以得出

路线	用时/min	费用/元	换乘次数/次	备注
新路线	106.5	5	2	
原路线	101	3	1	

比较可知，由 S3359 到 S1828 路线：

$\text{S3359}\xrightarrow[\text{31站}]{\text{(L436) 下行}}\text{S1784}\xrightarrow[\text{1站}]{\text{(L167下行) 或(L217下行)}}\text{S1828}$ 更为方便、省时、省钱

（2）S1557→S0481

考虑地铁后的线路，新路线中的最优线路为：由站点 S1557 乘公汽 L084，经过 14 站在站点 S0978/D32（对应地铁站点）下车，再乘坐 T2 经过 8 站在 S0537/D24 下车，乘坐公汽 L516 经过 13 站，到达目的地 S0481，路线总费用为 5 元，用时 114min，换乘 2 次. 即：

$$S1557 \xrightarrow[14站]{L084} S0978 \xrightarrow{转车} D32 \xrightarrow[8站]{T2} D24$$

$$\xrightarrow{转车} S0537 \xrightarrow[13站]{L516} S0481$$

与问题一中的优化路线：

$$S1557 \xrightarrow[12站]{(L084)} S1919 \xrightarrow[3站]{(L189)} S3188 \xrightarrow[17站]{(L460)} S0481$$

$n = 2, t = 106\,\text{min}, w = 3$元，$m = 32$（换乘两次的最优路径）.

相比较，可以得出：

路线	用时/min	费用/元	换乘次数/次	备注
新路线	114	5	2	
原路线	106	2	2	

由以上比较，可以看出，原公汽路线为最优路线.

（3）S0971→S0485

考虑地铁后的线路，新路线中的有两条最优线路为：

1）由站点 S0971 乘公汽 L094，经过 6 站在站点 S0567/D01（对应地铁站点）下车，再乘坐 T1 经过 19 站在 S1920/D20 下车，乘坐公汽 L417 经过 6 站，到达目的地 S0485，路线总费用为 5 元，用时 65.5min，换乘 2 次. 即：

$$S0971 \xrightarrow[6站]{L094} S0576 \xrightarrow{转车} D01 \xrightarrow[19站]{T1} D20$$

$$\xrightarrow{转车} S1920 \xrightarrow[6站]{L417} S0485$$

2）由站点 S0971 乘公汽 L119，经过 6 站在站点 S0567/D01（对应地铁站点）下车，再乘坐 T1 经过 19 站在 S1920/D20 下车，乘坐公汽 L417 经过 6 站，到达目的地 S0485，路线总费用为 5 元，用时 99.5min，换乘 2 次. 即：

$$S0971 \xrightarrow[6站]{L119} S0567 \xrightarrow{转车} D01 \xrightarrow[19站]{T1} D20$$

$$\xrightarrow{转车} S1920 \xrightarrow[6站]{L417} S0485$$

与问题 1 中的优化路线：

$$S0971 \xrightarrow[20站]{(L013下行)} (S2184) \xrightarrow[21站]{(L417下行)} S0485$$

$n = 1, t = 128\,\text{min}, w = 3$元，$m = 41$.

相比较，可以得出：

路线	用时/min	费用/元	换乘次数/次	备注
新路线	99.5	5	2	省时
原路线	128	3	1	省钱、方便

由以上信息，乘客可根据自己的需求选择不同路线.

（4）S0008→S0073

考虑地铁后的线路，新路线中有两条最优线路如下.

1）由站点 S0008 乘公汽 L150，经过 7 站在站点 S3874/D30（对应地铁站点）下车，再乘坐 T2 经过 7 站在 S3580/D24 下车，乘坐公汽 L103 经过 3 站，到达目的地 S0073，路线总费用为 5 元，用时 60.5min，换乘 2 次. 即

$$S0008 \xrightarrow[7站]{L150} S3874 \xrightarrow{转车} D30 \xrightarrow[7站]{T2} D24$$

$$\xrightarrow{转车} S3580 \xrightarrow[3站]{L103} S0073$$

2）由站点 S0008 乘公汽 L200，经过 6 站在站点 S2534/D15（对应地铁站点）下车，再乘坐 T1 经过 3 站，在 D12 下车，再乘坐 T2，在 S3580/D24 下车，然后乘坐公汽 L103 经过 3 站，到达目的地 S0073，路线总费用为 5 元，用时 59min，换乘 3 次. 即：

$$S0008 \xrightarrow[6站]{L200} S2534 \xrightarrow{转车} D15 \xrightarrow[3站]{T1} D12$$

$$\xrightarrow{T2} D24 \xrightarrow[3站]{L013} S0073$$

与问题 1 中的优化路线：$S0008 \xrightarrow[10站]{(L159)} (S0400) \xrightarrow[16站]{(L474)} S0073$

$$n=1, t=83\min, w=2元，m=26.$$

相比较，可以得出：

路线	用时/min	费用/元	换乘次数/次	备注
新路线 1	60.5	5	2	较方便、省时
新路线 2	59	5	3	省时
原路线	83	2	1	省钱、方便

由以上信息可知，三条线路各有所长，乘客可根据自己的需求选择不同路线.

（5）S0148→S0485

考虑地铁后的线路，新路线中有三条最优线路如下.

1）由站点 S0148 乘公汽 L024，经过 4 站在站点 S1478/D02（对应地铁站点）下车，再乘坐 T1 经过 19 站在 S0446/D21 下车，乘坐公汽 L450 经过 5 站，到达目的地 S0485，路线总费用为 5 元，用时 87.5min，换乘 2 次. 即：

$$S0148 \xrightarrow[4站]{L024} S1478 \xrightarrow{转车} D02 \xrightarrow[19站]{T1} D21$$

$$\xrightarrow{转车} S0446 \xrightarrow[5站]{L450} S0485$$

2）由站点 S0148 乘公汽 L024，经过 4 站在站点 S1478/D02（对应地铁站点）下车，再乘坐 T1 经过 19 站在 S0446/D21 下车，乘坐公汽 L050 经过 5 站，到达目的地 S0485，路线总费用为 5 元，用时 87.5min，换乘 2 次. 即：

$$S0148 \xrightarrow[4站]{L024} S1478 \xrightarrow{转车} D02 \xrightarrow[19站]{T1} D21$$

$$\xrightarrow{转车} S0446 \xrightarrow[5站]{L050} S0485$$

3）由站点 S0148 乘公汽 L024，经过 4 站在站点 S1478/D02（对应地铁站点）下车，再乘坐 T1 经过 19 站在 S0446/D21 下车，乘坐公汽 L051 经过 5 站，到达目的地 S0485，路线总费用为 5 元，用时 87.5min，换乘 2 次. 即：

$$S0148 \xrightarrow[4站]{L024} S1478 \xrightarrow{转车} D02 \xrightarrow[19站]{T1} D21$$

$$\xrightarrow{转车} S0446 \xrightarrow[5站]{L051} S0485$$

与问题 1 中的优化路线：

$$S0148 \xrightarrow[14站]{(L308)} S0063 \xrightarrow[15站]{(L156)} S2210 \xrightarrow[3站]{(L417)} S0485$$

$$n=2, t=106\min, w=3元，m=32.$$

相比较，可以得出

路线	用时/min	费用/元	换乘次数/次	备注
新路线	87.5	5	2	省时
原路线	106	3	2	省钱

由以上信息可知，新旧线路各有所长，乘客可根据自己的需求选择不同路线.

（6）S0087→S3676

考虑地铁后的线路：新路线中的最优线路如下.

由 S0087（D27）直接乘坐地铁 T2 线到达 S3676（D36），即：

$$\text{S0087}\xrightarrow{\text{T2}}\text{D27}\xrightarrow[\text{10站}]{\text{T2}}\text{D36}\longrightarrow\text{S3676}$$

与问题 1 中的优化路线：

1） $\text{S0087}\xrightarrow[\text{11站}]{\text{(L454)}}\text{S3496}\xrightarrow[\text{9站}]{\text{(L209)}}\text{S3676}$

$n=1,t=65\,\text{min},w=2\text{元},m=20$ （换乘一次的最优路径）.

2） $\text{S0087}\xrightarrow[\text{1站}]{\text{(L21)}}\text{S0088}\xrightarrow[\text{10站}]{\text{(L231)}}\text{S0427}\xrightarrow[\text{1站}]{\text{L97}}\text{S3676}$

$n=2,t=46\,\text{min},w=3\text{元},m=12$ （换乘两次的最优路径）.

相比较，可以得出

路线	用时/min	费用/元	换乘次数/次	备注
新路线	17.5	3	0	省时、方便
原路线 1	65	1	1	较省钱
原路线 2	46	2	2	较省时

相比较而言，由 S0087（D27）直接乘坐地铁 T2 线到达 S3676（D36），更为优化.

七、模型的评价

1．模型的优点

1）通过利用数学工具和最少二乘法，严格对模型求解，具有科学性.

2）建立的模型能与实践紧密联系，结合实际情况对提出的问题进行求解.

3）给出了各种情况下的最优路线，符合实际，方案切实可行.

2．模型的缺点

1）本文在处理模型一时，直接确定了方便性为主要因素，可能存在方案不全面.

2）建立的模型三略显简单，对问题三求解得不算完整.

参考文献

[1] 刘云生. 一种基于 WebGIS 的加权最佳换乘算法与实现. 计算机仿真，第 23 卷第 10 期：264-265. 2006 年 10 月.

[2] 陈焕宇. 基于 WebGIS 的公交导乘线路层次性、递增式选择算法. Computer Era ，第 10 卷第 12 期，26-27. 2003 年 12 月.

[3] 刘锋. 数学建模. 南京：南京大学出版社，2005.

[4] 姜启源. 数学模型. 北京：高等教育出版社，2003.

[5] 吴建国. 数学建模案例精编. 北京：中国水利水电出版社，2005.

[6] 张林峰. 公共交通工具最优组合模型及算法研究. http:// dlib.edu.cnki.net/kns50/detail.aspx?QueryID=3&CurRec=38. 2007 年 9 月 24 日.

10.4.3　2009年获奖论文

2009年全国大学生数学建模竞赛A题

制动器试验台的控制方法分析

汽车的行车制动器（以下简称制动器）连接在车轮上，它的作用是在行驶时使车辆减速或者停止. 制动器的设计是车辆设计中最重要的环节之一，直接影响着人身和车辆的安全. 为了检验设计的优劣，必须进行相应的测试. 在道路上测试实际车辆制动器的过程称为路试，其方法为：车辆在指定路面上加速到指定的速度；断开发动机的输出，让车辆依惯性继续运动；以恒定的力踏下制动踏板，使车辆完全停止下来或车速降到某数值以下；在这一过程中，检测制动减速度等指标. 假设路试时轮胎与地面的摩擦力为无穷大，因此轮胎与地面无滑动.

为了检测制动器的综合性能，需要在各种不同情况下进行大量路试. 但是，车辆设计阶段无法路试，只能在专门的制动器试验台上对所设计的路试进行模拟试验. 模拟试验的原则是试验台上制动器的制动过程与路试车辆上制动器的制动过程尽可能一致. 通常试验台仅安装、试验单轮制动器，而不是同时试验全车所有车轮的制动器. 制动器试验台一般由安装了飞轮组的主轴、驱动主轴旋转的电动机、底座、施加制动的辅助装置以及测量和控制系统等组成. 被试验的制动器安装在主轴的一端，当制动器工作时会使主轴减速 试验台工作时，电动机拖动主轴和飞轮旋转，达到与设定的车速相当的转速（模拟实验中，可认为主轴的角速度与车轮的角速度始终一致）后电动机断电同时施加制动，当满足设定的结束条件时就称为完成一次制动.

路试车辆的指定车轮在制动时承受载荷. 将这个载荷在车辆平动时具有的能量（忽略车轮自身转动具有的能量）等效地转化为试验台上飞轮和主轴等机构转动时具有的能量，与此能量相应的转动惯量（以下转动惯量简称为惯量）在本题中称为等效的转动惯量. 试验台上的主轴等不可拆卸机构的惯量称为基础惯量. 飞轮组由若干个飞轮组成，使用时根据需要选择几个飞轮固定到主轴上，这些飞轮的惯量之和再加上基础惯量称为机械惯量. 例如，假设有4个飞轮，其单个惯量分别是：$10\mathrm{kg{\cdot}m^2}$，$20\mathrm{kg{\cdot}m^2}$，$40\mathrm{kg{\cdot}m^2}$，$80\mathrm{kg{\cdot}m^2}$，基础惯量为$10\mathrm{kg{\cdot}m^2}$，则可以组成$10\mathrm{kg{\cdot}m^2}$，$20\mathrm{kg{\cdot}m^2}$，$30\mathrm{kg{\cdot}m^2}$，…，$160\mathrm{kg{\cdot}m^2}$的16种数值的机械惯量. 但对于等效的转动惯量为$45.7\mathrm{kg{\cdot}m^2}$的情况，就不能精确地用机械惯量模拟试验. 这个问题的一种解决方法是：把机械惯量设定为$40\mathrm{kg{\cdot}m^2}$，然后在制动过程中，让电动机在一定规律的电流控制下参与工作，补偿由于机械惯量不足而缺少的能量，从而满足模拟试验的原则.

一般假设试验台采用的电动机的驱动电流与其产生的扭矩成正比[本题中比例系数取为1.5 A/(N·m)]；且试验台工作时主轴的瞬时转速与瞬时扭矩是可观测的离散量.

由于制动器性能的复杂性，电动机驱动电流与时间之间的精确关系是很难得到的. 工程实际中常用的计算机控制方法是：把整个制动时间离散化为许多小的时间段，比如10 ms为一段，然后根据前面时间段观测到的瞬时转速与/或瞬时扭矩，设计出本时段驱动电流的值，这个过程逐次进行，直至完成制动.

评价控制方法优劣的一个重要数量指标是能量误差的大小，本题中的能量误差是指所设计的路试时的制动器与相对应的实验台上制动器在制动过程中消耗的能量之差. 通常不考虑观测误差、随机误差和连续问题离散化所产生的误差.

现在要求你们解答以下问题：

1. 设车辆单个前轮的滚动半径为0.286m，制动时承受的载荷为6230N，求等效的转动惯量.

2. 飞轮组由3个外直径为1m，内直径为0.2m的环形钢制飞轮组成，厚度分别为0.0392m，0.0784m，0.1568m，钢材密度为7810 kg/m^3，基础惯量为10 kg·m^2，问可以组成哪些机械惯量？设电动机能补偿的能量相应的惯量的范围为 [–30,30] kg·m^2，对于问题1中得到的等效的转动惯量，需要用电动机补偿多大的惯量？

3. 建立电动机驱动电流依赖于可观测量的数学模型.

在问题1和问题2的条件下，假设制动减速度为常数，初始速度为50km/h，制动5.0s后车速为零，计算驱动电流.

4. 对于与所设计的路试等效的转动惯量为48kg·m^2，机械惯量为35kg·m^2，主轴初转速为514r/min，末转速为257r/min，时间步长为10ms的情况，用某种控制方法试验得到的数据见附表. 请对该方法执行的结果进行评价.

5. 按照第3问导出的数学模型，给出根据前一个时间段观测到的瞬时转速与/或瞬时扭矩，设计本时间段电流值的计算机控制方法，并对该方法进行评价.

6. 第5问给出的控制方法是否有不足之处？如果有，请重新设计一个尽量完善的计算机控制方法，并作评价.

制动器试验台的控制方法分析

陈冉，毛文强，尚志梅·指导教师：林峰

（荣获国家一等奖）

摘　要

1. 试验台上飞轮和主轴等机构转动时具有的能量与承受的载荷在车辆平动时具有的能量相等推出 $J_{等}=\frac{P_c}{g}r_c^2$，求解出等效惯量为51.99889kg·m^2.

2. 根据环形物体的转动惯量计算公式，求得3个飞轮的转动惯量，基础惯量 J_j 与三个飞轮 J_{fi} 的任意组合（共8组）惯量之和得到机械惯量 J_m 分别为10 kg·m^2，40.01 kg·m^2，70.02 kg·m^2，130.03 kg·m^2，100.02 kg·m^2，190.05 kg·m^2，160.04kg·m^2，220.06 kg·m^2.

基础惯量和飞轮1组合，需要电动机补偿11.9905742kg·m^{2}惯量；基础惯量和飞轮2组合，需要电动机补偿–18.0177 kg · m^{2}惯量.

3. 近似取试验台采用的电动机的驱动电流与其前一时间段电流产生的瞬时扭矩成正比，得出驱动电流模型 $I=kJ_{等}-J_m\frac{|V_{c末}-V_{c初}|}{r_c\cdot t}$，解得驱动电流分别为 $I_1=174.687852\text{A}$，$I_2=-262.49617\text{A}$.

4. 据转动动能公式求得路试时的制动器消耗能量 ΔE_c，再由转动力矩做功公式，求得实验台上制动器在制动过程中消耗的能量 $\Delta E_{等}$，建立能量相对误差的大小来评价控制方法的模型.

$$\Delta E=\frac{\frac{1}{2}J_{等}(w_{c末}^2-w_{c初}^2)-\sum_{i=1}^{n}M_{bi}w_i\Delta t}{\frac{1}{2}J_{等}(w_{c末}^2-w_{c初}^2)}\text{，得 }\Delta E=0.0548.$$

5. 由问题3中建立的模型推导出模型 $I_i=kM_{I_{i-1}}=k\frac{J_I}{J_{等}}M_{b_{i-1}}$，利用递推法得到驱动电流

I_i（结果见附录），利用 4 中评价控制方法得到 $\Delta E = 0.02961$.

6. 针对问题 5 中模型的滞后性建立线性回归模型

$$I_i = 2 \times k \frac{J_l}{J_b} M_{i-1} - k \frac{J_l}{J_b} M_{i-2} + \varepsilon$$

预测瞬时力矩，进而预测出驱动电流 I_i，利用 4 中评价控制方法得到 $\Delta E = 0.029604$.

关键词： 制动器 试验台 电模拟 线性回归

一、问题重述

汽车的行车制动器联接在车轮上，它的作用是在行驶时使车辆减速或者停止. 制动器的设计的优劣直接影响着人身和车辆的安全，由此必须进行相应的测试（即路试）. 其方法为：车辆在指定路面上加速到指定的速度；断开发动机的输出，让车辆依惯性继续运动；以恒定的力踏下制动踏板，使车辆完全停止下来或车速降到某数值以下；在这一过程中，检测制动减速度等指标.

为了检测制动器的综合性能，在专门的制动器试验台上对所设计的路试进行模拟试验. 试验台工作时，电动机拖动主轴和飞轮旋转，达到与设定的车速相当的转速（模拟实验中，可认为主轴的角速度与车轮的角速度始终一致）后电动机断电同时施加制动，当满足设定的结束条件时就称为完成一次制动.

路试车辆的指定车轮在制动时承受载荷. 将这个载荷在车辆平动时具有的能量（忽略车轮自身转动具有的能量）等效地转化为试验台上飞轮和主轴等机构转动时具有的能量，与此能量相应的为等效转动惯量. 试验台上的主轴等不可拆卸机构的惯量称为基础惯量. 飞轮组由若干个飞轮组成，使用时根据需要选择几个飞轮固定到主轴上，这些飞轮的惯量之和再加上基础惯量称为机械惯量. 在制动过程中，让电动机在一定规律的电流控制下参与工作，补偿由于机械惯量不足而缺少的能量，从而满足模拟试验的原则.

一般假设试验台采用的电动机的驱动电流与其产生的扭矩成正比（本题中比例系数取为 1.5 A/N·m）；且试验台工作时主轴的瞬时转速与瞬时扭矩是可观测的离散量. 由于制动器性能的复杂性，电动机驱动电流与时间之间的精确关系是很难得到的.

现在要求你们解答以下问题.

1. 设车辆单个前轮的滚动半径为 0.286m，制动时承受的载荷为 6230N，求等效的转动惯量.

2. 飞轮组由 3 个环形钢制飞轮组成，其内、外直径、钢材密度已知，厚度是三个不同的值，基础惯量已知，问可以组成哪些机械惯量？设电动机能补偿的 能量相应的惯量的范围为[−30,30] $kg \cdot m^2$，对于问题 1 中得到的等效的转动惯量，需要用电动机补偿多大的惯量？

3. 建立电动机驱动电流依赖于可观测量的数学模型.

在问题 1 和问题 2 的条件下，假设制动减速度为常数，初始速度为 50km/h，制动 5.0s 后车速为零，计算驱动电流.

4. 对于与所设计的路试等效的转动惯量为 48$kg \cdot m^2$，机械惯量为 35$kg \cdot m^2$，主轴初转速为 514r/min，末转速为 257r/min，时间步长为 10ms 的情况，用某种控制方法试验得到的数据见附表. 请对该方法执行的结果进行评价.

5. 按照第 3 问导出的数学模型，给出根据前一个时间段观测到的瞬时转速与/或瞬时扭矩，设计本时间段电流值的计算机控制方法，并对该方法进行评价.

6. 第 5 问给出的控制方法是否有不足之处？如果有，请重新设计一个尽量完善的计算机控制方法，并作评价.

二、符号说明

m_c　车的质量；

P_c　制动时承载的荷重；

v_c　车的速度；

w_c　车的角速度；

r_c　车辆前个半轮的滚动半径；

v_{c0}　车的初始速度；

v_{c1}　车的末速度；

t　制动时间；

m_f　飞轮的质量；

r_{fw}　飞轮外直径；

r_{fn}　飞轮内直径；

ρ_f　钢材密度；

l　飞轮的厚度；

w_a　主轴的角速度；

w_{a0}　主轴的初角速度；

w_{a1}　主轴的末角速度；

α　制动加速度；

J_j　基础惯量（即试验台上的主轴等不可拆卸机构的惯量）；

J_f　飞轮组的惯量之和；

J_m　机械惯量（即飞轮组的惯量与基础惯量的惯量之和）；

J_I　电流的补偿惯量；

J_d　等效的转动惯量；

I_d　电动机驱动电流；

M_d　等效力矩；

M_b　制动力矩；

M_{bi}　试验台瞬时制动力矩；

M_I　电机实际输出有效力矩；

M_{Ii}　电动机输出的瞬时力矩；

E_c　路试车辆的指定车轮在制动时承受的载荷在车辆平动时具有的能量；

E_d　试验台上制动器在制动过程中所具有的能量；

ΔE_d　试验台上制动器在制动过程中消耗的能量；

ΔE_c　路试时的制动器在制动过程中消耗的能量；

ΔE　路试与试验台制动器在制动过程中消耗的能量之差.

三、模型假设

1．假设路试时轮胎与地面的摩擦力为无穷大，因此轮胎与地面无滑动；

2．忽略车轮自身转动具有的能量；

3．模拟实验中，假设主轴的角速度与车轮的角速度始终一致；

4．假设在制动器试验台上，观测到的瞬时扭矩就是制动力矩.

四、模型建立及求解

1．问题 1 的求解

路试车辆的指定车轮在制动时承受的载荷在车辆平动时具有的能量 E_c 等效地转化为试验台上飞轮和主轴等机构转动时的能量 E_d. 即：

$$E_c = E_d.$$

由物体的平动动能定理：

$$E_c = \frac{1}{2} m_c v_c^2.$$

由刚体的转动动能定理：

$$E_d = \frac{1}{2} J_d w^2.$$

车的质量为：

$$m_c = \frac{P_c}{g}.$$

车转动的速度

$$v_c = r_c w_c.$$

经过推导得到等效转动惯量

$$J_d = \frac{P_c}{g} r_c^2. \qquad (10.32)$$

已知车辆前个半轮的滚动半径 r_c=0.28 m，制动时承载的荷重 P_c=6230N，从而得到 J_d 为 $51.99889\,\mathrm{kg \cdot m^2}$.

2．问题 2 的求解

（1）第一小问的求解

飞轮（环形刚体）的转动惯量为

$$J_f = \frac{1}{2} m_f \left(r_{fw}^2 + r_{fn}^2 \right).$$

飞轮的质量为

$$m_f = \pi \left(r_{fw}^2 - r_{fn}^2 \right) l \rho.$$

经推导得到

$$J_{fi} = \frac{1}{2} \pi l_i \rho_f \left(r_{fw}^4 - r_{fn}^4 \right) \quad (i = 1,2,3). \qquad (10.33)$$

已知飞轮外直径 $r_{fw} = 1\mathrm{m}$；飞轮内直径 $r_{fn} = 0.2\mathrm{m}$；厚度为 $l_1 = 0.0392\mathrm{m}$，$l_3 = 0.1568\mathrm{m}$，$J_j = 10\mathrm{kg \cdot m^2}$；钢材密度 $\rho = 7810\mathrm{kg/m^3}$；

以安装飞轮一为例

$$J_{f1}=\frac{1}{2}\pi l_1\rho_f\left(r_{fw}^4-r_{fn}^4\right)=\frac{1}{2}\times3.14\times0.0392\times7810\times[(1)^4-(0.02)^4]\text{kg}\cdot\text{m}^2$$
$$=30.0083\text{kg}\cdot\text{m}^2.$$

同理：

$$J_{f2}=60.0166\text{kg}\cdot\text{m}^2,$$
$$J_{f3}=120.0332\text{kg}\cdot\text{m}^2.$$

$$\text{机械惯量}J_m=\text{基础惯量}J_j+3\text{个飞轮}J_{fi}\text{的组合惯量}$$

以飞轮 1 与飞轮 2 构成的飞轮组为例

$$J_m=J_j+J_{f1}+J_{f2}$$
$$=10+30.008+60.0166=100.0249\text{kg}\cdot\text{m}^2.$$

从而分别可以得到这 8 种组合的机械惯量，结果如表 10.9.

表 10.9　8 种组合的机械惯量

组合	$(j,0)$	$(j,1)$	$(j,2)$	$(j,3)$	$(j,1,2)$	$(j,1,3)$	$(j,2,3)$	$(j,1,2,3)$
机械惯量/（kg · m^2）	10	40.008	70.017	130.033	100.025	190.050	160.042	220.058

注：$(j,1,2)$ 是基础惯量与飞轮 1、飞轮 2 构成的组合.

（2）第二小问的求解

上问中的 8 种组合的电动机补偿的惯量可以由等效惯量 J_d 与机械惯量 J_m 之差得关系式

$$J_I=J_d-J_m.\tag{10.34}$$

其中等效转动惯量 J_d 是问题 1 求解中得到的结果，J_m 是 8 种组合的机械惯量.

对于这 8 种组合电流分别需要补充的惯量如表 10.10 所示：

表 10.10　8 种组合的补偿惯量

组合	$(j,0)$	$(j,1)$	$(j,2)$	$(j,3)$	$(j,1,2)$	$(j,1,3)$	$(j,1,3)$	$(j,1,2,3)$
补偿惯量/（kg·m^2）	41.999	11.991	−18.018	−78.034	−48.026	−138.051	−108.043	−168.059

因为电动机能补偿的能量相应的惯量的范围为$[-30,30]\text{kg}\cdot\text{m}^2$，从而找到满足条件的组合只有（$j$, 1）和（$j$, 2）.即不可拆卸机构和飞轮一组合，需要电动机补偿$11.991\text{kg}\cdot\text{m}^2$惯量；不可拆卸机构和飞轮二组合，需要电动机补偿$-18.018\text{kg}\cdot\text{m}^2$惯量.

3．问题 3 的求解

（1）建立电动机驱动电流依赖于可观测量的数学模型

模拟大小为 J_I 的转动惯量时，电机应输出的力矩为

$$M_I=J_I\frac{\text{d}w}{\text{d}t}.$$

模拟大小为 J_I 的转动惯量是等效转动惯量与机械转动惯量之差

$$J_I=J_d-J_j.$$

取试验台采用的电动机的驱动电流与其前一时间段电流产生的瞬时扭矩成正比[比例系数 k=1.5 A/(N· m)]，即

$$I_i=kM_{I_{i-1}}.$$

推导得出

$$I_i=k(J_d-J_j)\frac{\mathrm{d}w}{\mathrm{d}t}. \tag{10.35}$$

由此得到电动机驱动电流依赖于可观测量（瞬时转速）的数学模型.

（2）计算驱动电流

路试的角加速度等效于试验台上的角加速度

$$\alpha=\frac{\mathrm{d}w}{\mathrm{d}t}=\frac{|V_{c1}-V_{c0}|}{r_c t}.$$

利用模型得出

$$I=k(J_d-J_m)\frac{|V_{c1}-V_{c0}|}{r_c t}. \tag{10.36}$$

已知等效惯量 J_d =51.99889 $\mathrm{kg\cdot m^2}$，两个机械惯量 J_m =40.0083116 $\mathrm{kg\cdot m^2}$ 和 70.01662 $\mathrm{kg\cdot m^2}$，$V_{c0}=50\mathrm{km\cdot h^{-1}}=13.88889\mathrm{m\cdot s^{-1}}$；$V_{c1}=0\mathrm{m\cdot s^{-1}}$，$t=5\mathrm{s}$，$r_c=0.286\mathrm{m}$ 代入数据得到：

$$I_1=174.687852\mathrm{A},$$
$$I_2=-262.49617\mathrm{A}.$$

4．问题 4 的求解

能量误差是指所设计的路试时的制动器与相对应的试验台上制动器在制动过程中消耗的能量之差.但是由于能量有相对大小性，利用能量相对误差的大小来评价控制方法优劣即

$$\Delta E=\frac{\Delta E_c-\Delta E_d}{\Delta E_c}.$$

根据转动动能公式求得路试时的制动器消耗的能量

$$\Delta E_c=\frac{1}{2}J_d(w_{c1}^2-w_{c0}^2).$$

再由转动过程力矩做功公式，利用附表数据，求得试验台上制动器在制动过程中消耗的能量即

$$\Delta E_d=M_b\Delta\theta=\sum_{i=1}^{n}M_{bi}\Delta\theta_i=\sum_{i=1}^{n}M_{bi}w_i\Delta t.$$

推导出相对误差为：

$$\Delta E=\frac{\Delta E_c-\Delta E_d}{\Delta E_c}=\frac{\frac{1}{2}J_d(w_{c1}^2-w_{c0}^2)-\sum_{i=1}^{n}M_{bi}w_i\Delta t}{\frac{1}{2}J_d(w_{c1}^2-w_{c0}^2)}. \tag{10.37}$$

已知 $J_d=48\mathrm{kg\cdot m^2}$，$J_m=35\mathrm{kg\cdot m^2}$，$w_{a0}=514\mathrm{rpm}=53.82595\mathrm{rad\cdot s^{-1}}$，$w_{a1}=259\mathrm{rpm}=26.91298\mathrm{rad\cdot s^{-1}}$，$\Delta t=10\mathrm{ms}$.

$$\Delta E_d=M_b\Delta\theta=\sum_{i=1}^{n}M_{bi}\Delta\theta_i=\sum_{i=1}^{n}M_{bi}w_iDt=49291.9413\mathrm{J},$$

$$\Delta E_c=\frac{1}{2}J_d(w_{c1}^2-w_{c0}^2)=\frac{1}{2}\times48\times(53.8^2-26.9^2)=52150.2\mathrm{J}.$$

$$\Delta E=\frac{\Delta E_c-\Delta E_d}{\Delta E_c}=0.0548,$$

过程见附录 1.

5．问题 5 的求解

（1）设计计算机控制方法

在制动器试验台上，制动力矩（即附表数据中的扭矩）可以非常准确地测出.

在制动过程中，制动力矩为：

$$M_b=J_d\frac{\mathrm{d}w}{\mathrm{d}t}.$$

模拟大小为 J_I 的转动惯量时，电机应输出的力矩为

$$M_I=J_I\frac{\mathrm{d}w}{\mathrm{d}t}.$$

推导得到电流产生的力矩和制动力矩的线性关系：

$$M_I=\frac{J_I}{J_d}M_b.$$

取试验台采用的电动机的驱动电流与其前一时间段电流产生的瞬时扭矩成正比[比例系数 k=1.5 A/(N·m)]，即

$$I_i=kM_{\mathrm{I}_{i-1}}.$$

推导得出

$$I_i=kM_{I_{i-1}}=k\frac{J_I}{J_d}M_{b_{i-1}}. \tag{10.38}$$

取 10ms 为一个时间段，可得到所求计算机控制的每一小段电流（如图 10.4 所示）.

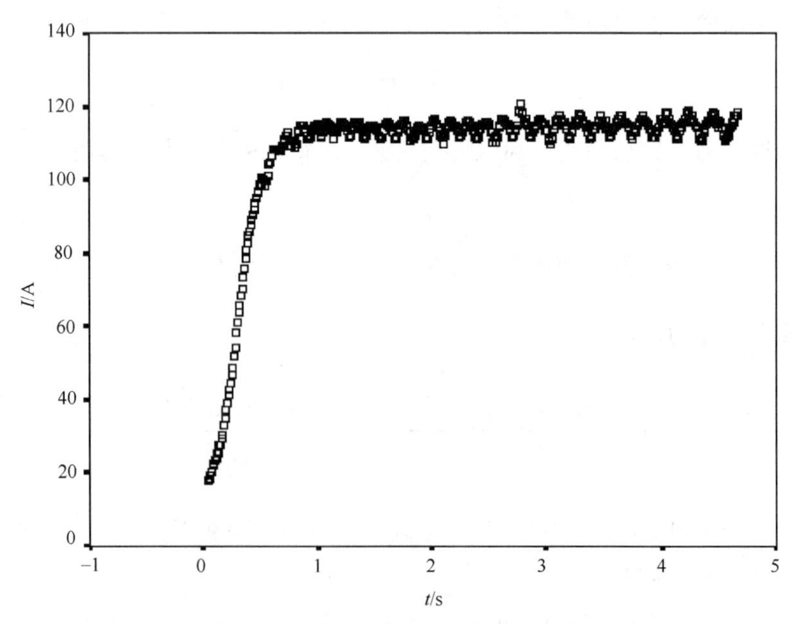

图 10.4　驱动电流与时间的关系曲线

（2）评价此控制方法的优劣

由所求的驱动电流反推出瞬时角速度，由转动过程力矩做功公式，求得试验台上制动器

在制动过程中消耗的能量，再求它和路试等效过程消耗的能量的相对误差，据其大小，做出评价.

由转动定律（以制动力方向为正方向）

$$M_b - M_I = J_m \alpha$$

刚体的角加速度

$$\alpha = \frac{\mathrm{d}w}{\mathrm{d}t} = \frac{-w_{i+1} + w_i}{\Delta t}$$

驱动电流与其产生的扭矩成正比

$$I_i = kM_{I_i}$$

推导出 w_i 的递推关系式

$$w_{i+1} = w_i - \frac{M_{bi} - \frac{I_i}{k}}{J_m}\Delta t$$

令初角速度 $w_1 = 53.86051\text{rad}\cdot\text{s}^{-1}$，由此式递推出所有的 w_i.

用附表中的数据可得到

$$\Delta E_d = M_b \Delta\theta = \sum_{i=1}^{n} M_{bi}\Delta\theta_i = \sum_{i=1}^{n} M_{bi} w_i \Delta t = 50606.04\text{J}$$

由问题 4 可知，$J_d = 48\text{kg}\cdot\text{m}^2$，$J_m = 35\text{kg}\cdot\text{m}^2$，$w_{a0} = 514\text{rpm} = 53.82595\text{rad}\cdot\text{s}^{-1}$，$w_{a1} = 259\text{rpm} = 26.91298\text{rad}\cdot\text{s}^{-1}$，$\Delta t = 10\text{ms}$.

相应的路试时消耗的能量：

$$\Delta E_c = \frac{1}{2}J_d(w_{c1}^2 - w_{c0}^2) = \frac{1}{2}\times 48\times(53.8295321^2 - 36.91298^2)$$
$$= 52150.1983\text{J}.$$

路试和试验台消耗的能量的相对误差：

$$\Delta E = \frac{\Delta E_c - \Delta E_d}{\Delta E_c} = 0.02961.$$

6. 问题 6 的求解

对第五问中模型的改进.

按照第五问的控制方法，只是根据前一个时间段观测到的瞬时扭矩，计算本时段电流的计算机控制方法由于制动器性能的复杂性，观测到的瞬时值会有波动. 这时如果只选用前一时间段的观测值去计算，有一定的滞后性，所以误差较大.

针对这种滞后性建立线性回归模型. 由前两个时间段观测到的瞬时扭矩，预测本时间段瞬时扭矩，从而计算出本时间应该输出的驱动电流.

采用二元回归模型.

第一步，设要预测某时刻的瞬时扭矩为 M_i'，首先观测出前两个时刻的瞬时扭矩分别为 M_{i-1}与M_{i-2}，并假设 M_i' 与 M_{i-1}, M_{i-2} 之间存在线性关系，则斜率相等建立关系 $\frac{M_i' - M_{i-1}}{\Delta t} = \frac{M_{i-1} - M_{i-2}}{\Delta t}$，即 $M_i' = 2M_{i-1} - M_{i-2}$.

第二步，建立二元线性回归方程

$$M_i' = 2M_{i-1} - M_{i-2} + \mu.$$

第三步，根据公式 $I_i = kM_{I_{i-1}} = k\dfrac{J_I}{J_{等}}M_{b_{i-1}}$，

求得相应的驱动电流

$$I_i = 2 \times k\frac{J_I}{J_b}M_{i-1} - k\frac{J_I}{J_b}M_{i-2} + \varepsilon. \tag{10.39}$$

（ε 大致服从均值为 0 的正态分布）.

再根据以下公式递推出对应的瞬时转速

$$w_{i+1} = w_i - \frac{M_{bi} - \dfrac{I_i}{k}}{J_m}\Delta t.$$

进而计算出试验台消耗的能量：

$$\Delta E_{等} = M_b\Delta\theta = \sum_{i=1}^{n} M_{bi}\Delta\theta_i = \sum_{i=1}^{n} M_{bi}w_i\Delta t = 50607.46\text{J}.$$

由能量的相对误差公式：

$$\Delta E = \frac{\Delta E_c - \Delta E_{等}}{\Delta E_c} = 0.029579.$$

五、参考文献

[1] 付鹏，龚劬，刘琼荪，何中市. 数学实验. 北京：科学出版社，2000.

[2] 张三慧. 大学基础物理学（第二版）（上）. 北京：清华大学出版社，2007.

[3] 林荣会. 制动器实验台的双分流加载法. 青岛建筑工程学院院报，第 18 卷第 3 期：2-4，1997.

10.4.4　2014 年获奖论文

2014 年全国大学生数学建模竞赛 B 题

创意平板折叠桌

某公司生产的一种折叠桌，桌腿可以随铰链的活动摊成一张平板. 桌腿由若干根木条分成两组，组成. 每组用钢筋将木条连接，钢筋两端分别固定在桌腿每组最外侧的两根木条上，并且沿木条有空槽以保证滑动自由. 桌子外形由美观直纹曲面构成.

建立数学模型讨论下列问题.

1. 给定长平板尺寸为 120cm×50cm×3cm，每根木条宽 2.5cm，钢筋固定在桌腿最外侧木条的中心位置，折叠后桌子的高度为 53cm. 建立模型描述折叠桌的动态变化，就此给出折叠桌的设计加工的一些参数和桌脚边缘线的数学表达.

2. 折叠桌设计要求稳固性好、加工方便、用材最少. 当任意给定折叠桌高度和圆形桌面直径的设计要求时，求出长平板材料和折叠桌的设计加工参数. 例如，平板尺寸、钢筋位置、开槽长度等，并且求出当桌高 70cm，桌面直径 80cm 时最优设计加工参数.

3. 给出一款设计平板折叠桌软件的数学模型. 该软件可以根据客户任意设定的折叠桌高度、桌面边缘线的形状和桌脚边缘线的大致形状，给出所需平板材料的形状尺寸和切实可行

的最优设计加工参数，使得生产的折叠桌尽可能接近客户所期望的形状. 根据所建立的模型给出几个自己设计的创意平板折叠桌，并给出相应的设计加工参数，画出至少 8 张动态变化过程的示意图.

B 题：创意平板折叠桌

赵影，鲁佰军，王杰. 指导教师：林峰

（荣获国家一等奖）

摘　要

平板折叠桌桌腿形成直纹曲面. 通过该直纹曲面几何特征建立以第一问所给参数构造的直纹曲面方程为：

$$z=\frac{d}{\sqrt{r^2-x^2}-h}(y-\sqrt{r^2-x^2})$$

问题一　以桌面高度为参数，通过建立每条桌腿的线性方程模型可以表达叠桌的动态变化过程：

$$z=t_i(y-\sqrt{r^2-x_i^2})=\frac{d}{(\sqrt{30^2-d^2}-\sqrt{r^2-x_i^2})}(y-\sqrt{r^2-x_i^2})$$

方程中斜率 t_i 是桌面高度的一元函数，越靠近边缘的桌腿的斜率随高度变化越慢.

因为圆形桌面是对称的，计算圆桌的四分之一的桌腿，将其编号，从桌圆心依次为 1，2，3，…，9，10. 桌面的边缘留 7cm 左右安装铰链. 通过 Excel 计算出每条腿的槽长如表 10.11.

表 10.11　每条腿的槽长

编号	1	2	3	4	5	6	7	8	9	10
槽长/cm	22	21.35	20.47	19.23	17.6	15.56	13.05	10	6.18	0

利用桌脚沿桌腿到桌边再到横轴距离都相等的条件建立桌脚边缘曲线的方程为：

$$\begin{cases} z=\dfrac{d}{\sqrt{r^2-x^2}-h}(y-\sqrt{r^2-x^2}) \\ \sqrt{r^2-x^2}+\sqrt{(\sqrt{r^2-x^2}-y^2)^2+z^2)}=Length/2 \end{cases}$$

问题二　设平板长、边腿穿钢筋位置为变量，建立以平板长度最小为目标的非线性规划模型：

$$\text{Min Length}$$

$$\text{s.t.}\quad \sum_{i=1}^{10}\frac{d(h-\sqrt{r^2-x_i^2})}{d^2+(h-\sqrt{r^2-x_i^2})^2}\leqslant 0$$

$$2\det a2+\sqrt{d^2+(r-h)^2}+r>\frac{1}{2}Length$$

$$r+\det a2<k\times\frac{1}{2}Length<\frac{1}{2}Length-\det a2$$

用 Lingo11.0 求出当 $d=70\text{cm}$，$2r=80\text{cm}$ 时相应的加工参数为：平板长度为 169cm，钢筋的位置比 0.54.

问题三　在问题一模型基础上，建立了可以在四分之一圆弧之间增加直线段从而生成类似椭圆或者八角桌的平板折叠桌模型. 由于在四个圆弧部分仍采用问题二的优化方法，所以新模型兼容前述模型而且优化设计及加工都很简单.

关键字：平板折叠桌　直纹曲面　数学规划模型

一、问题重述

某公司生产的一种折叠桌，桌腿可以随铰链的活动摊成一张平板. 桌腿由若干根木条分成两组组成. 每组用钢筋将木条连接，钢筋两端分别固定在桌腿每组最外侧的两根木条上，并且沿木条有空槽以保证滑动自由. 桌子外形由美观直纹曲面构成.

建立数学模型讨论下列问题.

1. 给定长平板尺寸为 120cm × 50cm × 3cm，每根木条宽 2.5cm，钢筋固定在桌腿最外侧木条的中心位置，折叠后桌子的高度为 53cm. 建立模型描述折叠桌的动态变化，就此给出折叠桌的设计加工的一些参数和桌脚边缘线的数学表达.

2. 折叠桌设计要求稳固性好、加工方便、用材最少. 当任意给定折叠桌高度和圆形桌面直径的设计要求时，求出长平板材料和折叠桌的设计加工参数. 例如，平板尺寸、钢筋位置、开槽长度等，并且求出当桌高 70cm，桌面直径 80cm 时最优设计加工参数.

3. 给出一款设计平板折叠桌软件的数学模型. 该软件可以根据客户任意设定的折叠桌高度、桌面边缘线的形状和桌脚边缘线的大致形状，给出所需平板材料的形状尺寸和切实可行的最优设计加工参数，使得生产的折叠桌尽可能接近客户所期望的形状. 根据所建立的模型给出几个自己设计的创意平板折叠桌，并给出相应的设计加工参数，画出至少 8 张动态变化过程的示意图.

二、符号说明

Length　矩形平板的长；

Width　矩形平板的宽；

r　桌面半径；

H　桌子的高度；

d　钢筋到桌面竖直高度；

L_i　第 i 根腿所在桌边缘到钢筋轴线的距离，简称素线；

x　横坐标（x 轴与导平面垂直）；

y　纵坐标（xOy 面与桌面平行）；

z　竖直坐标（垂直地面向上）；

h　钢筋到 z 坐标轴的距离；

S_i　第 i 根腿的长度；

t_i　第 i 根腿的斜率；

cl_i　第 i 根腿槽的槽长；

k　$\dfrac{\text{钢筋的位置到桌腿上顶点的距离}}{\text{桌腿的长度}}$，简记为钢筋的位置比 k（取值为 0～1）.

三、模型假设

1．假设桌面上各点内接半径为 r 的圆周；

2．加工所用刀具厚度忽略不计，即假设各腿间距为零；

3．使用平板折叠桌的目的主要是方便，所以桌子不会太大，因此可以假设桌子的宽不超过 100cm；同时桌子也不会太小，因此假设桌子宽不小于 30cm.

四、问题一模型建立与求解

给定长平板尺寸为 120cm×50cm×3cm，每根木条宽 2.5cm，钢筋固定在桌腿最外侧木条的中心位置，折叠后桌子的高度为 53cm. 建立模型描述折叠桌的动态变化，就此给出折叠桌的设计加工的一些参数和桌脚边缘线的数学表达.

问题分析 首先需要建立桌腿所构成的直纹曲面[1,2]方程，利用该方程分析折叠桌的动态变化过程；然后利用直纹面方程计算出加工参数，包括桌腿条数、截取位置、每条腿开槽位置及槽的长度；最后需要建立桌脚边缘线方程.

1．建立直纹曲面方程

由假设 2 可知宽 50cm 平板每根腿宽 2.5cm，故应该总共 40 根桌腿. 以平板中心为原点，建立直角坐标系，使 xOy 面在桌面上，且 x 轴垂直于平板的长边，再取 z 轴过原点向上垂直于 xOy 面. 圆形桌面圆心应该在原点处，半径等于平板宽度 50cm. 由对称性可知，只需要将第一象限四分之一长方形平板切割、计算即可. 切割方式如图 10.5 所示. 图 10.5 中每条桌腿的长度见表 10.12. 由于最外边一条桌腿需要留安装铰链的位置，所以不能取平板长度的一半. 安装铰链所留长度根据题中所给图形及视频估计为 deta1=3.86cm.

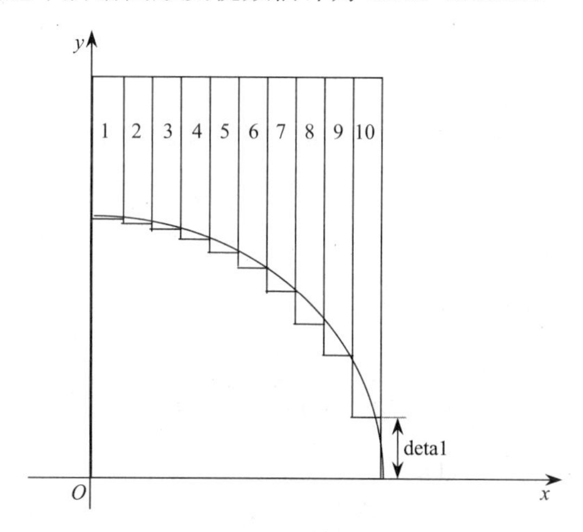

图 10.5 桌腿分割方式示意图

表 10.12 问题一中桌腿长度

桌腿编号	1	2	3	4	5	6	7	8	9	10
桌腿长度/cm	35	35.1	35.5	36.2	37.1	38.3	42.1	45	49.1	56.1

长方形木板宽 $Width = 50\text{cm}$，桌面的半径 $r = Width/2 = 25\text{cm}$. 桌腿完全收拢（桌子站立状态）时，最外侧桌腿、钢筋和桌面位置如图 10.6 所示，钢筋与桌面平行，到桌面竖直高度为 d，钢筋到 z 坐标轴的距离为 h.

桌子的高度 H=50cm，钢筋的位置比 $k = 0.5$，故 $d=k\times H$=25cm；长方形平板长为 $Length$=120cm，图 10.6 中直角三角形斜边即桌腿槽起点为与 x 轴距离等于 $k \times Length/2 = 30\text{cm}$；$h = \sqrt{30^2 - d^2} = 16.58\text{cm}$，脚底端张开宽度 $2h = 29.39\text{cm}$.

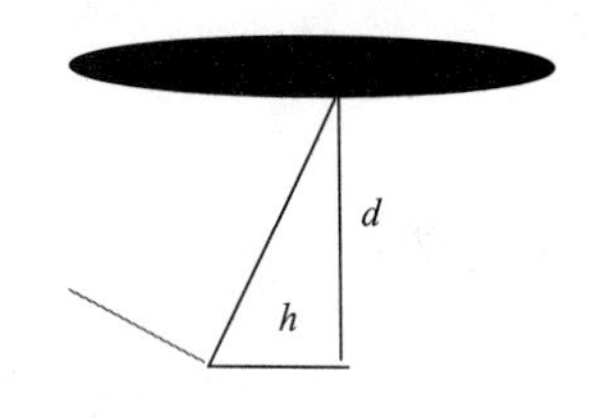

图 10.6 钢筋与桌面位置关系示意图

桌面折叠后，桌子腿的形状构成直纹曲面中的锥状面[3]，如图 10.7 所示.

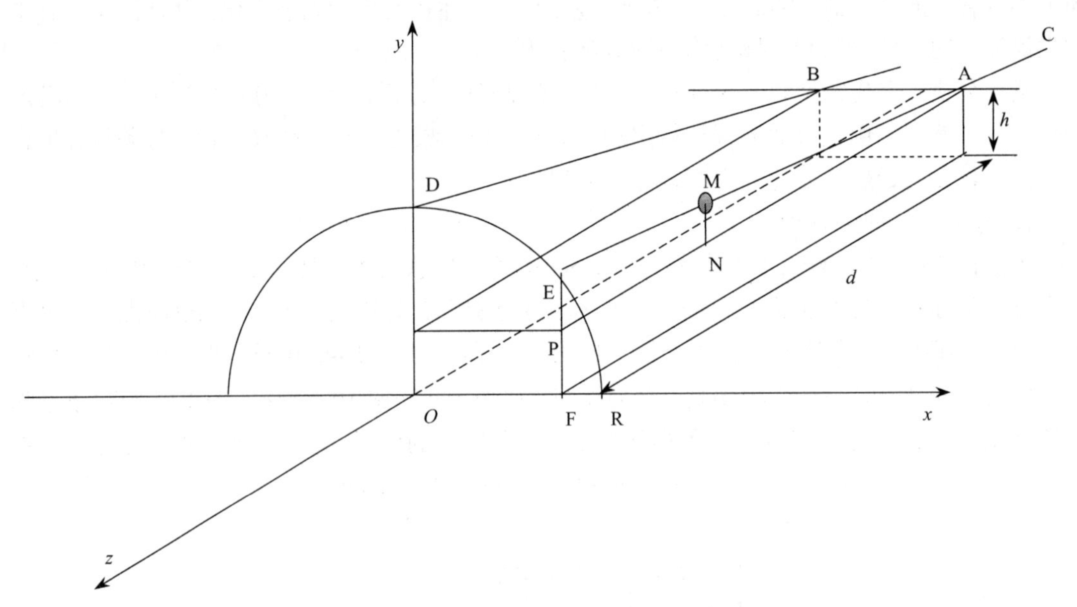

图 10.7　桌腿所构成的直纹曲面示意图

图 10.7 中 AB 所在直线表示钢筋位置. 为建立该直纹曲面方程，任取曲面上一点 $M(x,y,z)$. 由于在桌腿转动过程中，$M(x,y,z)$ 的横坐标不变. 设该点在线段 CE 上，则 E 点坐标为 $(x,\sqrt{r^2-x^2},0)$，A 的坐标是 $(x,h,-d)$.

此时 AE 的长度为 L

$$L=\sqrt{d^2+(\sqrt{r^2-x^2}-h)^2}$$

由于 ΔAMN 与 ΔAEP 相似，所以有：

$$\frac{|MN|}{|EP|}=\frac{d-(-z)}{d}$$

又，$y=h+|MN|$ 所以有：

$$y=h+(\sqrt{r^2-x^2}-h)(1+z/d)$$

由此可推出直纹曲面的方程为：

$$z=\frac{d}{\sqrt{r^2-x^2}-h}(y-\sqrt{r^2-x^2}) \tag{10.40}$$

下面根据直纹曲面方程分析折叠桌的动态变化过程. 由于每条桌腿在折叠过程中的横坐标不变. 因此任取某桌腿上一点对应公式(10.40)中 x 为常量，z 与 y 满足线性关系：

$$z=\frac{d}{\sqrt{r^2-x_i^2}-h}(y-\sqrt{r^2-x_i^2})=t_i(y-\sqrt{r^2-x_i^2})$$

斜率为：

$$t_i=\frac{d}{\sqrt{r^2-x_i^2}-\sqrt{(k\cdot Length/2)^2-d^2}}=\frac{25}{\sqrt{30^2-x_i^2}-16.58}$$

是该点横坐标的一元函数. 斜率随着横坐标的增大而减小. 因此靠近长方形边缘的桌腿转动慢，处在中间的桌腿转动快，所以平板发生形变形成了直纹曲面. 换个角度看，斜率 t_i 也可以看成d的函数. 对某条桌腿来说，其斜率只随着桌子高度变化而变化. 当$d=0$时，每条桌腿都是与桌面在同一平面的；随着d的增大，所有桌腿斜率都开始增大；当d大于某一个值的时候，靠内侧的一部分桌腿斜率变为负数而靠外侧的桌腿斜率仍为正数，这时候就可能产生折叠桌的一个结构平衡、形状稳固的状态.

2. 计算加工参数

根据上述模型可以计算出加工平板折叠桌的具体加工参数.

按照图 10.5 切割方式切割桌腿. 圆形桌面边缘线方程为$x^2+y^2=r^2$. 对每个切割位置x，可以计算出对应x的圆周上点的y；用平板长度一半减去y即可得到相应桌腿长度S_i，S_i可用于从桌面上切下桌腿；利用公式(10.41)可以计算出桌子四脚站立，桌面高为H时的素线L_i（即第i根腿所在桌边缘到钢筋轴线的距离）；用式 10.42 可以计算出每条桌腿的开槽长度cl_i. 用于切割桌腿及在桌腿上开槽的具体参数值见表 10.13.

$$L_i=\sqrt{d^2+(\sqrt{r^2-x_i^2}-h)^2},\ i=1,2,\cdots,10 \tag{10.41}$$

$$cl_i=L_i+\sqrt{R^2-x_i^2}-k\times Length/2,\ i=1,2,\cdots,10 \tag{10.42}$$

表 10.13　问题一加工参数

桌腿编号	x	对应x的圆周上点的y	桌子腿木条的长度/cm	腿槽起点到圆距离/cm	素线L_i/cm	桌腿开槽的长度cl_i/cm
	0	25.00	35.00	5.00	27.04	22.04
1	2.5	24.87	35.13	5.13	26.99	21.87
2	5	24.49	35.51	5.51	26.85	21.35
3	7.5	23.85	36.15	6.15	26.62	20.47
4	10	22.91	37.09	7.09	26.32	19.23
5	12.5	21.65	38.35	8.35	25.95	17.60
6	15	20.00	40.00	10.00	25.56	15.56
7	17.5	17.85	42.15	12.15	25.20	13.05
8	20	15.00	45.00	15.00	25.00	10.00
9	22.5	10.90	49.10	19.10	25.29	6.18
10	24.7	3.86	56.14	26.14	27.25	0.00

3. 建立桌脚边缘线方程

显然，桌脚边缘线在直纹曲面上. 图 10.7 中 C 点为桌脚边缘线上任意一点，其三个坐标首先要满足直纹曲面方程.

又由图 10.7 可知，任意一条桌腿与桌面连接端到x轴的距离加上它的腿长都等于板长的一半，即

$$\left|\overline{EF}\right|+\left|\overline{CE}\right|=\frac{Length}{2}$$

由此可以建立桌脚边缘线满足的另外一个方程. 设C的坐标是(x,y,z)，F的坐标是$(x,0,0)$，则

$$\left|\overline{EF}\right|=\sqrt{r^2-x^2},\qquad \left|\overline{CE}\right|=\sqrt{(\sqrt{r^2-x^2}-y^2)^2+z^2}$$

故有

$$\sqrt{r^2-x^2}+\sqrt{(\sqrt{r^2-x^2}-y^2)^2+z^2}=Length/2$$

这也是桌脚边缘线上点所要满足的一个曲面方程，与直纹曲面方程联立即得到桌脚边缘线的空间曲线方程：

$$\begin{cases} z = \dfrac{d}{\sqrt{r^2 - x^2} - h}(y - \sqrt{r^2 - x^2}) \\ \sqrt{r^2 - x^2} + \sqrt{(\sqrt{r^2 - x^2} - y^2)^2 + z^2} = Length/2 \end{cases}$$

五、问题二模型建立与求解

折叠桌设计要求稳固性好、加工方便、用材最少. 当任意给定折叠桌高度和圆形桌面直径的设计要求时，求出长平板材料和折叠桌的设计加工参数. 例如，平板尺寸、钢筋位置、开槽长度等，并且求出当桌高 70cm、桌面直径 80cm 时最优设计加工参数.

问题分析 对于任意给定的折叠桌高度和圆形桌面直径的设计，考虑到长方形平板材料和折叠桌的最优设计加工参数，因为宽为直径不能进行优化，所以只能考虑平板材料长度、钢筋位置及腿的条数的优化. 目标显然应该是使用的平板材料最少. 加工方便主要与桌腿条数有关，由假设 3 知桌子的宽在 30～100cm 之间. 每组桌腿数取 20，则桌腿宽介于 1.5～5cm 之间，与板材厚度 3cm 相比都在合理范围之内. 所以，为加工方便，可以将每组桌腿数取定为 20 条不变. 稳固性跟平板长度、钢筋位置、开槽长度都有关系. 下面着重考察稳固性的数学表达. 然后建立以平板长度为优化目标，以稳固性为主要约束的数学规划模型.

1．折叠桌稳定性分析

根据问题一中对折叠桌变形过程的分析可知，只有当一部分桌腿斜率为负值而另外一部分斜率为正值时桌子的状态才能达到稳固. 要想使折叠桌折叠后不会受压力而回复到平面形态，就要使钢筋在各个方向受到的合力为 0 或指向桌子腿的内侧. 我们取其中的一根木条内的一段钢筋进行受力分析. 每一根木条内的钢筋受力分析如图 10.8 所示.

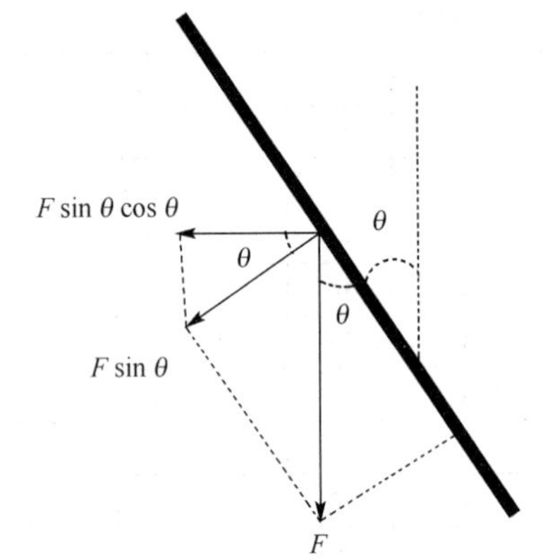

图 10.8 桌腿的受力分析

图 10.8 中 F 是重力或者作用于桌面上的压力，由于桌子结构的对称性，假设各腿受力相同. 根据勾股定理得出每根木条内的钢筋受到的水平方向的力为：

$$F\sin\theta_i\cos\theta_i = F\frac{d(h-\sqrt{r^2-x_i^2})}{d^2+(h-\sqrt{r^2-x_i^2})^2}$$

其中 $\sin\theta_i = \dfrac{d}{\sqrt{d^2+(h-\sqrt{r^2-x_i^2})^2}}$，$\cos\theta_i = \dfrac{h-\sqrt{r^2-x_i^2}}{\sqrt{d^2+(h-\sqrt{r^2-x_i^2})^2}}$

若想让折叠桌的稳固性好，则只需要使整条钢筋受到水平方向的合力内外平衡或者向内，即满足公式：

$$F\sum_{i=1}^{10}\sin\theta_i\cos\theta_i = F\sum_{i=1}^{10}\frac{d(h-\sqrt{r^2-x_i^2})}{d^2+(h-\sqrt{r^2-x_i^2})^2} \leqslant 0$$

另外在折叠桌结构稳定的情况下，还需要考虑桌子整体的稳定性. 显然，当桌腿着地的四角连线在桌面圆内部时，桌子就会头重脚轻容易整体倾倒. 所以应该以桌脚张开距离大于桌面半径作为一个稳定性条件.

2．开槽对板长设定的影响

在研究开槽范围的限制时，因为桌腿中间的腿最短，而对桌腿进行开槽时中间那条腿的开槽却最长. 因此在研究开槽范围时只需要考虑对该腿进行开槽的长度即可.

对图建立坐标把图等分为若干份等份，如图 10.9 所示：

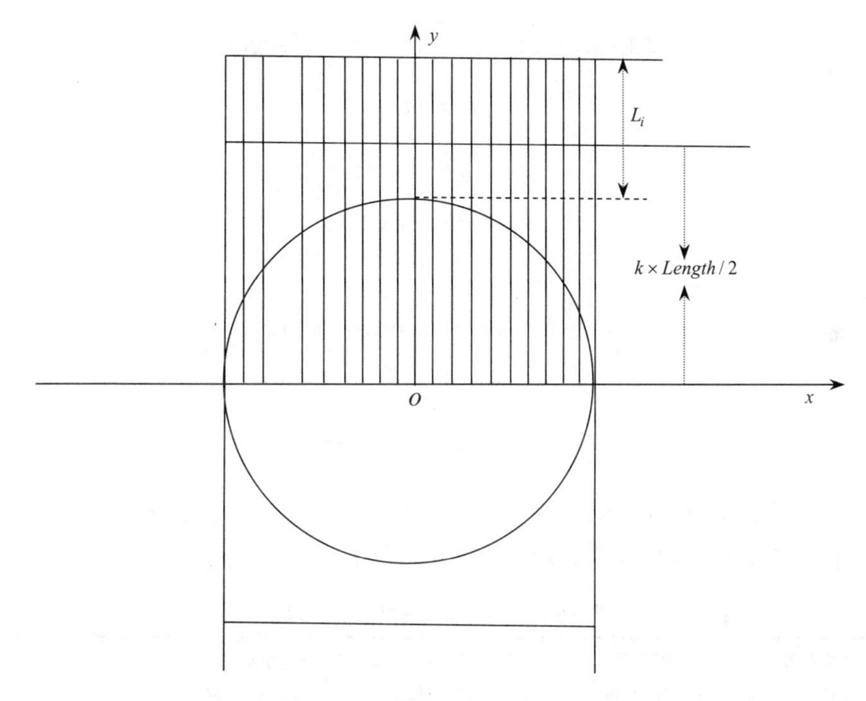

图 10.9　开槽对腿长影响示意图

其中最短腿槽起点坐标的位置大于半径 r，根据坐标点得出最短的开槽起点的纵坐标为：

$$y_i = k \times Length/2,\ i = 1,2,\cdots,10$$

在直纹曲面上从圆边缘到钢筋的距离 L_i，即素线长

$$L_i = \sqrt{d^2 + (\sqrt{r^2 - x_i^2} - \mathrm{h})^2} \qquad i = 1,2,\cdots,10$$

开槽终点纵坐标 $y_{i终}$ 为圆桌边缘上某点 (x_i, y_i) 的纵坐标 $|y_i\ |$ 加上 L_i：即

$$y_{i终} = \sqrt{r^2 - x_i^2} + L_i \qquad i = 1,2,\cdots,10\text{；}$$

槽长为终点坐标与起点坐标之差：

$$d_i = L_i + \sqrt{r^2 - x^2} - k \times Length/2,\ i = 1,2,\cdots,10$$

最短腿开槽起点应该满足的约束条件为：

$$r + \det\mathrm{a}2 < k \times Length/2 < length/2 - \det\mathrm{a}2$$

其中 deta2 是为避免槽开豁了而留的最低厚度.

最短腿开槽终点应该满足的约束条件为：

$$\sqrt{d^2 + (r-h)^2} + r + 2 \cdot \det\mathrm{a}2 > Length/2$$

所以最短腿槽的槽长为：

$$cl_1 = L_1 + \sqrt{r^2 - x_1^2} - k \times Length/2 = \sqrt{d^2 + (r-h)^2} + r - k \times Length/2$$

3．模型建立

通过以上分析可以建立如下优化模型：

$$\text{Min } Length$$

$$\text{s.t.}\quad \sum_{i=1}^{10}\frac{d(h-\sqrt{r^2-x_i^{\ 2}})}{d^2+(h-\sqrt{r^2-x_i^{\ 2}})^2}\leqslant 0$$

$$2\det a2+\sqrt{d^2+(r-h)^2}+r>\frac{1}{2}Length$$

$$d=k\times H$$

$$k\times\frac{1}{2}Length>r+\det a2$$

$$r>h>r\times k$$

$$0<k<1$$

$$k\times\frac{1}{2}Length<\frac{1}{2}Length-\det a2$$

$$Length>2r$$

$$\frac{1}{2}Length-\det a1>H$$

我们采用软件 Lingo11.0 编程求解上述非线性模型，程序见附录中程序 1. 计算结果为：当桌子的直径为 80cm，高度为 70cm 时，加工参数如表 10.14 所示.

表 10.14　问题二的最优加工参数

桌子的直径 40cm	高度 70cm	长方形木料的长度为 169cm		钢筋的位置比 k 为 0.54		切割着地腿时留下的宽度 deta1=3.86			开槽时留的最小厚度 deta2=2.5		
桌子编号		1	2	3	4	5	6	7	8	9	10
桌子每条腿的长度/cm	44.48	44.68	45.29	46.32	47.82	49.84	52.48	55.92	60.48	67.05	80.49
腿槽起点/cm	49.92	49.92	49.92	49.92	49.92	49.92	49.92	49.92	49.92	49.92	49.92
腿槽起点到圆距离/cm	9.92	10.12	10.73	11.77	13.26	15.28	17.92	21.36	25.92	32.49	45.92
槽的长度/cm	33.77	33.51	32.71	31.37	29.47	26.99	23.89	20.09	15.49	9.74	0

六、问题三模型建立与求解

问题分析　根据客户任意设定的折叠桌高度、桌面边缘线的形状和桌脚边缘线的大致形状设计平板折叠桌，应该基于前两问折叠桌的设计原理和优化方法. 因此，桌腿的支撑结构与圆形桌面的折叠桌相同.

1. 桌面边缘线的形状必须与圆形有联系. 我们在问题一模型基础上，建立了可以在四分之一圆弧之间增加直线段从而生成类似椭圆或者八角桌的平板折叠桌模型. 由于在四个圆弧部分仍采用问题二的优化方法，所以新模型在兼容前述模型的基础上优化设计及加工都很简单.

2. 桌脚边缘线的形状可以用直线和曲线区分为两类. 曲线型桌脚边缘线沿用长方形平板材料即可；直线型桌脚边缘线可以通过截掉桌腿槽下方部分生成（着地腿不能截）.

根据上述设计思路，改造问题 1、问题 2 的模型生成新的平板折叠桌加工模型如下.

要制作类似于如图 10.10 所示的平板折叠桌，可以按照半径为 r、高度为客户要求的 H 用问题一、问题二的模型进行设计、优化，得到平板长 *Length*、钢筋位置 k、腿长、腿上槽的起点终点坐标等.

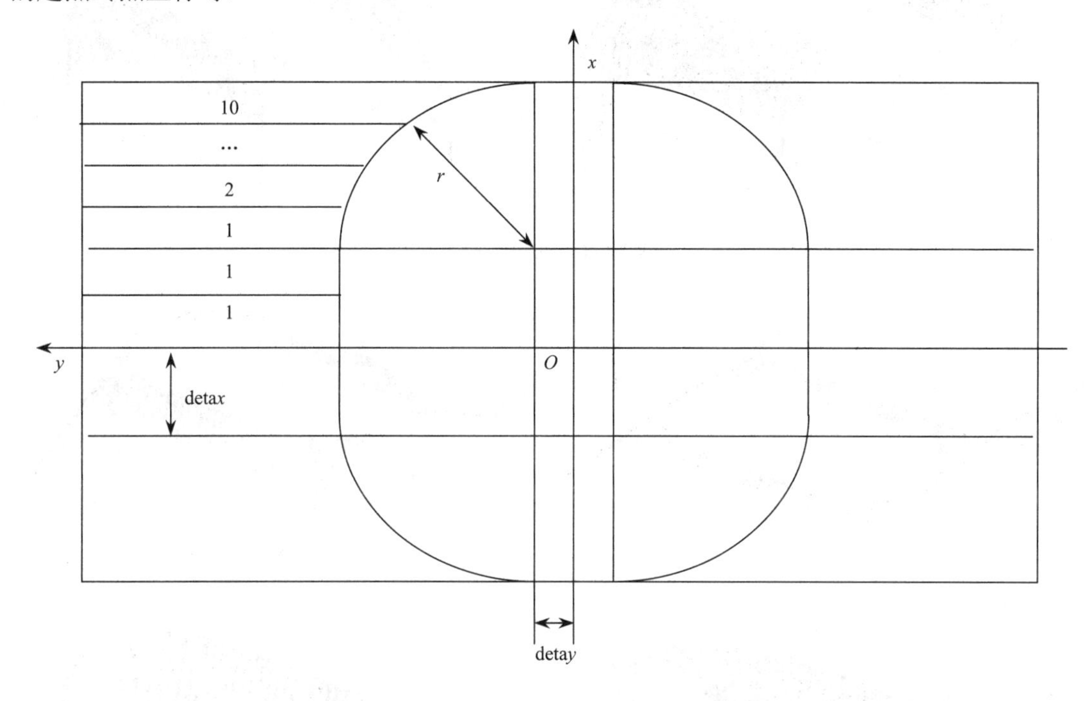

图 10.10　八角桌加工方法示意图

实际用于加工八角折叠桌的平板长度应为 $Length8=Length+2\times \text{detay}$，平板宽度为 $Width8=2\times r+2\times \text{detax}$.

桌腿上槽的起点终点坐标在如图 10.10 的坐标系上需要进行平移. 而实际加工时只需按照如图 10.10 所示的编号方法，按照问题一、问题二的模型对桌腿加工即可. 因此非常容易实现.

新型折叠桌可以按照半径为 r、高为 H 的圆形桌面进行优化设计. 再用 Matlab 程序（附录中程序 2，采用 Matlab 6.5 实现）生成折叠过程变化图. 取不同参数生成两种新型折叠桌，每种折叠桌动态变化过程各用四副图形描述如图 10.11、图 10.12 所示.

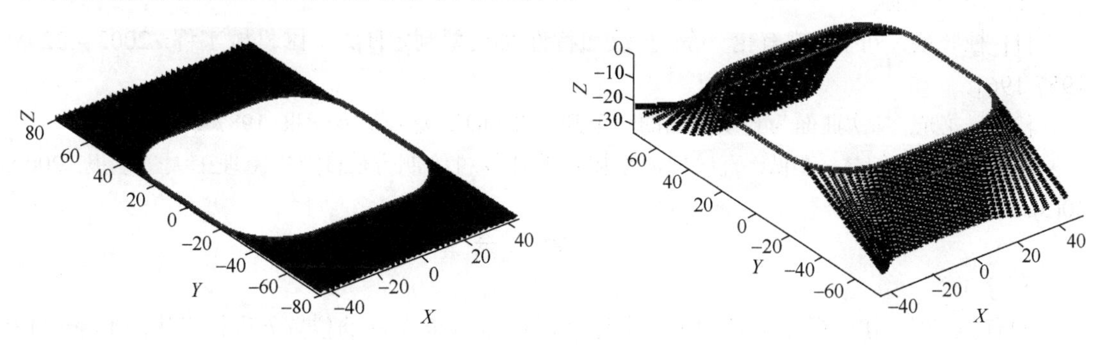

图 10.11

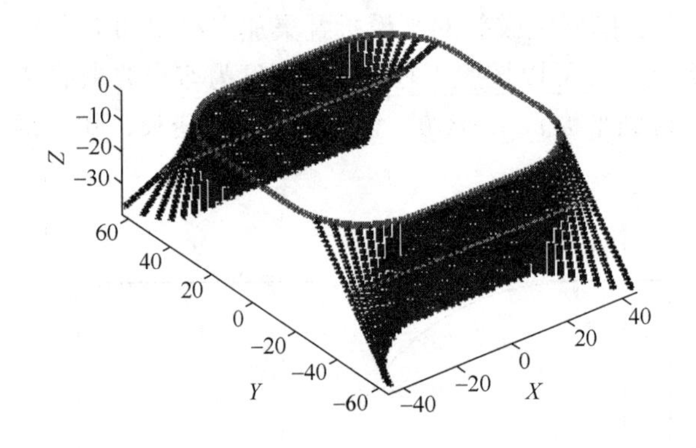

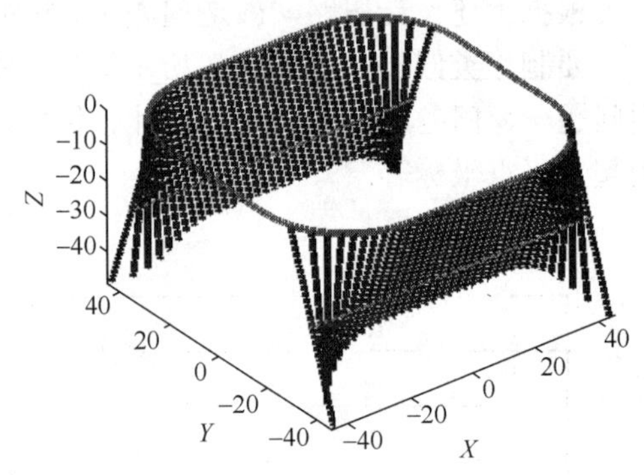

图 10.11　八角形桌面

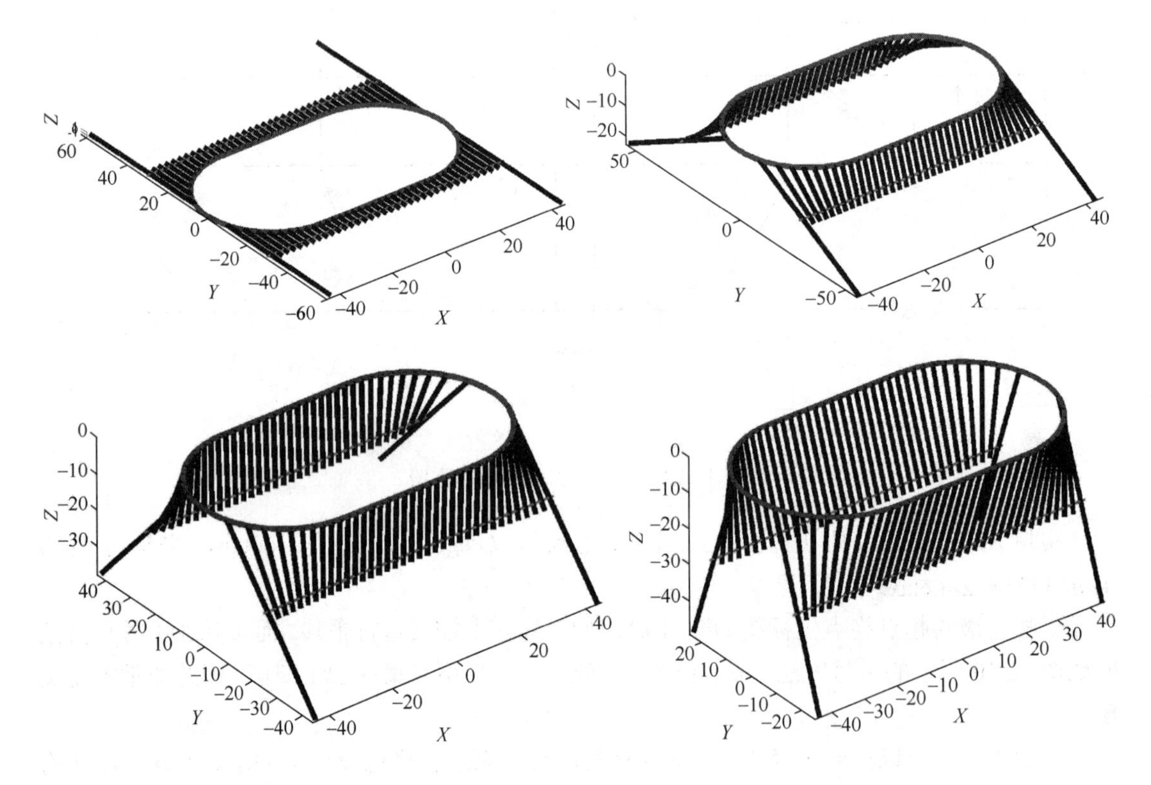

图 10.12　椭圆形桌面

七、参考文献

[1] 杜晓明, 刘宇, 熊有伦, 等. 直纹面特性及类型判定[J]. 中国机械工程: 2003（22）: 1957-1961.

[2] 黄龙光. 二次曲面为直纹曲面的一个判别准则[J]. 龙岩师专学报: 1987 年 02 期.

[3] 袁晓梅, 刘林, 李诚. 直纹曲面型屋顶的计算机绘制方法[J]. 华南理工大学学报, 2002, 30(3): 18-20.

附　录

程序 1

对任意给定高度、桌面半径的折叠桌进行板长 *Length* 及钢筋位置 *k* 进行优化的 Lingo11.0 程序如下.

```
model:
  sets:
    hzb/1..10/:x;
  endsets
  @for(hzb(i):x(i)=i*R/10);
  min=Length;
  Length/2-deta1>High;!着地腿长不小于桌高;
  d=k*High;
  h=(@abs((k*(Length/2-deta1))^2-d^2))^(1/2);
  h>k*R;!四脚张开范围超出桌面半径;
  h<R;!站立时钢筋位置应该在桌面下方;
  k*Length/2>R+deta2;!最短腿槽的起点约束;
  k*Length/2<Length/2-deta2;!最短腿槽的起点约束;
  (@abs(d^2+(R-h)^2))^(1/2)+R+2*deta2>Length/2;!最短腿槽的终点约束;
@sum(hzb(i):(h-@abs((R^2-x((i))^2))^(1/2))/(d^2+(h-@abs((R^2-(x(i))^2))^(1/2))^2))<0;!稳固约束;
  @bnd(0,k,1);
  @bnd(2*R,Length,10*R);
  data:
    R=40;
    High=70;
    deta1=3.86;!切割着地腿时留下的宽度，用于安装铰链;
    deta2=2.5;!开槽时留的最小厚度;
    !x=2.5,5,7.5,10,12.5,15,17.5,20,22.5,25;
    !k=0.5;
  Enddata
```

程序 2

根据给定的桌面边缘形状、桌脚边缘线形状、板长等参数绘制八角折叠桌三维立体图形的 Matlab 6.5 程序. 注意，将下面全部程序指令拷贝 Matlab 6.5 工作窗口即可生成折叠桌立体图形. 单独改变桌高 H 的值即可得到同一个八角折叠桌的动态变化过程.

```
H=50;
R=25;L=120;k=0.5;d=k*H;
detax=20;detay=20;%八角桌长宽增量，用于改变桌面形状
jxf=0;%桌脚边缘线要直的则 jxf=1,要曲线则取 jxf=0

deta=2.5;

t=0:1/100:1;
x=R*cos(t*pi/2);
y=R*sin(t*pi/2);
z=0*t;
plot3(x+detax,y+detay,z,'Color',[1 0 0],'linewidth',5);%画桌面
hold on;

x=-R*cos(t*pi/2);
```

```
y=R*sin(t*pi/2);
z=0*t;
plot3(x-detax,y+detay,z,'Color',[1 0 0],'linewidth',5);%画桌面

x=-R*cos(t*pi/2);
y=-R*sin(t*pi/2);
z=0*t;
plot3(x-detax,y-detay,z,'Color',[1 0 0],'linewidth',5);%画桌面

x=R*cos(t*pi/2);
y=-R*sin(t*pi/2);
z=0*t;
plot3(x+detax,y-detay,z,'Color',[1 0 0],'linewidth',5);%画桌面

if detax>0
   x=t*detax;
   y=t*0+detay+R;
   z=0*t;
   plot3(x,y,z,'Color',[1 0 0],'linewidth',5);%画直线

   x=-t*detax;
   y=t*0+detay+R;
   z=0*t;
   plot3(x,y,z,'Color',[1 0 0],'linewidth',5);%画直线

   x=-t*detax;
   y=-(t*0+detay+R);
   z=0*t;
   plot3(x,y,z,'Color',[1 0 0],'linewidth',5);%画直线

   x=t*detax;
   y=-(t*0+detay+R);
   z=0*t;
   plot3(x,y,z,'Color',[1 0 0],'linewidth',5);%画直线
end

if detay>0
   x=t*0+detax+R;
   y=t*detay;
   z=0*t;
   plot3(x,y,z,'Color',[1 0 0],'linewidth',5);%画直线

   x=-(t*0+detax+R);
   y=t*detay;
   z=0*t;
   plot3(x,y,z,'Color',[1 0 0],'linewidth',5);%画直线
```

```
   x=-(t*0+detax+R);
   y=-t*detay;
   z=0*t;
   plot3(x,y,z,'Color',[1 0 0],'linewidth',5);%画直线

   x=t*0+detax+R;
   y=-t*detay;
   z=0*t;
   plot3(x,y,z,'Color',[1 0 0],'linewidth',5);%画直线
end
%%%%%%%%%%%%%%%%%%%%%%%桌面画完%%%%%%%%%%%%%%%%%%%%%%%

x=t*(R+detax);
y=t*0+sqrt((L*k/2)^2-d^2);
z=t*0-d;
plot3(x,y+detay,z,'Color',[0 1 0],'linewidth',2);%画钢筋

x=-t*(R+detax);
y=t*0+sqrt((L*k/2)^2-d^2);
z=t*0-d;
plot3(x,y+detay,z,'Color',[0 1 0],'linewidth',2);%画钢筋

x=t*(R+detax);
y=-(t*0+sqrt((L*k/2)^2-d^2));
z=t*0-d;
plot3(x,y-detay,z,'Color',[0 1 0],'linewidth',2);%画钢筋

x=-t*(R+detax);
y=-(t*0+sqrt((L*k/2)^2-d^2));
z=t*0-d;
plot3(x,y-detay,z,'Color',[0 1 0],'linewidth',2);%画钢筋
%%%%%%%%%%%%%%%%%%%%%%%钢筋画完%%%%%%%%%%%%%%%%%%%%%%%

n=10;%一组桌腿数的一半

xi=R/(2*n):R/n:R-R/(2*n);
li=xi;cosi=xi;sini=xi;tmp=xi;

for i=1 : n
   li(i)=L/2-sqrt(R^2-xi(i)^2);%腿长
   if i<n
      li(i)=(1-jxf)*li(i)+jxf*(sqrt(d^2+(sqrt(R^2-xi(i)^2)-sqrt((L*k/2)^2-d^2))^2)+deta);%桌脚边缘线
直或曲
   end
   tmp(i)=sqrt((L*k/2)^2-d^2)-sqrt(R^2-xi(i)^2);
```

```
  cosi(i)=d/sqrt(tmp(i)^2+d^2);
  sini(i)=tmp(i)/sqrt(tmp(i)^2+d^2);
end

x1=zeros(n,101);y1=zeros(n,101);z1=zeros(n,101);

for i=1 : n
  for j=1:101
    x1(i,j)=0*t(j)+xi(i);
    y1(i,j)=t(j)*li(i)*sini(i)+sqrt(R^2-xi(i)^2);
    z1(i,j)=-t(j)*li(i)*cosi(i);
  end
  x2=x1(i,:);y2=y1(i,:);z2=z1(i,:);
  plot3(x2+detax,y2+detay,z2,'linewidth',5);%画一象限桌腿
end

for i=1 : n
  for j=1:101
    x1(i,j)=-(0*t(j)+xi(i));
    y1(i,j)=t(j)*li(i)*sini(i)+sqrt(R^2-xi(i)^2);
    z1(i,j)=-t(j)*li(i)*cosi(i);
  end
  x2=x1(i,:);y2=y1(i,:);z2=z1(i,:);
  plot3(x2-detax,y2+detay,z2,'linewidth',5);%画二象限桌腿
end

for i=1 : n
  for j=1:101
    x1(i,j)=0*t(j)+xi(i);
    y1(i,j)=-(t(j)*li(i)*sini(i)+sqrt(R^2-xi(i)^2));
    z1(i,j)=-t(j)*li(i)*cosi(i);
  end
  x2=x1(i,:);y2=y1(i,:);z2=z1(i,:);
  plot3(x2+detax,y2-detay,z2,'linewidth',5);%画四象限桌腿
end

for i=1 : n
  for j=1:101
    x1(i,j)=-(0*t(j)+xi(i));
    y1(i,j)=-(t(j)*li(i)*sini(i)+sqrt(R^2-xi(i)^2));
    z1(i,j)=-t(j)*li(i)*cosi(i);
  end
  x2=x1(i,:);y2=y1(i,:);z2=z1(i,:);
  plot3(x2-detax,y2-detay,z2,'linewidth',5);%画三象限桌腿
end
%%%%%%%%%%%%%%%%%%%%%桌腿画完%%%%%%%%%%%%%%%%%%%%%
```

```
%当 detax>0 时，增加 x 方向桌腿
if detax>0
  detaxn=floor(detax*n/R);%计算增加几条腿
  dxi=R/(2*n):R/n:detaxn*detaxn;
for i=1 : detaxn
  for j=1:101
    x1(i,j)=0*t(j)+dxi(i);
    y1(i,j)=t(j)*li(1)*sini(1)+sqrt(R^2-dxi(1)^2);
    z1(i,j)=-t(j)*li(1)*cosi(1);
  end
  x2=x1(i,:);y2=y1(i,:);z2=z1(i,:);
  plot3(x2,y2+detay,z2,'linewidth',5);%画一象限桌腿
end

for i=1 : detaxn
  for j=1:101
    x1(i,j)=-(0*t(j)+dxi(i));
    y1(i,j)=t(j)*li(1)*sini(1)+sqrt(R^2-dxi(1)^2);
    z1(i,j)=-t(j)*li(1)*cosi(1);
  end
  x2=x1(i,:);y2=y1(i,:);z2=z1(i,:);
  plot3(x2,y2+detay,z2,'linewidth',5);%画二象限桌腿
end

for i=1 : detaxn
  for j=1:101
    x1(i,j)=0*t(j)+dxi(i);
    y1(i,j)=-(t(j)*li(1)*sini(1)+sqrt(R^2-dxi(1)^2));
    z1(i,j)=-t(j)*li(1)*cosi(1);
  end
  x2=x1(i,:);y2=y1(i,:);z2=z1(i,:);
  plot3(x2,y2-detay,z2,'linewidth',5);%画四象限桌腿
end

for i=1 : detaxn
  for j=1:101
    x1(i,j)=-(0*t(j)+dxi(i));
    y1(i,j)=-(t(j)*li(1)*sini(1)+sqrt(R^2-dxi(1)^2));
    z1(i,j)=-t(j)*li(1)*cosi(1);
  end
  x2=x1(i,:);y2=y1(i,:);z2=z1(i,:);
  plot3(x2,y2-detay,z2,'linewidth',5);%画三象限桌腿
end
```

```
end

xlabel('X');
ylabel('Y');
zlabel('Z');
axis equal
```

参 考 文 献

[1] 姜启源，谢金星，叶俊. 数学模型. 第三版. 北京：高等教育出版社，2003.
[2] 谭永基. 数学模型. 上海：复旦大学出版社，1997.
[3] 钱松迪. 运筹学. 北京：清华大学出版社，1990.
[4] 薛家庆. 最优化原理与方法. 上海：上海科学技术出版社，1983.
[5] 赵静. 数学建模与数学实验. 第二版. 北京：高等教育出版社，2003.
[6] 萧树铁. 数学实验. 北京：高等教育出版社，1997.
[7] 寿纪麟. 数学建模方法与范例. 西安：西安交通大学出版社，1997.
[8] 王向东，戎海武，文翰. 数学实验. 北京：高等教育出版社，2004.
[9] 任玉杰. 数值分析及 MATLAB 实现. 北京：高等教育出版社，2007.
[10] 胡良剑，孙晓君. MATLAB 数学实验. 北京：高等教育出版社，2010.
[11] 施锡全. 数据分析方法. 上海：上海财经大学出版社，1997.
[12] 郑津洋，董其伍，桑芝富. 过程设备设计. 第二卷. 北京：化学工业出版社，2006.
[13] 张秀兰. 压力容器封头及接管的设计与计算. 机械设计与制造，2009.
[14] 管梅谷，郑汉鼎. 线性规划. 山东：山东师范大学出版社，1986.
[15] 孙文瑜，徐成贤，朱德通. 最优化方法. 北京：高等教育出版社，2004.
[16] 创新研究室. Excel 2003 循序渐进——Office 2003 中文版实用教程. 成都：电子科技大学出版社，2006.
[17] 韩小良，韩舒婷. Excel VBA (2003/2007)高效办公实用宝典. 北京：中国铁道出版社，2009.
[18] 郭锦标. 线性规划技术在石油化工行业的应用——生产计划优化的历史、现状. 计算机与应用化学，2004，21(1)：1-5.
[19] 李进，廖良才，谭跃进. 汽油调和优化模型. 国防科技大学学报，2005，27(3)：125-128.
[20] 茆诗松，程依明，濮晓龙. 概率论与数理统计. 数学实验，北京：高等教育出版社，2004.
[21] 韩中庚. 数学建模方法及其应用. 第二版. 北京：高等教育出版社，2009.
[22] 卢开澄，卢华明. 图论及其应用. 北京：清华大学出版社，1996.
[23] T L Saaty. The Analytic Hierarchy Process. McGraw Hill Company，1980.
[24] 王连芬，许树柏. 层次分析法引论. 北京：中国人民大学出版社，1990.
[25] 贾敬. 数学建模与数学实验. 哈尔滨：哈尔滨工程大学出版社，1998.
[26] 李修睦. 图论导引. 武汉：华中工学院出版社，1982.
[27] 徐俊明. 图论及其应用. 合肥：中国科学技术大学出版社，2000.
[28] 王树禾. 图论及其算法. 合肥：中国科学技术大学出版社，1994.
[29] Bernard Kolman，Robert C. Busby，Sharon Cutler Ross. Discrete Mathematical Structures，英文版，第四版. 北京：高等教育出版社，2001.
[30] Zadeh L A. Fuzzy sets. Information and Control，1965(8)：338-353.
[31] 汪培庄. 模糊集合论及其应用. 上海：上海科学技术出版社，1988.
[32] 李荣钧. 模糊多准则决策理论与应用. 北京：科学出版社，2002.
[33] 方述诚，汪定伟. 模糊数学与模糊优化. 北京：科学出版社，1997.
[34] 刘为仁. 模糊综合评判在农业经营决策中的应用. 广西农学院学报，1989，8(2)：53-57.
[35] 姜朋. 图书选题的模糊综合评判. 东北财经大学学报，2003(1)：89-91.
[36] 张志涌. 精通 MATLAB 6. 5 版. 北京：北京航空航天大学出版社，2003.
[37] 苏金明，阮沈永. MATLAB 6. 1 使用指南. 北京：电子工业出版社，2002.
[38] 叶其孝. 大学生数学建模竞赛辅导教材（二）. 长沙：湖南教育出版社，2008